河道生态治理工程

刁艳芳 王 刚 张 倩 张 游 王君诺 等编著

黄河水利出版社

·郑州·

内 容 提 要

本书围绕河道生态治理,介绍了河流、河流生态系统与河流健康等基础概念,以及传统河道治理和河道生态治理规划设计的步骤、内容与方法。本书主要内容包括我国河流概况及存在的问题、河道生态治理发展阶段及国内外研究进展、河流的基本概念、河流的特征与功能、河流演变、河道生态系统、河流生态系统调查内容与方法、河流健康评价、传统河道治理以及河道生态治理与工程实例等。

本书可供从事河道治理的水利工程技术人员阅读,也可供城乡建设部门和各行业的环保工作者参考,还可作为涉水专业本科教学用书。

图书在版编目(CIP)数据

河道生态治理工程/刁艳芳等编著. —郑州:黄河水利出版社,2019.12
ISBN 978 - 7 - 5509 - 2476 - 5

Ⅰ.①河… Ⅱ.①刁… Ⅲ.①河道整治 - 生态环境 - 环境保护 - 研究 - 中国 Ⅳ.①TV882

中国版本图书馆 CIP 数据核字(2019)第 178595 号

组稿编辑:贾会珍 电话:0371 - 66028027 E-mail:110885539@ qq. com

出 版 社:黄河水利出版社
地址:河南省郑州市顺河路黄委会综合楼 14 层
发行单位:黄河水利出版社
发行部电话:0371 - 66026940、66020550、66028024、66022620(传真)
E-mail:hhslcbs@ 126. com
承印单位:河南承创印务有限公司
开本:787 mm×1 092 mm 1/16
印张:13.5
字数:312 千字
版次:2019 年 12 月第 1 版

网址:www. yrcp. com
邮政编码:450003

印数:1—1 000
印次:2019 年 12 月第 1 次印刷

定价:56.00 元

前　言

近几年来,我国致力于大力发展生态文明建设。2012 年 11 月,党的十八大做出"大力推进生态文明建设"的战略决策,十八大报告不仅论述了生态文明建设的重大成就、重要地位、重要目标,而且从 10 个方面绘出生态文明建设的宏伟蓝图。2015 年 5 月 5 日,《中共中央 国务院关于加快推进生态文明建设的意见》发布。2015 年 10 月,随着十八届五中全会的召开,增强生态文明建设首度被写入国家五年规划。2018 年 3 月 11 日,第十三届全国人民代表大会第一次会议通过的《宪法》修正案,将《宪法》第八十九条"国务院行使下列职权"中第六项"(六)领导和管理经济工作和城乡建设"修改为"(六)领导和管理经济工作和城乡建设、生态文明建设"。由此可见,生态文明建设已经融入到我国经济建设、政治建设、文化建设和社会建设各方面和全过程。

河道是水资源的载体,是关系人类生存和生活的一种最基本自然资源,水资源的开发、利用、管理和保护都离不开河道这一重要载体。河道是行洪的唯一通道,其防洪安全、行洪畅通对抗御洪涝灾害具有重要作用。河道是生态环境的组成部分,在整个地球生态系统中,河流是连接陆地生态系统与海洋生态系统的最重要桥梁,是水生生物、陆生生物相互依赖的纽带。河道是文明的发祥地、发展经济的基础、自然景观的依托、生态系统的要素。总之,河道在人类历史长河中发挥了重要的作用。我国上一轮流域综合规划实施已近 20 年,当时规划是围绕重大工程建设展开,对生态、环境和流域管理等方面重视不够,给河流的大规模开发利用带来不少问题,特别是河流生态系统遭到破坏,已经成为社会和经济可持续发展所面临的重大危机之一。河道是河流水生态系统的重要载体,因此科学合理的河道治理能够起到恢复河流自然功能和满足人类活动需求双重作用。

在大力推进生态文明建设的大形势下,为实现河道"水清、流畅、岸绿、景美"的目标,笔者围绕河道生态治理编著此书。本书首先阐明了河流、河流生态系统等相关概念;然后以河流生态系统调查内容与方法为基础,介绍了河流健康评价的流程、内容和方法;最后阐述了传统河道治理工程、河道生态治理及工程实例。目的是使从事河道治理的人员能够掌握河流生态治理规划设计的步骤、内容及其方法。本书结构合理,系统性强;内容由浅入深,循序渐进;注重理论联系实际,特色鲜明。

全书共分 9 章。第 1 章介绍了我国河流概况及存在的问题、河道生态治理发展过程以及国内外河道生态治理研究进展;第 2 章阐述了河流的概念、补给来源、分类、分段、分级、特征及功能等;第 3 章介绍了河流地质作用及其发育过程、河床演变的基础知识,以及山区和平原河流河床演变的基本规律;第 4 章从生态的角度介绍了河流生态系统的组成、特征、水文过程、地貌过程、物理化学过程、生物过程以及人类活动对其的影响等;为了弄清河流生态系统的现状,第 5 章介绍了河流生态系统调查的内容和方法;第 6 章在第 5 章对河流生态系统调查的基础上,进行河流健康评估,主要内容为河流健康的概念、内涵、特征以及河流健康评估的原则、内容、方法和基本流程;为区别于河道生态治理,第 7 章阐述了传统河道治理工程,包括传统河道治理规划、常见的传统河道治理工程以及典型平原河道治理措施;第 8 章介绍了生态河道的内容、特征,生态河道治理规划设计的原则、要求、总体布局和内容,并详细阐述了生态河道河槽形态与结构设计、河道内栖息地设计、护岸技术与缓冲带设计以及河道特殊河段的治理方法;第 9 章介绍了国内外河道生态治理工程的实例。

本书由山东农业大学、水发规划设计有限公司、山东省湖泊流域管理信息化工程技术研究中心以及山东省海河淮河小清河流域水利管理服务中心四家单位的相关人员共同编写,主要由刁艳芳、王刚、张倩、张游、王君诺编写,此外,王伟、徐国栋、张继党、任晨曦、李潇、陈鑫、马昊然等也参与了本书部分内容的编写工作。具体分工如下:第 1、2 章由山东农业大学的刁艳芳、李潇编写;第 3 章由山东农业大学的张倩、陈鑫编写;第 4 章由山东农业大学的刁艳芳、山东省海河淮河小清河流域水利管理服务中心的任晨曦编写;第 5、6 章由山东农业大学的王刚、马昊然编写;第 7 章由水发规划设计有限公司的王伟、徐国栋、张继党编写;第 8 章由山东农业大学的刁艳芳编写;第 9 章由山东省湖泊流域管理信息化工程技术研究中心的张游、王君诺编写。各章节的审核及定稿工作,由刁艳芳负责完成。

本书在编写过程中,编者参考了大量期刊论文、论著和网络资料,力求在参考文献中详尽地列出,但也可能有所遗漏,谨向相关作者,特别是向参考文献中没有列出的作者表示诚挚的谢意。

编者力求做到精益求精,但由于水平所限,本书中不当之处在所难免,恳请读者对书中的缺点和疏漏提出批评意见,以便今后进一步修改完善。

编　者

2019 年 9 月

目　录

第 1 章 绪 论

1.1 我国河流概况

1.1.1 我国河流数量与分布

我国江河众多,据《第一次全国水利普查公报》显示,我国流域面积 50 km² 及以上河流 45 203 条,总长度为 150.85 万 km;流域面积 100 km² 及以上河流 22 909 条,总长度为 111.46 万 km;流域面积 1 000 km² 及以上河流 2 221 条,总长度为 38.65 万 km;流域面积 10 000 km² 及以上河流 228 条,总长度为 13.25 万 km,见表 1-1。

表 1-1 河流分流域数量汇总表(第一次全国水利普查公报) (单位:条)

流域(区域)	流域面积			
	≥50 km²	≥100 km²	≥1 000 km²	≥10 000 km²
黑龙江	5 110	2 428	224	36
辽河	1 457	791	87	13
海河	2 214	892	59	8
黄河流域	4 157	2 061	199	17
淮河	2 483	1 266	86	7
长江流域	10 741	5 276	464	45
浙闽诸河	1 301	694	53	7
珠江	3 345	1 685	169	12
西南西北外流区诸河	5 150	2 467	267	30
内流区诸河	9 245	5 349	613	53
合计	45 203	22 909	2 221	228

按照我国水资源一级分区一般将全国河流划分为松花江区、辽河区、海河区、黄河区、淮河区、长江区、珠江区、东南诸河区、西南诸河区和西北诸河区。

松花江区位于我国的最北端,由额尔古纳河、黑龙江、嫩江、第二松花江、松花江、乌苏里江、绥芬河和图们江等河系组成。区域总面积 92.2 万 km²。地貌基本特征是西、北、东部为大、小兴安岭,长白山腹地为松嫩平原,东北部为三江平原。

辽河区位于我国东北地区南部,由西辽河、辽河、鸭绿江、沿海诸河等河系组成,面积 31.2 万 km²。流域东西两侧主要为丘陵山地,东北部为鸭绿江源头区,森林覆盖率达 70% 以上,有部分原始森林,中南部为平原。

海河区地跨北京、天津、河北、山西、山东、河南、辽宁和内蒙古 8 个省(自治区、直辖市),区域总面积 31.8 万 km²,包括滦河及冀东诸河、海河北系、海河南系和徒骇马颊河等河系,北部、西部为燕山、太行山,东部、南部为平原。

黄河区总面积 79.5 万 km²,包括泾洛渭河、汾河等河系,区内包括青藏高原、黄土高原、宁蒙灌区、汾渭河谷、渭北和汾西旱源,伏牛山地及下游平原。

淮河区位于我国东部,由淮河、沂沭泗河和山东半岛诸河组成,总面积 32.9 万 km²。淮河区地势西高东低,西部、东部、南部为桐柏山、大别山,东北部为山东丘陵。地貌类型复杂多样,以平原为主。

长江区面积 180.8 万 km²,涉及 19 个省(自治区、直辖市)。由金沙江、岷江、沱江、嘉陵江、乌江、汉江、洞庭湖、鄱阳湖、太湖水系等河系组成,区内包括青藏高原、云贵高原、四川盆地、江南丘陵、江淮丘陵及长江中下游平原。其中,太湖水系面积 3.7 万 km²,地处长江三角洲的南冀,地势平坦,总体呈周边高、中间低的特点,是典型的平原水网水域。

珠江区包括珠江,汉江、粤东、粤西、桂南沿海及海南岛诸岛诸河,总面积 57.9 万 km²,是我国水资源最丰富的地区之一,区内有云贵高原、两广丘陵、珠江三角洲。

东南诸河区为浙、闽、台等地独流入海的河流,包括钱塘江、闽江、浦曹甬、瓯江、闽东和闽南诸河及台湾地区诸河等,总面积 23.7 万 km²。本区大部分为丘陵山地,占总面积的 81%,平原很少,只占 19%,主要分布在河流下游的沿海三角洲地区。

西南诸河区位于我国西南边际,包括元江和李仙江、澜沧江、怒江、雅鲁藏布江和滇西、藏西和藏南诸河等,属国际性河流。本区面积 85 万 km²,大部分为青藏高原及塔里木河和准噶尔、青海、河西、内蒙古、羌塘等内陆河,以及外流哈萨克斯坦的伊犁河、额尔齐斯河,总面积约 345 万 km²,跨新疆、青海、甘肃、西藏、内蒙古 5 省(自治区)。区内主要是绿洲经济,戈壁沙漠比重大。

根据河流的归宿不同,我国的河流可分为外流河和内流河(内陆河)两大类,其中外流河流域面积约占国土面积的 65.2%,内流河流域面积约占国土面积的 34.8%。

在我国的外流河中,注入太平洋的流域面积最大,约占国土面积的 58.2%。主要河流包括长江、黄河、淮河、海河、辽河、珠江,流经俄罗斯入海的国境河流有黑龙江,以及流出国外入海改称湄公河的澜沧江等大河。注入印度洋的河流流域面积占国土面积的 6.4%,主要河流有怒江、雅鲁藏布江,以及印度河上游的朗钦藏布和森格藏布等。注入北冰洋的流域面积最小,约占全国总面积的 0.6%,它所包括的唯一河流额尔齐斯河是鄂毕河上游,出国境后,流经哈萨克斯坦、俄罗斯注入北冰洋的喀拉海。

我国的内流河流域主要分布在西北干旱地区和青藏高原内部,深居内陆,海洋水汽不易到达,干燥少雨,水网很不发育,河流稀少,存在大片的无流区。区内河流主要依靠高山冰雪融水补给,主要河流有塔里木河、伊犁河、黑河、青海湖及西藏众多的内陆湖泊。

我国各主要河流的长度和流域面积情况见表 1-2。

表 1-2　我国各主要河流的长度和流域面积情况

名称	河长(km)	流域面积(km²)	名称	河长(km)	流域面积(km²)
长江	6 300	18 008 500	海河	1 090	263 631
黄河	5 464	752 443	淮河	1 000	269 683
黑龙江	3 420	1 620 170	滦河	877	44 100
松花江	2 308	557 180	鸭绿江	790	61 889
珠江	2 214	453 690	额尔齐斯河	633	57 290
雅鲁藏布江	2 057	240 480	伊犁河	601	61 640
塔里木河	2 046	194 210	元江	565	39 768
澜沧江	1 826	167 486	闽江	541	60 992
怒江	1 659	137 818	钱塘江	428	42 156
辽河	1 390	228 960	浊水溪	186	3 155

1.1.2　我国河流特点

1.1.2.1　河流众多但地区分布不均

数量多,流程长,是我国河流的突出特点之一。中国陆地面积约与欧洲及美国相近,但是大河的数量远远多于欧洲和美国。然而,我国河流空间分布呈现出东多西少、南丰北欠的不均匀性。如我国秦岭、淮河以南,由于降水丰富,土壤不易透水,河网密度比较大;西北干燥地区,降水少,渗漏也较严重,河网密度就很小。我国秦岭—桐柏山—大别山以南,武陵山—雪峰山以东地区是我国河网密度最大的地区(一般均超过 0.5 km/km²)。广大内陆流域,河网密度很小(几乎都在 0.1 km/km² 以下),而且出现大面积无流区。

造成我国河流分布不均匀的自然地理因素主要是气候和地形。我国东部和南部受东南季风和西南季风的影响,降水丰沛,径流量大,为水网发育提供了有利条件;河流多而长,形成了庞大水系,长江和黄河的长度都超过了 5 000 km。我国西北地区和藏北高原,气候干燥,降水稀少,蒸发旺盛,径流贫乏,水系的发育受到了很大的限制;河流少而短,绝大多数河流的长度只有 200~300 km,最长的塔里木河干流也只有 1 321 km。

1.1.2.2　水系类型丰富多彩

水系是流域内干、支流及其他水体(如流域内的地下暗流、沼泽及湖泊等)所组成的彼此相连系统的总称。我国由于地形多样,地质构造复杂,因此水系类型也特别多,主要有树枝状、格子状、羽毛状、扇状和辐合状水系等。

(1)树枝状水系是我国河流中最常见的类型,主要分布在华南丘陵、四川盆地和黄土高原。这种水系多发育在岩性均一、地层平展的地区,其特点是支流交错汇入干流,平面形态呈树枝状,支流先汇入的先泄,后汇入的后泄,洪水不易集中,对干流威胁较小,如图 1-1 所示。

(2)格子状水系是河流沿平行排列的褶皱构造带发育所成的,其基本特点是干、支流之间呈直角相汇。这种水系在我国东部发育最多,如福建、浙江、广东和辽东丘陵等地的河流。

其中闽江为最典型的代表，西部祁连山、天山也有格子状水系，如大通河等，如图1-2所示。

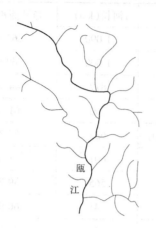

图1-1　树枝状水系（浙江瓯江流域）

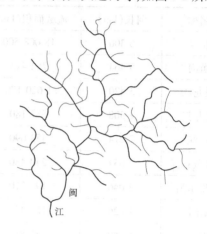

图1-2　格子状水系（闽江）

（3）羽毛状水系的特点是干流粗壮、支流短小且平行排列，从左右相间汇入干流之中。如我国西南纵谷地区的河流，干流沿断裂带发育，两岸流域狭小，地形陡峻，支流短小平行，典型代表是怒江、澜沧江和金沙江，如图1-3所示。

（4）扇状水系，以海河水系最为典型。北运河、永定河、大清河、子牙河、南运河五大支流，从北、西、南三面在天津附近汇合形成海河，然后入海。五大支流好似扇面，干流海河形如扇柄。这种水系支流洪水如同时集中于干流，往往发生洪水危害。还有另外一种扇状水系，与海河水系相反，不是支流汇聚于一点，而是从一点向外辐射，这种水系广泛发育在我国许多山麓扇形地以及河流的三角洲上。

（5）辐合状水系是指河流由四周山岭或高地向盆地中心汇集，形成辐合状，如藏北高原上发育了许多以内陆湖泊为中心的辐合状水系，如图1-4所示。

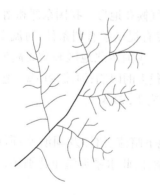

图1-3　羽毛状水系

图1-4　辐合状水系（新疆塔里木盆地）

此外，在我国西南和华南喀斯特地貌发育的地区，形成了许多形状特殊的河流。有些河流的源头从岩洞中流出，如南盘江的源头在云南沾益县马雄山下的岩洞中，成为无头河；有些河流的下游往往没于落水洞，成为无尾河；另外一些河流没入地下成为暗河，潜行一段距离后又涌出地面。

1.1.2.3 国际河流遍布边境地区

国际河流一般指流经或分隔两个或两个以上国家的河流,目前统一使用"国际水道"的概念,它包括了涉及不同国家同一水道中相互关联的河流、湖泊、含水层、冰川、蓄水池和运河。据统计,我国共有大小国际河流(湖泊)40多条,每年出境水资源量多达4 000亿 m^3。

我国主要的国际河流有15条,主要分布于东北、西北和西南三大片区,流域国涉及19个境外国家,其中15个是毗邻的接壤国。

在东北,流经中俄边境线的有额尔古纳河、黑龙江、乌苏里江;流经中朝边境线的有鸭绿江和图们江,图们江为中国、朝鲜、俄罗斯界河,总长520 km,其中505 km为中、朝界河。发源于我国境内的绥芬河,下游流入俄罗斯的海参崴入海;发源于蒙古人民共和国境内的克鲁伦河,下游流入我国的呼伦湖。

在西北,发源于我国阿尔泰山的额尔齐斯河,为中、哈跨界河流,注入北冰洋的喀拉海,境内河长633 km;发源于我国与哈萨克斯坦边境地区天山的伊犁河,为两国跨界河流,最终流入巴尔喀什湖;新疆西部的额敏河流入哈萨克斯坦境内的阿拉湖。

在西南地区,雅鲁藏布江、澜沧江、怒江、红河、伊洛瓦底江均为跨越多国的国际河流,都发源于我国境内。雅鲁藏布江发源于我国境内喜马拉雅山中段,长度为2 057 km,为印度著名的恒河的源头之一,流入印度后始称布拉马普特拉河,进入孟加拉国改称贾木纳河,再与恒河相汇,流入孟加拉湾。澜沧江发源于青海省,我国境内全长2 198 km,出境后称湄公河,流经国家有缅甸、老挝、泰国、柬埔寨、越南,于越南胡志明市附近湄公河三角洲入海。怒江发源于中国,境内长度1 659 km,流入缅甸后称萨尔温江,有一段为缅甸、泰国界河,最后在缅甸南部入安达曼海。大盈江、龙川江和独龙江等都是伊洛瓦底江的上源,也流经缅甸入安达曼海。

1.1.2.4 水能资源丰富

河川径流不仅是我国工农业发展和生活用水的主要来源,而且其蕴藏的水能资源也十分丰富。目前,我国水能资源理论蕴藏总量为6.94亿 kW,技术可开发装机容量为5.042亿 kW,经济可开发装机容量为4.02亿 kW,均居世界首位。我国的水能资源主要集中在横跨几个地形阶梯的河流上,因为它们在从一个阶梯流向另一个阶梯的过渡地带时,落差增大,水能资源集中。例如,流经第一级阶梯青藏高原南部与第二级阶梯云贵高原接壤的金沙江、澜沧江和怒江,以及流经青藏高原东北部与第二级阶梯黄土高原接壤地带的黄河上游,水能资源都极为丰富。但是与发达国家相比,我国的水能资源开发利用程度并不高。据《第一次全国水利普查公报》,我国水电装机容量3.33亿 kW,开发率约为48%,低于发达国家50% ~70%的平均开发利用水平。因此,在一定时期内,我国水能资源开发潜力还很大。

1.1.2.5 开发程度较高,地区间不平衡

中华人民共和国成立以来,为适应社会经济的发展,我国对河流开发利用的速度和规模在世界上是首屈一指的。根据《2017年全国水利发展统计公报》,我国已建成各类水库98 795座,总库容9 035亿 m^3 (其中:大型水库732座,总库容7 210亿 m^3,占全部总库容的79.8%;中型水库3 934座,总库容1 117亿 m^3,占全部总库容的12.4%);5级及以上江河堤防30.6万 km;流量为5 m^3/s 及以上的水闸103 878座。此外,开发利用河流的还有大量临河、跨河、穿河的建筑物、构筑物,主要有桥梁、码头、管线、道路、取水、排污口等。

我国河流开发利用程度较高,但地区之间极不平衡。淮河、海河、辽河三流域开发利用程度已达到60%以上,长江流域为15%~20%,但在西南诸河流域不足1%。在华北平原、辽河平原、甘肃河西走廊和其他省(自治区)的一些地区,水资源已过度开发;在西南、东北的一些边境地区和经济不发达地区,水资源的开发利用率很低,还有不同程度的开发利用空间。

1.2 我国河流存在的问题

我国河流的水资源、水能资源、滩涂岸线等资源开发利用在发挥河流功能的同时,随着过度的河流开发及河流各功能属性的人为设置不尽合理,出现了洪水泛滥、干旱、水质污染等一系列问题,给人类文明带来了巨大威胁。我国上一轮流域综合规划实施已近20年。这20年来,我国社会发生了翻天覆地的变化,流域水资源状况和工程设施条件也发生了重大变化,流域治理与开发面临许多新情况、新挑战。当时的规划是围绕重大工程建设展开,对生态、环境和流域管理等方面重视不够,涉及水资源配置、节约和保护的内容不多,给河流的大规模开发利用带来不少问题,特别是生态与环境问题日益突出。

近年来,随着流域经济社会的快速发展、河流状况的变化及治水理念的革新,原有流域综合规划已不能适应河流功能和流域水资源可持续利用的要求。非理性、不科学的河流开发利用,既损害了河流健康、加剧了生态退化,又影响了河流功能的发挥;河流水体污染日趋严重,水环境日益恶化;流域管理缺乏依据,河道违章建筑屡禁不止,影响防洪安全;河道上下游、左右岸之间水资源供需失衡,因水权问题引发的水事纠纷日益加剧。

河流作为最易被人类利用的淡水资源,历来受到人类的重视。人类根据自己的意愿,建坝、对河道裁弯取直、引水、围河造田、围湖造田、超采地下水、直接排污等不断地改造和干扰河流。人类对河流水资源的开发,产生了很高的社会经济价值,同时带来了一系列的生态环境问题。目前,我国河流主要存在以下问题。

1.2.1 河流水文情势变化

河流水文情势受自然因素和人类活动的共同影响。人类活动对河流水文情势的影响主要包括两个方面:一是土地利用等改变了流域和区域的下垫面条件和产汇流规律;二是蓄水、取水、调水等水资源开发利用方式改变了河流的原有径流过程,使河流水文情势产生一定变化。以下从河川径流量变化、城市化水文效应和水文节律改变3个方面阐述河流水文情势的变化。

1.2.1.1 河川径流量变化

用河流径流衰减系数(河流某一断面天然径流量与实测径流量差值和天然径流量的比值)来反映水资源开发利用对河流水文情势的影响。对中国水资源一级区1956~1979年和1980~2000年两个时段主要河流水系的径流衰减系数进行计算,并分级统计站点数,结果见表1-3。当径流衰减系数小于0.05时,可认为河流径流基本未受水资源开发利用的影响。

表 1-3　主要河流径流衰减系数分级站点数统计

水资源 一级区	>0.5		0.5~0.2		0.2~0.05	
	1956~1979 年	1980~2000 年	1956~1979 年	1980~2000 年	1956~1979 年	1980~2000 年
全国	4	17	44	70	390	352
松花江	0	0	0	3	39	41
辽河	1	1	3	8	28	22
海河	0	9	12	13	35	24
黄河	0	2	9	18	40	29
淮河	0	5	3	10	28	18
长江	3	0	15	11	122	124
东南诸河	0	0	0	0	13	14
珠江	0	0	1	4	76	73
西北诸河	0	0	1	3	9	7

注:表中资料来自水利部水利水电规划设计总院(2005)。

河流断流是河流实际流量减小的极端情况,通常认为河流某一断面过水流量为0时,即出现河流断流现象。长期断流会导致河流生态环境系统、河口生态环境系统、内陆河末端尾闾湖等水生生态与环境系统的失衡。2000年,我国有49条河流(其河流总长度21 049 km)发生断流,断流河段总长度7 428 km,占发生断流河流总长度的35%。河流断流情况以海河、辽河和西北诸河区域最为严重,其断流河段长度分别占其河流总长度的51%、39%和33%,见表1-4。

表 1-4　北方主要江河干流断流情况统计

河流名称	1980~2000 年 断流年数 (年)	断流年份平 均断流天数 (d)	断流年份平均 断流长度 (km)	最长断流 发生年份	最长断流 长度 (km)	最长断流 河段位置
黄河干流	15	64	353	1997	704	柳园口—利津
海河干流	21	277	74	1980~2000	74	耳闸闸上—海河闸闸上
辽河干流	4	31	38	2000	60	福德店
淮河干流	5	42	12	1999、2000	63	出山店—明河口
塔里木河	21	365	363	1980~2000	363	大西海子—台特玛湖

注:表中资料来自水利部水利水电规划设计总院(2005)。

我国主要江河干流特别是其下游地区,人口集中,经济社会活动频繁,往往由于过度的水资源开发利用而引发河流断流,河流断流又会使生态环境进一步恶化,并制约经济社会的发展。

与径流衰减相反的是,河道洪水频发。河槽淤塞、河床萎缩,河道行洪能力大大降低,使得"小水大灾"现象频繁发生。黄河"96·8"和"98·7"洪水,来水流量不足下游堤防设计防洪流量的 1/3，但沿河水位却异常高涨，部分河段甚至创下了历史最高纪录。1998 年，长江螺山站的最大洪峰流量仅为 64 900 m³/s，较 1954 年的 78 800 m³/s 小很多，但洪水位却比 1954 年的最高洪水位 33.17 m 高出了 1.78 m，这种现象也出现在海河干流、淮河干流及淮河入江水道等河段。

1.2.1.2　城市化水文效应

流域内的土地利用是人类活动干扰影响河流生态系统的一种主要途径。土地利用类型包括农用地、园林用地、森林用地、城镇用地、交通用地、水域和未开发利用地等，其中城镇用地、交通用地和未开发利用地是人类活动强干扰区域。城市化过程是土地利用和人口从农村向城市类型的转化，具体表现为建设用地扩张，城市及远郊大量农田、草地、林地和湖泊被不透水地面取代，以及农村人口向城市聚集等。城市化产生的水文效应主要体现在以下两个方面：

（1）对于洪水安全的威胁。流域植被覆盖面积减少和不透水面积增加影响河流的水文过程，导致径流总量增大、洪水重现期缩短、洪峰流量增大和基流量改变等。由于流域城市化改变河流的天然水文特性，加之流域内人口数量和经济活动频度增加，洪水风险也随之加大。部分研究已经表明流域不透水面积是导致河流水文过程改变的主要原因。

（2）对于水质安全的威胁。伴随着雨水径流的增加，污染规模将更加庞大。城市生活污水所包含的污染物种类繁多，工业废水的数量也十分巨大，如果这些废污水未经有效收集和处理而直接排入城市河流，将造成严重的水体污染。即使城市点源污染被严格控制，大量的面源污染也将由雨水径流挟带进入河流水体，造成污染物种类、数量和影响范围大幅度增加，对河流生态系统的水质安全维护产生巨大压力。

1.2.1.3　水文节律改变

大型水利工程的修建改变了天然河流的水文节律。由于受到水库削峰、滞洪作用的影响，河流水文节律的年内和年际分布与天然规律有了较大差别，河川径流量、洪水特性（频率、尺度、强度）以及输沙量都将发生一定的改变，使河流生态系统处于新的状态。以长江为例，大型水库的修建在拦蓄洪水、提升航道等级、调峰减沙等方面起到重大作用，同时极大地改变了河川径流的水文节律。

水文节律改变将会产生十分严重的生态环境胁迫，甚至影响水生生物生存和演替。河流生态系统的平衡不仅依赖于平均的水流条件，也需要大流量、小流量甚至洪峰和断流期的出现。季节流量调匀使大部分河道长期处于高流量状态，导致河流生态系统长时间保持比以前更高的生物量。美国科罗拉多州南普拉特河观察到，调节后的奇斯曼水库下游周丛水生植物密度增加，大面积侵占了石面栖居物种的生活空间。长江三峡水库运行后，流量的年内调节使天然条件下边滩的夏淹冬露转为夏露冬淹，有效地抑制了钉螺繁殖。水文节律的季节改变也会使一些鱼类丧失产卵场和主要的食物来源。水库调峰降低了洪水事件的发生频率，洪水淹没范围也随之缩小，可能造成植物入侵河道，导致鱼类的产卵场面积萎缩。日流量的变化对于水生生物产生的影响也不可小觑。如果人为脉动事件与植物生长所需要的时间不符，可能直接造成物种的灭绝。此外，日流量变幅可能产生高有机质含量的水流，如英国瓦伊河流量从 1.3 m³/s 突增至 4.3 m³/s，造成无脊椎动物的大量增加。

1.2.2　河流污染较为严重

由于产业结构的不合理和粗放式的发展模式，点源污染和面源污染十分严重。在世界范围内,高达 10% 的河流受到了不同程度的污染,使将近 80% 的人口受到了水荒的威胁。

1.2.2.1 我国水质现状

根据《2018 中国生态环境状况公报》,全国地表水监测的 1935 个水质断面(点位)中,Ⅰ~Ⅲ类比例为 71.0%、劣Ⅴ类比例为 6.7%。长江、黄河、珠江、松花江、淮河、海河、辽河七大流域和浙闽片河流、西北诸河、西南诸河监测的 1 613 个水质断面中,Ⅰ类占 5.0%,Ⅱ类占 43.0%、Ⅲ类占 26.3%,Ⅳ类占 14.4%、Ⅴ类占 4.5%、劣Ⅴ类占 6.9%。西北诸河和西南诸河流域水质为优,长江、珠江流域和浙闽片河流域水质良好,黄河、松花江和淮河流域为轻度污染,海河和辽河流域为中度污染,主要污染指标为高锰酸盐指数、化学需氧量、五日生化需氧量和氨氮。各个流域水质情况见表 1-5。

表 1-5 各个流域水质情况

流域名称	水质断面个数	Ⅰ~Ⅲ类占比例(%)	Ⅳ类占比例(%)	Ⅴ类占比例(%)	劣Ⅴ类占比例(%)
长江流域	510	87.5	9	1.8	1.7
黄河流域	137	66.4	17.5	3.6	12.5
珠江流域	165	84.8	7.9	1.8	5.5
松花江流域	107	57.9	27.1	2.8	12.2
淮河流域	180	57.2	30.6	9.4	2.8
海河流域	160	46.3	19.4	14.4	19.9
辽河流域	104	48.9	19.2	9.6	22.3
浙闽片河流	125	88.8	9.6	1.6	0
西北诸河流域	62	96.8	3.2	0	0
西南诸河流域	63	95.2	0	0	4.8

同时,2018 年,监测水质的 111 个重要湖泊(水库)中,Ⅰ类水质的湖泊(水库)7 个,占 6.3%;Ⅱ类 34 个,占 30.7%;Ⅲ类 33 个,占 29.7%;Ⅳ类 19 个,占 17.1%;Ⅴ类 9 个,占 8.1%;劣Ⅴ类 9 个,占 8.1%。主要污染指标为总磷、化学需氧量和高锰酸盐指数。监测营养状态的 107 个湖泊(水库)中,贫营养的 10 个,占 9.3%;中营养的 66 个,占 61.7%;轻度富营养的 25 个,占 23.4%;中度富营养的 6 个,占 5.6%。

综上所述,在“河长制”和“湖长制”管理制度下,我国河流和湖泊的水质均有变好的趋势,Ⅰ~Ⅲ类断面所占总断面的比例逐步上升,然而黄河、淮河、辽河及海河流域依然存在污染现象,湖泊(水库)的富营养严重。水污染不仅影响农业灌溉、粮食产量和品质,而且直接危害人类健康,造成工厂设备腐蚀,产品质量下降,成本增高。水环境恶化使许多动植物数量大大减少,一些珍稀物种濒临灭绝。水污染已成为我国河流生态面临的严峻考验。

1.2.2.2 本底化学特征值改变

天然河流水体的化学元素有 74 种,通常以河水矿化度、总硬度、总碱度、pH、主要离子的特征值和时空分布规律作为主要研究对象。河流水体化学组成主要为 8 种离子,这些离子及其化合物在水体中的总含量称为矿化度。以矿化度作指标,通常可将天然水分为弱矿化度水(＜200 mg/L)、中矿化度水(200～500 mg/L)、强矿化度水(500～1 000 mg/L)和高矿化度水(＞1 000 mg/L)。中国的河水矿化度具有显著的地带性,中国海河、黄河及新疆南部和藏北为高值区,黄土高原为高值区的中心,向东南沿海、东北、黑龙江、西北阿尔泰山逐渐降低。研究资料表明,黄河干流的矿化度数值20世纪90年代较80年代有明显的增加,1998年黄河干流矿化度平均值为569 mg/L,总硬度平均值为261 mg/L,水化学类型以Na组Ⅱ型为主;而20世纪80年代初,黄河干流矿化度平均值为447 mg/L,总硬度平均值为191 mg/L,水化学类型以Ca组Ⅱ型为主。黄河水化学特征的变化反映了流域内土地利用强度提升造成的水土流失加剧,以及工农业和生活废污水排入量加大,这些都是造成河流水体本底化学特征改变的人为原因。河流水体本底化学特征值的改变,虽然没有直接毒害水生生物,但也造成了生境中水化学条件的改变。

1.2.2.3　污染负荷加重

污染物排放入河是人类活动对于河流生态系统的直接干扰。"水多、水少、水脏、水浑"是我国传统四大水问题的集中表述。区域经济发展与水环境容量不相适应的结果是河流生态系统水体污染。我国主要江河都受到不同程度的污染。其中,河流以有机污染为主,主要污染物是氨氮、生化需氧量、高锰酸盐指数和挥发酚等;湖泊以富营养化为特征,主要污染指标为总磷、总氮、化学需氧量和高锰酸盐指数等。按照污水来源的不同,河流又可分为生活污水污染河流、工业废水污染河流和农业废水污染河流等。其中,生活污水主要来自居民日常生活排出的废水,污染物成分取决于居民的生活状况及生活习惯;工业废水污染河流指生产过程中排出的废水造成污染的河流,污染成分主要取决于生产工艺过程和使用的原料,其中也包括高温而形成热污染的工业废水;农业废水污染河流指由于农作物栽培、牲畜饲养、农产品加工等过程排出的废水而导致水体污染的河流,污染物来源细分为农田排水、饲养场排水、农产品加工废水等。

长期以来,我国经济增长以单纯追求经济利益为主,而忽视了环境效益与生态效益,粗放的经济增长模式往往伴随着盲目的、落后的生产工艺扩大再生产,生产过程中产生的污染物远远超出了河流水体的承载能力。此外,国家政策导向的偏差,如环境标准过低,处罚力度不足,污水收集处理设施建设配套落后,市场经济不深入等。这些因素使河流生态系统水体污染负荷加重,从而成为难以解决的历史性问题,已经严重影响了自然水环境和河流生态系统健康。

1.2.3　河湖湿地萎缩等生态退化

由于受气候变化和人类活动的影响,我国许多湖泊水位下降、水面面积减小,湖泊萎缩现象比较普遍,有些湖泊甚至完全干涸,使湖泊原有的生态系统遭到破坏,湖泊的功能丧失。湖泊干涸是湖泊萎缩的最终状态,对水体生态环境具有毁灭性的破坏。人类活动对湖泊萎缩的影响主要表现在:①工农业用水量增加,引起入湖水量大幅减少,如艾比湖、乌兰诺尔、波罗湖、大庙泡子;②大范围围垦,建立圩区,例如太湖从20世纪50年代初至2000年湖面减少了160 km²。

人类活动对湿地面积萎缩的影响主要表现在湿地围垦、不合理的水资源开发利用等方面,其中围垦是湿地面积萎缩的主要原因。人口增长对耕地的需求日益增加,人地矛盾突出,促使人们对湿地资源进行开发以获取耕地。东北三江平原自20世纪50年代大规模开垦以来,已有 300 多万 hm² 湿地变为农田。辽河三角洲原有湿地面积 37 万 hm²,将近半数已开辟为稻田或盐田,保持自然和半自然景观的湿地不到 7 万 hm²。围海造地使我国沿海湿地面积每年以 2 万多 hm² 的速度减少,见表 1-6。

表 1-6　中国主要湿地开垦面积情况　　　　　　　　　　　（单位:万 hm²）

时段	三江平原	内蒙古湖区	新疆内陆河区	长江中下游	东南沿海	云贵高原	全国
1949~1957 年	14.3	—	30.7	53.3	—	—	98.3
1958~1960 年	72.7	28.7	103.0	76.7	—	—	281.1
1966~1976 年	85.3	—	66.7	—	7.0	170.0	329.0
1978~2000 年	164.5	—	—	—	100.0	—	264.5
合计	336.8	28.7	200.4	130.0	107.0	170.0	972.9

注:表中资料来自水利部水利水电规划设计总院(2005)。

不合理的水资源开发利用是湿地面积萎缩的另一个原因,特别在干旱半干旱地区,随着人口的增长和经济社会的发展,生活和工农业用水大幅度增加,水资源的供需矛盾日益突出。河流中上游修建库坝、截留水源、中下游地下水超采等,使得湿地补给水量减少,湿地水源条件发生变化,湿地面积萎缩。位于黑龙江省的扎龙湿地,由于乌裕尔河中上游地区经济发展,工农业生产用水量增加,水资源过度开发和管理不善,进入湿地的水量逐年减少;20世纪 90 年代以来湿地水位持续下降,截至 1997 年,水位下降了约 1.0 m,部分沼泽变成干草地。

水利工程建设是水资源开发利用过程中的重要环节,对流域生态与环境存在着各类影响。河流是典型的线性生态系统,非常脆弱,很容易被片段化,如水利工程、水运工程、交通工程和农业建设等都会对河流的连续性和生态系统的完整性带来不利影响。它们的兴建改变了河流的水文特征,影响河流的自净能力,同时对生物多样性产生了影响。大坝的建设,切断了河流的通道,对洄游生物等生物多样性影响比较明显。

1.2.4　水资源承载能力和水环境承载力认识不足

河流作为地表主要的最宜利用的淡水资源,在一定时期内,河流能够供养的人口和维系的生态环境是有限的。对水资源的开发利用应以水资源承载能力和水环境承载力为基础,充分发挥河流的资源可更新和恢复能力。在过去很长时间,人口的快速增长、社会经济的快速发展以及人类的贪婪,导致部分河流过度开发、无序开发问题突出,肆意挤占生态环境用水,致使许多河流的自然功能和生态环境功能出现明显衰退,丧失自我修复能力,河流健康损害严重。

1.2.5　其他

人类过量开采地下水,造成区域地下水位持续下降,地下水对河流补给减弱。大量开垦陡坡,滥砍滥伐森林,甚至乱挖树根、草坪,不合理修筑公路、建厂、挖煤、采石等,破坏了植被,使地表裸露,边坡稳定性降低,引起水土流失,增加了河流泥沙含量。

1.3　河道生态治理发展过程

通过第 1.2 节可以看出,河流生态系统遭到破坏,并且已经成为社会和经济可持续发展所面临的重大危机之一。河道是水生态系统的重要载体,因此科学合理的河道治理能够起到恢复河流自然功能和满足人类活动需求双重作用。

1.3.1　河道治理的四个发展阶段

相应于经济社会发展水平和人类生活需要的不同阶段,河道治理在不同时期也有着不同的要求和治理方式。根据人与自然的关系,可将我国的河道治理大致分为以下四个阶段。

1.3.1.1　阶段一:依附自然被动防御阶段

1949 年中华人民共和国成立前,河道治理基本上是在适应自然水文条件下进行的。河流防洪效益甚微,常常是左岸筑堤,右岸受灾,洪水东冲西撞,在自然环境中达到平衡,时常给沿河两岸人民带来灾难。

1.3.1.2　阶段二:发展生产与河争地阶段

20 世纪 50~70 年代,配合国民经济的增长,完成了大量的提水灌溉、河道治理和堤防工程。限于当时的经济条件,没有机械作业,大都采用人海战术,肩挑手推进行施工。这一阶段的河道治理,标准不高,缺乏科学规划。为了扩大土地利用面积,增加粮食产量,不切实际地"与河争地",基本忽略了河流长期形成的自然形态,较多地采用了裁弯取直、消除滩地、缩窄河道等做法,结果洪水到来时,流速过急,冲刷加剧,常常发生漫堤决口事故。

1.3.1.3　阶段三:防洪排污经济治河阶段

这个阶段的河道治理有两个突出特点:一是为了保护耕地、村屯、工矿企业和道路设施等,根据法定防洪标准达标治理,确保社会安定和经济持续发展;二是结合排污需要治理河道,由于经济发展迅速,污水治理普遍滞后,使大量未经处理的污水,或者超过排放指标、超过水环境承载能力的污水排入河道,造成河流污染,殃及邻近区域的生态和居住环境,排污治污成为城镇及近郊河道治理的重要内容。这一阶段为了用有限的资金达到最好效果,常常采用能够加大过流能力并避免污水滞留和渗透的河流断面与衬砌形式,制造了大量的矩形硬质河道。

1.3.1.4　阶段四:修景与生态和谐治理阶段

自 20 世纪 90 年代后期,我国中心城市和沿海地区的经济实力得到极大的改善,人们的生活水平普遍提高,改善生活质量、创造优美环境成为一种社会需要。人们提出了创造利于亲水的水边景观;制定与区域发展、传统文化、自然条件相和谐的规划方案;设计适合当地生态要求的结构形式;对于整个河道治理模式追求可存续性原则,即在满足河道行洪排涝基本功能的基础上,河道的社会功能与生态功能建设要有长期持续发展的条件。河道生态治理已经成为河道治理的一种趋势。

1.3.2　传统河道治理中的问题

目前,传统河道治理中普遍存在如下问题。

1.3.2.1 防洪排涝能力下降

部分河道两侧没有护岸,或是河堤单薄,防洪能力达不到设计标准。一些有通航功能的河道,由于行船和风浪长年累月的冲刷,使河堤遭受不同程度的破坏,甚至出现坍塌。此外,河岸带植被的缺失,往往造成河岸边坡和堤坝顶面水土流失,流失的泥沙在河床内淤积,致使河床抬高;不恰当的城镇开发使许多河道变窄、河网被分割,加之城镇废物的倾倒使河床越来越高,甚至发生河道被填埋的现象。这些都严重影响了河道的防洪排涝功能。

1.3.2.2 基流减少

流域表面和河道断面硬质化导致水流下泄速度加快,保水、滞水能力降低;城市区域地下水过量开采,地下水位降低,河流大量补给沿岸地下水,致使河道流量较自然状态下减少,部分河段出现断流。

1.3.2.3 河流生态系统受到破坏

随着人类活动的加强,河道的形态结构发生了巨大的变化,河道断面形状多样性降低,河床材料由透水性材料变为硬质化的不透水性材料,水利工程的建设造成河流形态表现出不连续性。河道形态结构的变化,河道生态系统形态多样性的降低,使得河道生态系统生境异质性降低、生物多样性降低,引起了河道生态系统服务功能的降低、水体自净化能力的下降。

此外,在传统堤防设计过程中,为了减少工程建设成本及考虑到洪水排泄的速度,往往会使用"裁弯取直"的方式形成规则的、整齐划一的直立面或者斜面。原本凹凸不平的河床、浅滩、河岸也因此被推平,规则的堤防、岸坡打破了河流原本的生态平衡,原本拥有的植被遭到破坏,河道两旁的自然景观消失,扼杀了生物生存的天然栖息场所,破坏了河流生态系统。

1.3.2.4 水质污染严重

随着经济的快速发展,部分区域存在工业废水和生活污水未经处理或处理不达标就排入河道的现象,导致河水污染严重;部分区域管道使用年限过久,管道材质较差,有的管道已经老化,致使发生污水渗漏;多数区域农村污水未集中处理,均以散排为主;部分区域农田、畜禽等农业面源污染、初期雨水面源污染较为严重;多数城区河道底泥内源污染较为严重。

1.3.2.5 生态景观问题

目前,国内很多城市河道在建设时由于忽略了河道与岸上生态系统的有机联系,不少河道显得很突兀,与周边环境不协调。当前实施的一些河流整治工程,往往只着眼于河道本身,而忽视了河道周围的环境,所以呈现出了千篇一律的景观形象,部分城市滨水绿地空间景观面貌较差,无法满足城市休憩活动的需求。

1.3.3 河道生态治理的提出

随着社会经济的发展,大众对生态环境质量也越来越关注。人与自然环境和谐相处是时代的需求,认真研究人类现阶段的根本需求,探索河道治理过程,遵守自然客观规律,建设人类与大自然和谐发展的环境尤为重要。鉴于传统河道治理中存在的问题,河道生态治理被提出。

河道生态治理的基本原理包括以下5点:一是将生态学与河工学有效紧密结合;二是在工程设计时就要考虑其多重功能,同时满足基本功能、社会、生态系统等方面的需求;三是河道生态工程要注重保护流域生物多样性,水利工程设施结合流域的自然状况、各类生物种群生长与繁衍等因素布设;四是利用其本身的自然规律,充分发挥河道自我恢复及自净能力;五是适当体现人文价值,参照周边主体,保存河流的自然美,满足人类对大自然的情感依赖。

通过河道生态治理,不仅营造出"水清、流畅、岸绿、景美"的水环境,更应使这一区域生态系统健康,自然环境优美,社会文明进步,经济持续发展,人与自然互相依赖、和谐共存,从而提高整个区域的土地价值,促进整个区域的经济发展和人民生活水平的提高。

1.4　国内外河道生态治理研究进展

1.4.1　国内河道治理研究现状

公元前 8 世纪,我国古代劳动人民就在处理水患时使用植物枝条进行编制,并辅以填筑土石来稳固护岸。明代的刘天和总结了历代植柳固堤的经验,创造了包括"卧柳""低柳""编柳""深柳""漫柳""高柳"等在内的"植柳六法",成为植被抗洪、改善生态环境、水土保持、营造优美景观的生态护岸有效途径。

后来,由于我国缺乏比较系统的河道生态治理模式研究,在很长一段时间里,在河道治理方面只重视防洪抗旱的单一水利功能,多采用混凝土结构的渠道化河道形式,阻断了水域与外环境的物质与能量交换,最终导致水体恶化。到 20 世纪末,我国开始认识到传统的防洪、水资源开发等活动,使河流的水文条件和地形、地貌特征等发生了较大变化,河流的生态系统功能严重退化。此后,国内开始广泛吸收国外先进的思想和理念,逐步在河流生态治理中注重对河流生态的保护和恢复。

董哲仁系统地分析了河流形态多样性与生物多样性的关系,水利工程对河流生态系统的威胁,总结了河流生态治理工程的发展与趋势,结合生态学原理,提出了"生态水工学"的概念。杨文和、许文宗提出了以人为本、回归自然的生态治河新理念。王超、王沛芳对城市河流治理中的生态河床和生态护岸构建技术进行了阐述,总结了生态河床构建的手段,生态型护岸的种类和结构形式。杨芸研究了生态型河流治理法对河流生态环境的影响。"十五"至"十二五"期间,国内对河道生态修复与功能重建的技术研发有了前所未有的重视,一批技术在实践中诞生。例如,在生态坡岸建设中,构造湿地、生态砖、简易土工模袋的利用;河水净化的生态河床技术、生物膜技术、高效微生物技术、水体曝气充氧和底泥生物氧化技术等。

1.4.2　国外河道治理研究现状

国外对河道生态治理的研究起步较早,早在 19 世纪中期,欧洲就开始反省工业革命以来对河流水质和生态的污染和破坏,并探寻对河流生态系统的保护和恢复方法。如 1938 年德国的 Seifert 首先提出了"近自然河流治理"的概念,指出工程设施首先要具备以传统理念治理河流所要求满足的各种功能,如防洪、供水、水土保持等,同时应该达到亲近自然的目的。这是学术界第一次提出河道生态治理方面的有关理论。

河流生态治理工程理论逐渐走上科学的轨道,还是在现代生态学形成和发展之后。生态学的发展,使人们对于河流治理有了全新的认识。河流治理除了要满足人类社会的需求外,还要满足维护生态系统稳定和生物多样性的要求。

1962年H. T. Odum等提出自我设计行为(self-organizing activities)的生态学概念并运用于工程中。1965年德国的Emst Bitt-mann在莱茵河用芦苇和柳树进行了生物护岸试验等。1971年Schuster认为河流近自然治理的目标,首先要满足人类对河流利用的要求,同时要维护河流的生态多样性。1983年Binder提出河道治理首先要考虑河道的水力学特性、地貌特征和河流的自然状况,以权衡河道治理与对生态系统威胁之间的尺度。1985年Helmsman把河岸带植被视为具有多种小生态环境的多层结构,强调生态多样性在生态治理中的重要性,注重工程治理与自然景观的协调性。1989年Pabst则强调河流的自然特性要依靠自然力去恢复。1992年Hofmann从维护河流生态系统平衡的观点出发,认为近自然河流治理要减轻人类活动对河流的压力,维持河流的环境多样性、物种多样性及生态系统平衡,并逐渐恢复河流的自然状况。R. D. Hey、A. Brookes等学者先后进行了河道工程环境敏感性问题的研究,分析了河道断面形式、弯曲程度、河道护岸、河岸带开发与保护等一系列工程措施对河流防洪、排涝、抗旱功能及水生态系统的影响,探讨了河流水力特性和泥沙淤积对河床稳定的影响。Brinson(1981年)、Amoros(1987年)、Ahola(1989年)、Phillips(1989年)、Mason(1995年)、Cooper(1996年)、Jaana Uusi – Kamppa(2000年)等先后研究了河道两岸植被、森林、水生生物对水体污染物质的截留容量和净化效果,特别是河道水生植物对农业面源氮和磷的阻隔效果。C. J. Richardson(1985年)、Petts(1992年)、Mitsch(2000年)等先后研究了湿地对污染物的吸附效应,提出湿地系统对水环境质量具有重要作用,明确必须对湿地系统进行保护,维持自然生态系统。Kern(1988年)、Ministerium Umwelt(1992年)等研究了河道的生态修复途径,建议改变传统水利工程的结构和形式,减轻人类活动对天然河流生态系统的影响。

1970年以来,发达国家纷纷对以往的水环境治理思路进行反思,提出了生态治水的理念,尊重水环境的自然规律,注重对其自然生态和自然环境的恢复和保护。

(1)德国:近自然河道治理工程理论。

20世纪50年代,德国创立了近自然河道治理工程理论,提出河道的整治要植物化和生命化,随后将其应用于河流治理的生态工程实践,并称为"再自然化"。从20世纪70年代中期开始,在全国范围内拆除被渠道化了的河道,将河流恢复到接近自然的状况,这一创举被称为"重自然化"。

(2)美国:水资源管理策略的转变。

1899年,《河川港湾法》(Rivers and Harbors Act)的制定,使修建航道、提高河流航运能力成为河道整治的主要目的。此后,基于密西西比河洪灾的再次发生,1928年美国颁布了《防洪法》(Flood Control Act),提出了河流改善工程、密西西比河及其支流防洪堤的建设,并规定拿出专项资金用于防洪堤的巩固和改善。之后,于1936年和1944年对《防洪法》进行了两次修正,进一步加强了控制洪水的力度,并引发此后大规模的大坝建设,这一时期的河道整治倾向于防洪工程,即采取工程措施来减少洪水灾害的发生。

1948年,《联邦水污染控制法》(Federal Water Pollution Act)的颁布标志着水污染控制工作在美国的全面开展,基于水污染的日益严重,美国成立了美国环境保护署(EPA),并于1977年颁布了《联邦水污染控制法》的修正案,推动美国水污染控制进入了一个新的阶段,确立了与自然相协调的、可持续的河流管理理念,并进入了大规模反对大坝建设的阶段,但此时相关环境及水资源政策仍过于强调水的化学性质,在很大程度上忽视了河流水资源的生态功能,其结果是水体达到联邦政府要求的水质标准,而河流功能却未得到有效恢复。基于上述教训,20世纪80年代,美国联邦政府、资源质量监测研究委员会提出,水资源的质量必须与其用途相联系,不仅要考虑化学指标,更要考虑生态指标、栖息地质量和生物多样性及完整性等;同时,开始进行河流生态恢复(restoration)方面的尝试,1989年美国 Mitsch 和 Jorgensen 探讨 Odum 提出的生态工程概念并赋予定义,正式诞生了生态工程学,并不断论证了生态学原理运用于土木工程中的理论问题,奠定了"多自然型河道生态修复技术"的理论基础。20世纪90年代后,美国开始了更为广泛的河流生态恢复活动,将城市河流作为公众舒适性的一部分,并在开展河流管理过程中强调公众参与。

(3)澳大利亚:从工程措施转向生态修复。

在20世纪30年代以前,澳大利亚主要以获取水源、灌溉、防洪及水土保持等作为河流利用与整治的重点。随着洪水灾害及河岸侵蚀等问题的日趋突出,澳大利亚转而寻求防洪堤建设、河岸植被清除、河道渠化等整治工程。为控制河床及河岸侵蚀,1948年澳大利亚颁布了河流与海滩整治法(Rivers and Foreshores Improvement Act)。这一阶段的河道整治以工程措施为主,通过供水工程、防洪工程、灌溉工程,以及河床、河岸侵蚀的控制工程等,来提高河流防洪排涝能力,并采取清除河岸植被、裁弯取直等一系列措施以提高水利效率。根据1986年全国河流生境条件的调查及1988年维多利亚州内陆河道的环境状况调查结果,河流环境退化已成为澳大利亚河流的主要问题。基于此,河流生态恢复和修复成为1996~1999年澳大利亚河流保护和管理的重点,并于1999年出版了澳洲河流恢复导则。这一时期河道整治开始倾向于从利用并结合生态保护的角度进行河流管理,关注河流环境条件和状态,结合生态条件评价溪流状况,此时河流环境改善的措施主要包括河岸带的植被再植、河流的结构调整、河流自然弯曲形态的重新恢复、河道内生境的恢复等。

(4)日本:河道整治理念的创新。

直至20世纪后半叶,日本的城市河道整治目标仍是减少洪涝灾害,而从未考虑河流的自然环境特征以及美学景观价值。自20世纪70年代开始,日本的河流管理政策发生巨变,河流提供的环境完整性及舒适性逐渐成为日本河道整治和管理政策的中心目标。自20世纪80年代开始,河流管理者意识到快速城市化和工业化对城市河流水质、生态的损害,并认识到"生态体系保护、恢复和创造"以及"环境净化"的重要性,特别在水环境领域,引进了"多自然型河流治理法",既要保护并创造适宜生物的环境和自然景观,同时尊重自然所具有的多样性,保障满足自然条件的良好水循环,避免生态体系孤立存在,取得了很大成效。20世纪90年代初,日本开始实施"创造多自然型河川计划",提倡凡有条件的河段应尽可能利用木桩、竹笼、卵石等天然材料来修建河堤,并将其命名为"生态河堤",在理论、施工及高新技术的各个领域丰富发展了"多自然型河道生态修复技术",统称为"近自然工法"(near nature engineering)。

第 2 章　河流概述

2.1　河流的基本概念

2.1.1　河流的概念

河流(River)一词来自法文 Rivere 及拉丁文 Riparia,是岸边的意思。不同出处对河流的定义有所差异。

《辞海》中定义:河流是沿地表线低凹部分集中的经常性或周期性水流。较大的叫河,较小的叫溪。

《中国水利百科全书》中定义:河流是陆地表面宣泄水流的通道,是溪、川、江、河的总称。

《中国自然地理》中定义:由一定区域内地表水和地下水补给,经常或间歇地沿着狭长凹地流动的水流。

《河流泥沙工程学》明确:河流是水流与河床交互作用的产物。

综合以上各种解释,可以把河流定义为:河流是汇集地表水和地下水的天然泄水通道,是水流与河床的综合体,也就是说,水流和河床是构成河流的两个因素。水流与河床相互依存,相互作用,相互促使变化发展。水流塑造河床,适应河床,改造河床;河床约束水流,改变水流,受水流所改造。

通常人们理解的河道是河流的同义词,简而言之,河道就是水流的通道。本书采用人们通常理解的河道是河流的同义词的说法。为尊重约定俗成的表述,在本书的阐述中有时称河道,有时称河流。

2.1.2　河流相关概念

天然河谷中被水流淹没的部分,称为河床或河槽(见图 2-1)。河谷是指河流在长期的流水作用下所形成的狭长凹地。水面与河床边界之间的区域称为过水断面,相应的面积为过水断面面积,或简称为过水面积,它随水位的涨落而变化。显然,过水断面面积随水位的升高而增大。

天然河道的河床,包括河底与河岸两部分。河底是指河床的底部;河岸是指河床的两边。河底与河岸的划分,可以枯水位为界,以上为河岸,以下为河底。面向水流方向,左边的河岸称为左岸,右边的河岸称为右岸。弯曲河段沿流向的平面水流形态呈凹形的河岸称为凹岸,呈凸形的河岸称为凸岸。在河流的凹岸附近,水深较大,称为深槽。两反向河湾之间的直段,水深相对较浅,称为浅滩。深槽与浅滩沿水流方向通常交替出现,具有一定的规律,见图 2-2。

深泓线是指沿流程各断面河床最低点的平面平顺连接线。主流线(水流动力轴线)指沿程各断面最大垂线平均流速处的平面平顺连接线。中轴线指河道在平面上沿河各断面中点平顺连线,一般依中水河槽的中心点为据定线,它是量定河流长度的依据。深泓线、主流线、中轴线的位置如图2-2所示。

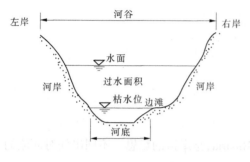

图 2-1　河槽形态示意图

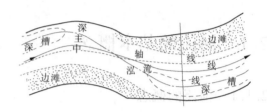

图 2-2　河流深槽、浅滩、深泓线、
主流线、中轴线示意图

2.2　河流的补给来源

河流的水源补给是指河流中水的来源,河流的水文特性在很大程度上取决于水源补给类型,我国河流的水源补给有以下几种类型。

2.2.1　雨水补给

河流的雨水补给是我国河流补给的主要水源,由于各地气候条件的差异,不同地区的河流雨水补给所占的比例有较大的差别。我国雨水补给量的分布,基本上与降水的分布一致,一般由东南向西北递减。

秦岭以南、青藏高原以东地区,雨量充沛,河流主要是雨水补给,补给量一般占河川年径流量的60%～80%。在这些地区冬天虽有降雪,但一般不能形成径流。东北、华北地区的河流虽有季节性积雪融水和融冰补给,但这部分水源仍占次要地位,雨水仍是各河流的主要补给源。黄淮海平原河流的雨水补给比重最大,占年径流量的80%～90%,东北和黄土高原诸河雨水补给量占年径流量的50%～60%。西北内陆地区雨量少,河流以高山冰雪融水补给为主,雨水补给量居次要地位,一般只占年径流量的5%～30%。

以雨水补给为主的河流,其水情特点是水位与流量增减较快,变化较大,在时程上与降水有较好的对应关系。由于雨量的年内分配不均匀,径流的年内分配也不均匀,且年际变化也比较大,丰枯水现象悬殊。

2.2.2　冰雪融水补给

冰雪融水包括冰川、永久积雪融水及季节性积雪融水。冰川和永久积雪融水补给的河流,主要分布在我国西北内陆的高山地区。位于盆地边缘面临水汽来向的高山地区,气候相对较温润,不仅有季节雪,而且有永久积雪和冰川,因此高山冰雪融水成为河流的重要补给源。在某些地区,甚至成为河流的唯一水源。

季节性积雪融水补给主要发生在东北地区,补给时间主要在春季。由于东北地区冬季漫长,降雪量比较大,如大、小兴安岭地区和长白山地区,积雪厚度一般都在 0.2 m 以上,最厚年份可达 0.5 m 以上,春季融雪极易形成春汛,这种春汛正值桃花盛开之时,所以也称为桃花汛。这种春汛形成的径流,可占年径流量的 15% 左右。华北地区积雪不多,季节积雪融水补给量占年径流量的比重不大,但春季融水有时可以形成不甚明显的春汛。季节性积雪融水补给的河流,其水量的变化在融化期与气温变化一致,径流的时程变化比雨水形成的径流平缓。

冰雪融水补给主要发生在气温较高的夏季,其水文特点是具有明显的日变化和年变化,水量的年际变化幅度要比雨水补给的河流小,这是因为融水量与太阳辐射、气温的变化一致,且气温的年际变化比降雨量的年际变化小。

2.2.3　地下水补给

地下水补给是我国河流补给的普遍形式,特别是在冬季和少雨或无雨季节,大部分河流的水量基本上都来自地下水。地下水在年径流中的比例,由于各地区和河道本身水文地质条件的差异较大。例如,东部湿润地区一般不超过 40% ,干旱地区更小。青藏高原由于地处高寒地带,地表风化严重,岩石破碎,有利于下渗,此外还有大量的冰水沉积物分布,致使河流获得大量的地下水,如狮泉河地下水占年径流的比重可达 60% 以上。我国西南岩溶地区(也称为喀斯特地区),由于具有发达的地下水系,暗河、明河交替出现,成为特殊的地下水补给区。

地下水实际上是雨水或冰雪融水渗入地下转化形成的,由于地下水流运动缓慢,又经过地下水库的调节,所以地下径流过程变化平缓,消退也缓慢。因此,以地下水补给为主的河流,其水量的年内分配和多年变化都较均匀。对于干旱年份,或者人工过量开采地下水以后,常使地下水的收支平衡遭受破坏,这时河流的枯水(基流)将严重减少,甚至枯竭。

除少数山区间歇性小河外,一般河流常有两种及以上的补给形式,既有雨水补给也有地下水补给,或者还有季节性积雪融水补给。河流从这些补给中获得的水量,对不同的地区或同一地区不同的河流都是不同的。如淮河到秦岭一线以南的河流,只有雨水和地下水补给,以北的河流还有季节性融雪补给,西北和西南高原河流,各种补给都存在。山区河流补给还具有垂直地带性,随着海拔的变化,其补给形式也不同。如新疆的高山地带,河流以冰雪融水、季节性积雪融水补给为主;而在低山地带以雨水补给为主;中山地带冰雪融水、雨水和地下水补给都占有一定比重。同一河流的不同季节,各种水源的补给量所占的比例亦有明显差异。如以雨水补给为主的河流,雨季径流的绝大部分为降雨所形成,而枯水期则基本靠地下水补给来维持。东北的河流在春汛径流中,大部分为季节性融水,而雨季的径流主要由雨水形成,枯水季节则以地下水补给为主。

虽然地下水是河流水量的补给来源之一,这主要是指在河流水位低于地下水位的条件下,但在洪水期或高水位时期,如果河流水位高于地下水位,这时河流又会补给河流两侧的地下水。河流与地下水之间的这种相互补给,在水文学上称之为"水力联系"。水力联系的概念,在水资源评价和水文分析计算中具有重要意义。需要指出的是,这种水力联系必须是河流切割地下含水层时才会发生相互补给。在某些特殊情况下,水力联系只是单方面的,河流只补给地下水,而地下水无法补给河流,如黄河的中下游地区。

2.3 河流的分类、分段与分级

2.3.1 河流的分类

根据不同的划分标准,河流可以有以下6种分类。

2.3.1.1 按照流经的国家分类

按照河流流经的国家,可分为国内河流与国际河流。国内河流简称"内河",是指完全处于一国境内的河流。国际河流是指流经或分隔两个及两个以上国家的河流。这类河流由于不完全处于一国境内,所以流经各国领土的河段,以及分隔两国界河的分界线两边的水域,分属各国所有。国际河流有时特指已建立国际化制度的河流,一般允许所有国家的船舶特别是商船无害航行。

1994年,联合国《国际法第四十六届会议工作报告》把国际河流的概念统一到"国际水道"中,它包括了涉及不同国家同一水道中相互关联的河流、湖泊、含水层、冰川、蓄水池和运河。

我国是国际河流众多的国家,包括珠江、黑龙江、雅鲁藏布江在内共有40余条,其中主要的国际河流有15条。

2.3.1.2 按照最终归宿分类

按照河流的归宿不同,可分为外流河和内流河(内陆河)。通常把流入海洋的河流称为外流河;流入内陆湖泊或消失于沙漠之中的河流称为内流河。如亚马孙河、尼罗河、长江、黄河、海河、珠江等属于外流河;我国新疆的塔里木河、伊犁河,甘肃的黑河等属于内流河。

2.3.1.3 按照河流的补给类型和水情特点分类

按照河流水源补给途径将河流划分为融水补给为主(具有汛水的河流)、融水和雨水补给为主(具有汛水和洪水的河流)和雨水补给为主(具有洪水的河流)3种类型。

在我国以融水补给为主的河流,主要分布在大兴安岭北端西侧、内蒙古东北部及西北的高山地区,汛水可分为春汛、春夏汛和夏汛三种类型;由融水和雨水补给的河流,主要分布在东北和华北地区;以雨水补给为主的河流,主要分布在秦岭—淮河以南、青藏高原以东的地区。

2.3.1.4 按照河水含沙量大小分类

按照河水含沙量大小,可分为多沙河流与少沙河流。多沙河流,每立方米水中的泥沙含量常在几十千克、几百千克甚至千余千克;而少沙河流,则河水"清澈",每立方米水中的泥沙含量常在几千克甚至不足1 kg。所谓"泾渭分明"的词语,正是两条河流河水含沙量的显著差异的反映。

更进一步地,余文畴、夏细禾等曾将河流按平均含沙量大小划分为5类情况:含沙量超过5 kg/m³的河流,称为多沙河流(或高含沙量河流),如黄河、海河;含沙量为1.5~5 kg/m³的河流,称为次多沙河流(或大含沙量河流),如辽河、汉江;含沙量为0.4~1.5 kg/m³的河流,称为中沙河流(或中含沙量河流),如长江、松花江;含沙量为0.1~0.4 kg/m³的河流,称为少沙河流(或小含沙量河流),如珠江、湘江、赣江、淮河;含沙量小于0.1 kg/m³的河流,称为"清水河流"(或极小含沙量河流),如资水、昌江、乐安河、秋浦河等。

2.3.1.5　按照流经地区分类

在河床演变学中,一般将河流分为山区河流与平原河流两大类。

1. 山区河流

山区河流为流经地势高峻、地形复杂的山区和高原的河流。山区河流以侵蚀下切作用为主,其地貌主要是水流侵蚀与河谷岩石相互作用的结果。内营力在塑造山区河流地貌上有重要作用,旁向侵蚀一般不显著,两岸岩石的风化作用和坡面径流对河谷的横向拓宽有极为重要的影响,河流堆积作用极为微弱。

2. 平原河流

平原河流是流经地势平坦、土质疏松的冲积平原的河流。平原本身主要由水流挟带的大量物质堆积而成,其后由于水流冲蚀或构造上升运动原因,河流微微切入原来的堆积层,形成开阔的河谷,在河谷上常留下堆积阶地的痕迹。河流的堆积作用在河口段形成三角洲,三角洲不断延伸扩大,形成广阔的冲积平原。

通常又将冲积平原河流按其平面形态及演变特性分为顺直型、蜿蜒型、分汊型及游荡型4 类。顺直型即中心河槽顺直,而边滩呈犬牙交错状分布,并在洪水期间向下游平移。蜿蜒型即呈现蛇型弯曲,河槽比较深的部分靠近凹岸,而边滩靠近凸岸。分汊型分为双汊或者多汊。游荡型河床分布着较密集的沙滩,河汊纵横交错,而且变化比较频繁。

2.3.1.6　按照是否受人类干扰分类

按河流是否受到人为干扰,可分为天然河流与非天然河流。天然河流其形态特征和演变过程完全处于自由发展之中;而非天然河流或称半天然河流,其形态和演变在一定程度上受限于人为工程干扰或约束,如在河道中修建的丁坝、矶头、护岸工程、港口码头、桥梁、取水口和实施人工裁弯等。目前,自然界中的河流,完全不受人为干扰影响的已越来越少见。

2.3.2　河流的分段

一条大河从源头到河口,按照水流作用的不同以及所处地理位置的差异,可将河流划分为河源、上游、中游、下游和河口段。

河源就是河的发源地,河源以上可能是冰川、湖泊、沼泽或泉眼等。对于大江大河,支流众多,一般按"河源唯长"的原则确定河源,即在全流域中选定最长、四季有水的支流对应的源头为河源。

上游指紧接河源的河谷窄、比降和流速大、水量小、侵蚀强烈、纵断面呈阶梯状并多急滩和瀑布的河段。上游一般位于山区或高原,以河流的侵蚀作用为主。

中游大多位于山区与平原交界的山前丘陵和平原地区,以河流的搬运作用和堆积作用为主。其特点是水量逐渐增加,比降和缓,流水下切力开始减小,河床位置比较稳定,侵蚀和堆积作用大致保持平衡,纵断面往往呈平滑下凹曲线。

下游多位于平原地区,河谷宽阔、平坦,河道弯曲,河水流速小而流量大,以河流的堆积作用为主,到处可见沙滩和沙洲。

河口是指河流与海洋、湖泊、沼泽或另一条河流的交汇处,可分为入海河口、入湖河口、支流河口等。河口段位于河流的终端,处于河流与受水盆(海洋、湖泊以及支流注入主流处)水体相互作用下的河段。

许多江河在分段时,一般只分为上游、中游和下游三段。对于大江大河而言,上游一般位于山区或高原,下游位于平原,而中游则往往为从山区向平原的过渡段,可能部分位于山区,部分位于平原。

以长江、黄河为例,长江发源于青藏高原唐古拉山脉主峰格拉丹东雪山西南侧,江源至宜昌为上游,长 4 500 余 km;宜昌至湖口为中游,长 955 km;湖口至长江口为下游,长 938 km。黄河发源于青藏高原巴颜喀拉山北麓的约古宗列盆地,河源至内蒙古自治区托克托(河口镇)为上游,长 3 472 km;从托克托至河南省桃花峪为中游,长 1 206 km;桃花峪至黄河口为下游,长 786 km。

在我国西南、华南地区,受喀斯特地貌发育影响,形成了许多特殊的河流,如从岩洞中流出的无头河,河流下游止于落水洞的无尾河,以及没入地下的暗河,潜行一段距离后又冒出地面的明河。对于这类河流,则难以明确分段。

2.3.3　河流的分级

河流的分级方法很多。比如,按流域水系中干、支流的主次关系,常见的有两种分类方法:一是从河流水系的研究分析方便考虑,把最靠近河源的细沟作为一级河流,最接近河口的干流作为最高级别的河流,然而,这在具体划分上又存在不同的做法,图 2-3 便是其中常见的一种;二是把流域内的干流作为一级河流,汇入干流的大支流作为二级河流,汇入大支流的小支流作为三级河流,依次类推。

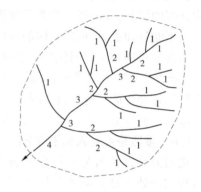

图 2-3　河流分级示意图

1994 年 2 月,水利部依据河道的自然规模(流域面积)及其对社会、经济发展影响的重要程度,颁布了《河道等级划分方法》(内部试行)(水管〔1994〕106 号),将我国的河道划分为 5 个等级,即一级河道、二级河道、三级河道、四级河道、五级河道,并规定了各级河道的认定与管理权限。首批认定了长江、黄河、淮河、海河、珠江、松花江、辽河、太湖、东南沿海流域的 18 条全国一级河道。

在我国,各地对河道等级的划分不尽相同。如上海市按事权将河道划分为市管河道、区(县)管河道、乡(镇)管河道;浙江省按事权将河道划分为省级河道、市级河道、县级河道和其他河道 4 个等级,按河道重要性划分为骨干河道与一般河道,按河道流经的地域划分为城市河道与乡村河道。

2.4　河流的基本特征

河流的基本特征大致可从三个方面进行描述:形态特征、水文特征和流域特征。

2.4.1　形态特征

河流的形态特征主要用河流的地貌、长度、弯曲系数、断面、落差、比降等参数表示。

2.4.1.1　地貌

山区河流多急弯、卡口,两岸和河心常有突出的巨石,河谷狭窄,横断面多呈 V 形或不完整的 U 形,两岸山嘴突出,岸线犬牙交错很不规则,常形成许多深潭,河岸两侧形成数级阶地。平原河流横断面宽浅,浅滩、深槽交替,河道蜿蜒曲折,多江心洲、曲流与汊河。河床断面多为 U 形或宽 W 形,较大的河流上游和中游一般具有山区河流的地貌特征,而其下游多为平原河流;对于较小的河流,整条河流可能为山区河流或平原河流。

2.4.1.2　河长

通常是指河流由河源至河口的河道中轴线的长度。它是确定河流比降、估算水能、确定航程、预报洪水传播时间等的重要参数。一般而言,河长基本上反映出河流集水面积的大小,即河长越长,河流集水面积越大,反之亦然。

2.4.1.3　弯曲系数

河流平面形状的弯曲程度,可以用弯曲系数表示,即干流河源至河口两端点间的河长与其直线距离之比。它是研究河流水力特性和河床演变的一个重要指标,其数值的大小,取决于流域的地形、地质、土壤性质和水流特性等因素。弯曲系数越大,表明河流越弯曲,径流汇集相对较慢。

2.4.1.4　断面

河流断面分为横断面和纵断面。

1. 河流横断面

垂直于水流方向的断面称为横断面,简称断面,如图 2-4 所示。在枯水期,有水流的部分称为基本河床或主槽;在洪水期,能被水淹没的部分称为洪水河床或滩地。断面内有水流流经的部分称为过水断面,过水断面的大小随水位和断面形状而变化。从上游至下游,一条河流有无数多个横断面,各个横断面的形状各异,且受冲淤变化影响。

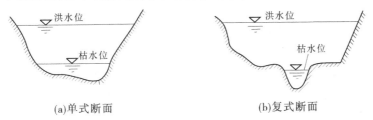

图 2-4　河流横断面示意图

河流的横断面是河流平面形态与水流长期相互作用、相互影响的结果,在顺直河段、弯曲河段与河流上下游河段,都有其特定的横断面形态。按照水力特性的不同,常将河流横断面分为单式断面与复式断面两类,见图 2-4。

1) 单式断面

只有主槽而无滩地的断面称为单式断面,单式断面的水面宽度随水位的变化是连续的或渐变的,如图 2-4(a)所示。单式断面的河床相对比较稳定,河槽为单一的冲淤变化,水位与断面各项要素(水面宽、过水断面面积、水力半径等)之间为单一、连续变化的关系。

2) 复式断面

既有主槽又有滩地的断面称为复式断面,复式断面的水面宽度随水位的变化发生突变,如图 2-4(b)所示。复式断面的洪、枯水位相差悬殊,河床处于不稳定状态。水位与各项断面要素之间的关系呈不连续变化,特别是主槽与滩地部分的水力条件悬殊。滩地又称河漫滩,是由河流横向迁移和洪水漫溢的沉积作用形成的,一般平原河流的滩地比较发育。有的河流只在一侧有滩地,而有些河流在两侧都有滩地。由于横向环流作用,V 形河谷展宽,冲积物组成浅滩,浅滩加宽,枯水期大片浅滩露出水面成为雏形滩地,之后洪水挟带的物质不断沉积,形成滩地。滩地沉积大多具有二元结构,下部是河床相沉积,上部为滩地相沉积。滩地的主要类型有:①河曲型滩地,发育于弯曲型河段,常在凸岸堆积为滨河床沙坝、迂回扇等;②汊道型滩地,为在汊道型河段中形成的浅滩及其附属的沙坝、沙嘴等;③堰堤型滩地,发育于较顺直河段,形成天然堤;④平行鬃岗型滩地,为堰堤型滩地与河曲型滩地或汊道型滩地的过渡类型,表现为一系列平行鬃岗系统,鬃岗之间为浅沟、洼地或湖泊。

2. 河流纵断面

河流纵断面是指从河源到河口之间河床最低点的连线,它表示了河槽纵向坡度或高程沿流向的变化情况。河流的纵断面图可通过实地测绘或在地形图上量算后绘制,如图 2-5 所示。

河流纵断面特征可用落差或河底比降表示。任意河段两端的高程差称为落差,单位河长的落差称为比降。河流比降有水面比降与河底比降之分,此处特指河底比降。河流沿程各河段的比降不同,一般从上游向下游逐渐减小。当河段纵断面近于直线时,其河底比降可用下式计算:

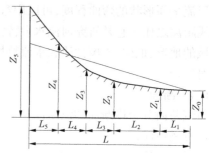

图 2-5　河流纵断面示意图

$$J = \frac{Z_1 - Z_0}{l} = \frac{\Delta Z}{l} \tag{2-1}$$

式中:J 为河底比降,无因次(常用千分率表示);Z_1、Z_0 分别为河段上、下断面河底高程,m;l 为河段长度,m。

当河段的河底高程沿程变化较大时,在纵断面图上,从下断面最低点作一直线,使直线以下面积与河底线以下面积相等,该直线的斜率即为河段的平均比降,如图 2-5 所示。根据以上原则,通过简单的几何关系就可推导出河段比降的计算式:

$$J = \frac{(Z_0 + Z_1)L_1 + (Z_1 + Z_2)L_2 + \cdots + (Z_{n-1} + Z_n)L_n - 2Z_0L}{L^2} \tag{2-2}$$

式中:J 为河段的平均河底比降,无因次(常用千分率表示);Z_0、Z_1、$\cdots$、Z_n 为各分段两端河底高程,m;L_1、L_2、$\cdots$、L_n 为各分段河长,m;L 为河段总长,m。

3. 河流断面横比降与横向环流

1)水面横比降

地球自转产生的偏转力垂直于物体运动的方向,物体的运动在其作用下发生偏转。在北半球向右偏转,在南半球向左偏转,地球上的河道水流也不例外。尤其是在弯曲河段,由于地球自转及河道弯曲离心力的作用,河道横断面的水面并非完全水平,水流除向下游流动外,还发生垂直主流方向的横向流动,这是存在水面横比降的缘故。水面横比降是指左、右岸水面的高程差与断面的河宽之比。

2)横向环流

由于存在横比降,河流中表层的水流将向左岸流动,底层的水流将向右岸流动,它们构成一个横向环流。横向环流与河轴垂直,表层横向水流与底层横向水流的方向相反。横向环流与纵向的主水流结合起来,成为江河中常见的螺旋流,这种螺旋流使平原河道的凹岸受到冲刷,形成深槽,使凸岸受到淤积,形成浅滩。河流弯道的横向环流如图 2-6 所示,横向环流使水流不仅具有下切的能力,还具有侧向侵蚀的能力,这对认识河流地貌的形成与河流治理具有重要的意义。

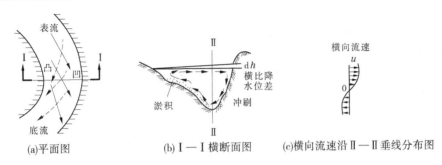

图 2-6　河流弯道横向环流示意图

2.4.2　水文特征

水文特征主要是指某一河流降雨、流量、径流、水位、洪水、泥沙、潮汐、水质、结冰期长短等。

2.4.2.1　降雨

从天空降落到地面上的雨水,未经蒸发、渗透、流失而在水面上积聚的水层深度,称为降雨。气象部门按 24 h 雨量的大小,将降雨分为 7 级,如表 2-1 所示。

表 2-1　降雨等级

24 h 降雨量(mm)	<0.1	0.1～10	10～25	25～50	50～100	100～200	>200
等级	无雨或微雨	小雨	中雨	大雨	暴雨	大暴雨	特大暴雨

把一点(或面上)的降水量、降水历时与降水强度称为降水三要素。降水量是指一场降水或一定时段内降落在某点或某一面积上的水层深度,以 P 表示,mm。降水历时是指一场降水从开始到结束持续的时间,以 t 表示,单位为 min、h 或 d。降水强度是指单位时间的降水量,又称为雨率,以 i 表示,mm/min 或 mm/h。某时段内的平均降水强度与降水量、降水历时的关系为

$$i = \frac{P}{t} \tag{2-3}$$

除了降水三要素外,描述一场降雨还需要知道降水面积和暴雨中心等。其中,降水面积是指降雨笼罩的水平范围,以 F 表示,km²;暴雨中心是指雨量很集中的局部地区或某点,由等雨量线图可以了解暴雨中心所在位置。

2.4.2.2　流量

流量 Q 是指单位时间通过某河流断面的水量,以 m³/s 计。流量有瞬时流量与平均流量之分。瞬时流量指某时刻通过河流断面的水量,一般用流量过程线表示,如图 2-7 中的 Q—t 线。流量过程线的上升部分为涨水段,下降部分为退水段,最高点称为洪峰流量,简称

洪峰,记为 $Q_{\max}$。平均流量指某时段内通过河流断面的水量与时段的比值,常用的时段有日、月、年、多年,对应的为日平均流量、月平均流量、年平均流量、多年平均流量,也有某些特定时段的平均流量。多年平均流量是各年流量的平均值,如果统计的实测流量年数无限大,多年平均流量趋于一个稳定的数值,即正常流量,它是反映一条河流水量多少的指标,是径流的重要特征值。

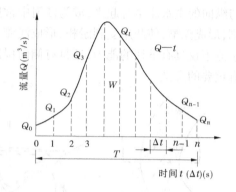

图 2-7　流量过程线及径流总量计算示意图

2.4.2.3 径流

径流是指由大气降水所形成的、在重力作用下沿着流域地面和地下向河川、湖泊或水库等水体流动的水流。其中,沿着地面流动的水流称为地面径流(或地表径流);在土壤中沿着某一界面流动的水流称为壤中流;在饱和土层及岩石中沿孔隙流动的水流称为地下径流;汇集到河流后,沿着河床流动的水流称为河川径流。

流域内,自降雨开始到水流汇集到流域出口断面的整个过程,称为径流形成过程。径流的形成是一个复杂的过程,大体可概化为两个阶段,即产流阶段和汇流阶段。当降水满足了蒸发、植物截留、洼地蓄水和表层土壤储存后,后续降雨强度超过下渗强度,超渗雨沿坡面流动注入河槽的过程为产流阶段。降雨产生的径流,汇集到附近河网后,又从上游流向下游,最后全部流经流域出口断面,叫河网汇流,即为汇流阶段。

径流的特征值通常有流量、径流量、径流深、径流模数、径流系数等。

1. 径流量 W

径流量 W 是指时段 T 内通过某断面的总水量,以 m^3 计,它等于流量过程线在时段 T 内的积分,如图 2-7 中的流量过程线与横坐标之间的面积。因此,常用数值积分法近似计算:将 T 划分为 n 个时段 Δt,即 $\Delta t = T/n$;然后按 Δt 把整个面积分成 n 个部分,近似用求梯形面积的方法求各时段的径流量;最后,把它们累加起来,即得 T 时段的径流总量 W,其计算式为 $W = (Q_0/2 + Q_1 + \cdots + Q_{n-1} + Q_n/2)\Delta t$(式中,各符号意义如图 2-7 所示)。历时 T 的径流总量 W 与平均流量 $\overline{Q}$ 的关系为

$$W = \overline{Q}T \tag{2-4}$$

2. 径流深 R

径流深 R 是指将径流量 W 均匀地平铺在整个流域面积上所得的水层厚度,以 mm 计。根据定义有

$$R = \frac{W}{1\,000F} = \frac{\overline{Q}T}{1\,000F} \tag{2-5}$$

式中:F 为流域面积,km^2;T 为计算时段长度,s;其他符号意义同前。

3. 径流模数 M

径流模数是指单位面积上的流量,以 $m^3/(s \cdot km^2)$ 或 $L/(s \cdot km^2)$ 计。

$$M = Q/F \text{ 或 } M = 1\,000Q/F \tag{2-6}$$

式中,当 Q 为洪峰流量时,M 为洪峰流量模数;当 Q 为年平均流量时,M 为年平均径流模数。

4.径流系数 α

径流系数是指某一时段的径流深 R 与相应的流域平均降雨量 P 之比。

$$\alpha = R/P \tag{2-7}$$

因为 R 是由相应的 P 扣除损失后所形成的,所以对于闭合流域,R 必小于 P,所以 $\alpha < 1$。

2.4.2.4 水位

河流的自由水面距离某基面零点以上的高程称为水位。由于历史原因,许多大江大河使用大沽基面、吴淞基面、1956 黄海基面等作为基准面。1987 年 5 月,经国务院批准,我国启用"1985 国家高程基准"。

(1)水深。水深是指河流的自由水面离开河床底面的高度。河流水深是绝对高度指标,可以直接反映出河流水量的大小,而水位是相对高度指标,必须明确某一固定基面才有实际意义。

(2)起涨水位。一次洪水过程中,涨水前最低的水位。

(3)警戒水位。当水位继续上涨达到某水位时,河道防洪堤可能出现险情,此时防汛护堤人员应加强巡视,严加防守,随时准备投入抢险,该水位即定为警戒水位。警戒水位主要根据堤防标准及工程现状、地区的重要性、洪水特性确定。

(4)保证水位。按照防洪堤设计标准,保证在此水位时堤防不决堤。

(5)水位过程线与水位历时曲线。以水位为纵轴,时间为横轴,绘出水位随时间的变化曲线,称为水位过程线。某断面上一年水位不小于某一数值的天数,称为历时。在一年中按各级水位与相应历时点绘的曲线称为水位历时曲线。

2.4.2.5 洪水

河流洪水是指短时间内大量来水超过河槽的容纳能力而造成河道水位急涨的现象。洪水发生时,流量剧增,水位陡涨,可能造成堤防满溢或决口成灾。按洪水成因可分为暴雨洪水、风暴潮洪水、冰凌洪水、溃坝洪水、融雪洪水等。

河流洪水从起涨至峰顶到退落的整个过程称为洪水过程。描述一场洪水的指标要素很多,主要有洪峰流量及洪峰水位、洪水总量及时段洪量、洪水过程线、洪水历时与传播时间、洪水频率与重现期、洪水强度与等级等。在水文学中,常将洪峰流量(或洪峰水位)、洪水总量、洪水历时(或洪水过程线)称为洪水三要素。

(1)洪峰流量 Q_{max} 是指一次洪水过程中通过某一测站断面的最大流量。

(2)洪峰水位 Z_{max} 是指一次洪水过程中的最高水位。

(3)洪水总量 W_T 是指一次洪水过程通过河道某一断面的总水量。它等于洪水流量过程线所包围的面积(见图 2-8);时段洪量是指一定时段(如 1 d、3 d、7 d、15 d、30 d)内通过某一断面的洪水总水量。

(4)洪水过程线是在普通坐标纸上,以时间为横坐标,以流量(或水位)为纵坐标,所绘

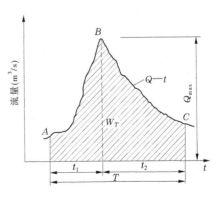

图 2-8 一次洪水过程

出的从起涨至峰顶再回落到接近原来状态的整个洪水过程曲线(见图 2-8)。从洪水起涨到

洪峰流量出现为涨水段;从洪峰流量出现到洪水回落至接近雨前状态的时段为退水段。

(5)洪水历时 T 是指河道某断面的洪水过程线从起涨到落平所经历的时间。洪水历时主要与流域面积及其地貌、暴雨时空分布、河道特征及其槽蓄能力等因素有关。

(6)洪水传播时间是指河段上、下游断面出现洪峰的时间差。它与洪水流量、河流比降及上、下游断面距离等因素有关。洪水流量大、比降陡、流程短,则洪水传播时间短;反之,则洪水传播时间长。洪水传播时间的概念,对于江河洪水预报及指导防汛备汛有重要意义。

(7)洪水频率 p 是指洪水要素(如洪峰流量)在已有洪水资料系列中实际出现次数与总次数之比,常以百分数表示,如 0.1%、1%、10%、20% 等。通常所说的洪水频率一般是指洪水累积频率,其值越小,表示某一量级以上的洪水出现的机会越少,则该洪水要素的数值越大;反之,其值越大,表示某一量级以上的洪水出现的机会越多,则该洪水要素的数值越小。

(8)重现期 T_p 是指随机变量大于等于某数值平均多少年一遇的年距。它等于洪水频率 p(累积)的倒数,即 $T_p = 1/p$。洪水重现期是指某洪水变量(如洪峰流量)大于等于一定数值,在很长时期内平均多少年出现一次的概念,如某一量级的洪水的重现期为 100 年(俗称 100 年一遇),是指大于等于这样的洪水,在很长时期内平均每百年出现一次的可能性,但不能理解为每隔百年出现一次。

(9)洪水等级是衡量洪水大小的一个标准,是确定防洪工程建设规模的重要依据。由于洪水要素的多样性和洪水特性的复杂性,洪水等级可以从不同角度进行划分。通常是根据洪水重现期 T_p(或洪水频率 p)确定洪水等级。我国江河洪水一般分为四个等级:小于 20 年一遇为常遇洪水;20 ~ 50 年一遇为较大洪水;50 ~ 100 年一遇为大洪水;大于 100 年一遇为特大洪水。

一般来说,山区河流暴雨洪水的特征是坡度陡、流速大、水位涨落快、涨落幅度大,但历时较短、洪峰形状尖瘦,传播时间较快;平原河流的洪水坡度较缓、流速较小、水位涨落慢、涨幅也小,但历时长,峰形矮胖,传播时间较短。中小河流因流域面积小,洪峰多单峰;大江大河因为流域面积大、支流多,洪峰往往会出现多峰。

2.4.2.6　泥沙

随河水运动和组成河床的松散固体颗粒,叫作泥沙。挟带泥沙的数量,不同河流有显著差异。河流泥沙的主要来源是流域表面的侵蚀和河床的冲刷,因此泥沙的多少和流域的气候、植被、土壤、地形等因素有关。

天然河流中的泥沙,按其是否运动可分为静止和运动两大类。组成河床静止不动的泥沙称为床沙质;运动的泥沙又分为推移质和悬移质两类,两者共同构成河流输沙的总体。推移质泥沙较粗,沿河床滚动、滑动或跳跃运动;悬移质泥沙较细,在水中浮游运动。

河流的泥沙情况通常用含沙量、输沙量等指标来描述。

(1)含沙量。含沙量指单位体积水中所含悬移质的质量。天然河道中悬移质含沙量沿垂线分布是自水面向河底增加的。泥沙颗粒愈小,沿垂线分布愈均匀。含沙量在断面内分布,通常靠近主流处较两岸大。黄河是世界上含沙量最大的一条河流。

(2)输沙量。输沙量指单位时间内通过单位面积的断面所输送的沙量。绝大多数河流的含沙量与输沙量高值集中在汛期。如黄河 7 ~ 9 月输沙量约为全年的 85%;长江 5 ~ 10 月输沙量约为全年的 95%;我国西北干旱地区的河流,沙峰多在春汛高峰稍前出现;北方有的河流全年的输沙量,往往主要由江河洪水的几次沙峰组成。

2.4.2.7　潮汐

河流入海河口段在日、月引潮力作用下引起水面周期性的升降、涨落与进退的现象,称潮汐。河流潮汐是河流入海口河段的一种自然现象,古代称白天的为"潮"、晚上的为"汐",合称为"潮汐"。入海河口段受径流、潮汐的共同作用,水动力条件复杂,通常把潮汐影响所及之地作为河口区。

潮汐通常用潮位、潮差等特征值来描述。

(1)潮位。受潮汐影响周期性涨落的水位称为潮位,又称潮水位。

(2)平均潮位。某一定时期的潮位平均值称该时期的平均潮位。某一定时期内的高(低)潮位的平均值称该时期平均高(低)潮位。

(3)最高(低)潮位。某一定时期内的最高(低)潮位值。

(4)潮差。在一个潮汐周期内,相邻高潮位与低潮位间的差值称为潮差。

(5)平均潮差。某一定时期内潮差的平均值称为平均潮差。我国东海沿岸平均潮差约5 m,渤海、黄海的平均潮差2~3 m,南海的平均潮差小于2 m。

(6)最大潮差。某一定时期内潮差的最大值称为最大潮差。

钱塘江涌潮被誉为"世界八大奇观"之一,由于钱塘江河口独特的喇叭形态和沙坎,钱塘江河口平均潮差5.6 m、最大潮差达8.93 m。世界上最大潮差发生在加拿大的芬地湾,达19.6 m。

2.4.2.8　水质

水质是指水和其中所含的物质组分所共同表现的物理、化学和生物学的综合特性,也称为水的质量,通常用水的一系列物理、化学和生物指标来反映。水的用途不同对水质的要求也不同,如《生活饮用水卫生标准》(GB 5749—2006)、《农田灌溉水质标准》(GB 5084—2005)、《工业企业设计卫生标准》(GBZ 1—2010)、《地表水环境质量标准》(GB 3838—2002)、《渔业水质标准》(GB 11607—1989)等。

2.4.3　流域特征

河流的流域特征主要包括流域面积、流域长度、流域平均宽度、流域形状系数、流域平均高程、流域平均坡度、河流密度、地理位置、气候条件、下垫面条件等。

2.4.3.1　流域面积

流域分水线和河口断面所包围的面积称为流域面积。流域面积是河流的重要特征值,其大小直接影响河流水量大小及径流的形成过程。自然条件相似的两个或多个地区,一般流域面积越大的地区,河流的水量也越丰富。

2.4.3.2　流域长度

确定流域长度的常用方法有以下三种,可依据研究目的选用:①从流域出口断面沿主河道到流域最远点的距离;②从流域出口断面至分水线的最大直线距离;③用流域平面图形几何中心轴的长度(也称流域轴长)表示,即以流域出口断面为圆心做若干个不同半径的同心圆弧,每个圆弧与流域边界的两个交点连一割线,各割线中点连线的总长度即为流域几何轴长。

2.4.3.3　流域平均宽度

流域面积除以流域长度即得流域平均宽度。流域平均宽度越小,表明流域形状越狭窄,水流越分散,从而形成的洪峰流量小,洪水过程平缓;若流域平均宽度接近于流域长度,则流域形状近于正方形,水流较集中,形成的洪峰流量大,洪水过程较集中。

2.4.3.4　流域形状系数

流域平均宽度与流域长度之比称为流域形状系数。流域形状系数越大,表明流域形状越近于扇形,洪水过程越集中,从而形成尖瘦的洪水过程线;流域形状系数越小,表明流域形状越狭长,洪水过程越平缓,形成矮胖的洪水过程线。

2.4.3.5　流域平均高程

流域平均高程是指流域地面分水线内的地表平均高程,常用流域内各相邻等高线间的面积与其相应平均高程的乘积之和再与流域面积的比值(面积加权法)计算。

2.4.3.6　流域平均坡度

流域平均坡度又称地面平均坡度,它是坡地漫流过程的一个重要影响因素,在小流域洪水汇流计算中是一个重要参数。

2.4.3.7　河流密度

河流密度是指单位流域面积内的河流长度,即干、支流河流的总长度与流域面积的比值,用来表征流域内河流的发育程度。

2.4.3.8　地理位置

流域的地理位置一般用流域中心或其边界的经纬度表示,如黄河流域位于北纬32°~42°和东经96°~119°。纬度相同地区的气候比较一致,所以东西方向较长的流域,流域上各处水文特征的相似程度较大。另外,还需要说明所研究流域距离海洋的远近以及与其他流域和周围较大山脉的相对位置。流域距离海洋的远近和较大山脉的相对位置,影响水汽的输送条件,直接导致降雨量的大小和时空分布的不同。

2.4.3.9　气候条件

流域的气候要素包括降水、蒸发、气温、湿度、气压、风速等。河流的形成和发展主要受气候因素控制,即有"河流是气候的产物"之说。降水量的大小及分布直接影响河流年径流的多少;蒸发量则对年、月径流有重大影响。气温、湿度、风速、气压等主要通过影响降水和蒸发,从而间接影响流域径流。

2.4.3.10　下垫面条件

下垫面指流域的地面,如地形、地质构造、土壤和岩性、植被、河流、湖泊、沼泽等情况,这些要素以及上述河流特征、流域特征都反映了每一水系形成过程的具体条件,并影响径流的变化规律。在天然情况下,水文循环中的水量、水质在时间上和地区上的分布与人类的需求是不相适应的。为了解决这一矛盾,长期以来人类采取了许多措施,如兴修水利、植树造林、水土保持、城市化等来改造自然以满足人类的需要。人类的这些活动,在一定程度上改变了流域的下垫面条件,从而引起水文特征的变化。因此,研究河流及径流的动态特性时,需对流域的自然地理特征及其变化状况进行专门的分析研究。

2.5　河流的功能

由于河流具有自然和社会属性,故把河流功能分为河流自然、生态和社会共3个功能。一般来说,河流自然、生态功能用于满足河流自身需求,河流社会功能用于满足人类需求。

2.5.1　河流自然功能

　　河流在自然演变、发展过程中,在水流的作用下,起着调蓄洪水的运动、调整河道结构形态、调节气候等方面的作用,这即是河流的自然调节功能,归纳起来,主要包括水文调蓄功能、输送物质与能量功能、塑造地质地貌功能、调节周边气候功能。

2.5.1.1　水文调蓄功能

　　河流是水流的主要宣泄通道,在洪水期,河流能蓄滞一定的水量,减少洪涝灾害,起到调蓄分洪功能。河岸带植被可以调节地表和地下水文状况,使水循环途径发生一定的变化。洪峰到来时,河岸带植被可以减小洪水流速,削弱洪峰,延滞径流,从而可以储蓄和抵御洪水。而在枯水期,河流可以汇集源头和两岸的地下水,使河道中保持一定的径流量,也使不同地区间的水量得以调剂,同时能够补给地下水。河岸植被可以涵养水源,维持土壤水分,保持地表与地下水的动态平衡。

2.5.1.2　输送物质与能量功能

　　河流生命的核心是水,命脉是流动,河水的流动形成了一个个天然线形通道。河流可以为收集、转运河水和沉积物服务。许多物质、生物通过河流进行地域移动,在这个物质输送搬移的过程中,达到了物质和能量交换的目的,河道和水体成为重要的运输载体和传送媒介。河中流水沿河床流动,其流速和流量会产生动能,并借助多变的河道和水流对流水侵蚀而来的泥土、砂石等各种物质进行输移搬运。

2.5.1.3　塑造地质地貌功能

　　由于径流流速和落差,形成的水动力切割地表岩石层,搬移风化物,通过河水的冲刷、挟带和沉积作用,形成并不断扩大流域内的沟壑水系和支干河道,也相应形成各种规模的冲积平原,并填海成陆。河流在冲积平原上蜿蜒游荡,不断变换流路,相邻河流时分时合,形成冲积平原上的特殊地貌,也不断改变与河流有关的自然环境。

2.5.1.4　调节周边气候功能

　　河流的蒸发、输水作用能够改变周边空气的湿度和温度。

2.5.2　河流生态功能

　　河流生态功能主要指在输送淡水和泥沙的同时,运送由雨水冲刷而带入河中的各种物质和矿物盐类,为河流、流域内和近海地区的生物提供营养物并运送种子,排走和分解废弃物,以各种形态为它们提供栖息地,使河流成为多种生态系统生存和演化的基本保证条件。河流生态功能主要包括栖息地功能、通道作用、水质净化功能、源汇功能等。

2.5.2.1　栖息地功能

　　河流生物栖息地,又称河流生境,指为河流生态体提供生活、生长、繁殖、觅食等生命赖以生存的局部环境,形成于河流演化的区域背景上,并构成了河流生命体的基础支持系统,是河流生态系统的重要组成部分。河流生物栖息地一般分为功能性栖息地和物理性栖息地。常见的功能性栖息地有岩石、卵石、砾石、砂、粉砂等无机类,以及根、蔓生植物、边缘植物、落叶、木头碎屑、挺水植物、浮叶植物、阔叶植物、苔藓、海藻等植物类。常见的物理性栖息地有浅滩和深潭相间、急流和缓流相间、岸边缓流和回流等。

　　河流通常会为很多物种提供非常适合生存的条件,它们利用河流进行生存以形成重要的生物群落。在通常情况下,宽阔的、互相连接的河流会比那些狭窄的、性质相似的并且高度分散的河流存在着更多的生物物种。河流为一些生物提供了良好的栖息地和繁育场所,河边较平缓的水流为幼种提供了较好的生存与活动环境。如近岸水边适宜的环境结构和水流条件为鱼卵的孵化、幼鱼的生长以及鱼类躲避捕食提供了良好的环境,因此许多鱼类喜欢将卵产在水边的草丛中。

2.5.2.2　通道作用

河流水系以水为载体,连接陆相与海相、高山与河谷,沿河道收集和运送泥沙、有机质、各类营养盐,参与全球氮、磷、硫、碳等元素的循环。通道作用是指河流系统可以作为能量、物质和生物流动的通路,河流中流动的水体,为收集和转运河水与沉积物服务。河流既可以作为横向通道也可以作为纵向通道,使生物和非生物物质可以向各个方向运移。对于迁徙性野生动物和运动频繁的野生动物来说,河流既是栖息地又是通道。河流通常也是植物分布和植物在新的地区扎根生长的重要通道。流动的水体可以长距离的输移和沉积植物种子;在洪水泛滥时期,一些成熟的植物可能也会连根拔起、重新移位,并且会在新的地区重新存活生长。野生动物也会在整个河流内的各个部分通过摄食植物种子或是挟带植物种子而造成植物的重新分布。生物的迁徙促进了水生动物与水域发生相互作用,因此河流的连通性对于水生物种的移动是非常重要的。

2.5.2.3　水质净化功能

河流在向下游流动过程中,在水体纳污能力范围内,通过水体的物理、化学和生物作用,使得排入河流的污染物质的浓度随时间不断降低,这就是河流的水质净化功能,也叫水体自净能力。水质净化的物理过程主要为自然稀释,保证河流生态系统具有足够的生态环境流量成为发挥水质净化功能的重要因素。水质净化的化学过程主要是通过河流生态系统的氧化还原反应实现对污染物的去除,其中,借助于河流生态系统的流动性增加水体的含氧量是水质天然化学净化过程的主要途径。河流生态系统中的水生动植物能够对各种有机、无机化合物和有机体进行有选择的吸收、分解、同化或排出。这些生物在河流生态系统中进行新陈代谢的摄食、吸收、分解、组合,并伴随着氧化、还原作用,保证了各种物质在河流生态系统中的循环利用,有效地防止了物质过分积累所形成的污染,一些有毒有害物质经过生物的吸收和降解后得以消除或减少,河流生态系统的水质因而得到保护和改善。

水体自净能力具有两层含义:第一,反映了河流生态系统作为一个开放系统,和外界进行物质、能量交换时,对外界胁迫的一种自我调控和自我修复;第二,河流生态系统是个相对稳定的系统,当外界污染物胁迫过大,超过水体纳污能力时,将破坏系统的平衡性,使系统失衡,向着恶化趋势发展。

2.5.2.4　源汇功能

源的作用是为其周围流域提供生物、能量和物质,汇的作用是不断从周围流域中吸收生物、能量和物质。不同的区域环境、气候条件以及交替出现的洪水和干旱,使河流在不同的时间和地点具有很强的不均一性和差异性,这种不均一性和差异性形成了众多的小环境,为种间竞争创造了不同的条件,使物种的组成和结构也具有很大的分异性,使得众多的植物、动物物种能在这一交错区内可持续生存繁衍,从而使物种的多样性得以保持,可见生态河岸带可以看作重要的物种基因库。

2.5.3　河流社会功能

河流社会功能是指河流在社会的持续发展中所发挥的功能和作用。这种功能和作用可以分为两个方面:一是物质层面,包括河流为生产、生活所提供的物质资源、治水活动所产生的各种治河科学技术、水利工程以及由此带来的生活上的便利和社会经济效益等;二是精神层面,包括文化历史、文学艺术、审美观念、伦理道德、哲学思维、社风民俗、休闲娱乐等。河流社会功能主要表现在以下几个方面。

2.5.3.1　输水泄洪功能

河流的输水泄洪功能主要体现在防治洪水、内涝、干旱等灾害方面。河流是液态水在陆地表面流动的主要通道,流域面上的降水汇集于河道,形成径流并输送入海或内陆湖,同时实现水资源在不同区域间的调配,河道本身即具有纳洪、泄洪、排涝、输水等功能。在汛期,河道中的径流量急剧增加形成洪水,泄洪成为河流最主要的任务。通过河流及其洪泛区的蓄滞作用,能达到减缓水流流速、削减洪峰、调节水文过程、舒缓洪水对陆地侵袭的功效。在旱季,通过调节河流的地表和地下水资源保证农业灌溉用水,缓解旱季水资源不足的压力,提高粮食安全保障能力。

2.5.3.2　泥沙输移功能

河流具备输沙能力。径流和落差提供的水动力,切割地表岩石层,搬移坡面风化物入河,泥沙通过河水的冲刷、挟带和沉积作用,从上游转移到下游,并在河口地区形成各种规模的冲积平原并填海成陆。

河流中输送的泥沙,不仅有灾害性质,也有资源功能。河流泥沙可以填海造陆、塑造平原。黄河多年年均输沙量 16 亿 t,其中每年有约 12 亿 t 入海造地。广阔的华北平原,不能不归功于黄河的伟大历史功绩。

2.5.3.3　淡水供给功能

河流是淡水储存的重要场所。首先,河流提供的淡水是人类及其他动物(包括家禽及野生动物)维持生命的必需品。人类最初滨水而居就是为了方便从河流中取水使用。其次,河流为农业灌溉、工业生产和城市生活提供了水源的保障。最后,河流也为生态环境用水提供了淡水水源支持。蓄水、引水、提水和调水等水利工程为河流的淡水资源大规模开发利用提供了有效途径。取水许可、最严格水资源管理以及节水型社会建设等管理制度的制定和落实也为淡水资源合理开发利用提供了强有力的保障。

2.5.3.4　蓄水发电功能

河川径流蕴藏着丰富的水能资源。水力发电是对水流势能和动能的有效转换和利用。水能资源最显著的特点是可再生、无污染,并且使用成本低、投资回收快,众多水力发电站藉此而兴建。同时,水能的开发和利用对江河的综合治理和开发利用具有积极作用,对促进国民经济发展,改善能源消费结构,缓解由于消耗煤炭、石油资源所带来的环境污染具有重要意义,因此世界各国都把开发水能放在能源发展战略的优先地位。我国水能资源极为丰富,理论蕴藏量为 6.94 亿 kW,据《第一次全国水利普查公报》,我国水电装机容量 3.33 亿 kW,开发率约为 48%,因此开发水电的潜力巨大。

2.5.3.5　交通运输功能

河流借助水体的浮力能够起到承载作用,为物资输送提供了重要的水上通道。在交通不发达的古代,河流的航运功能占有重要地位。在近代公路、铁路运输大力发展以前,河流一直是运输大批物资的主要路径。河流航道运输功能的发挥极大便利了不同地区之间的人口和物资流动,保障了资源供给,丰富了运输结构,促进了地区经济发展。水运的优点是运量大、能耗小、占地少、投资省、成本低等。对于体积较大、需长距离运输、对运输时间要求又不是特别紧迫的大宗货物,水运方式值得首选。但其缺点主要是运输速度慢,受港口条件及水位、季节、气候影响较大。2013 年,长江航道干线货运量达到 19.2 亿 t,位居世界第 1 位。

2.5.3.6　渔业养殖功能

河流中的自养生物,如高等水生植物和藻类等,能通过光合作用将 CO_2、水和无机物质合成有机物质,将太阳辐射能量转化为化学能固定在有机物质中;异养生物对初级生产者的取食也是一种次级生产过程。河流借助初级和次级生产制造了丰富的水生动植物产品,包括可作为畜产养殖饲料的水草和满足人类食用需求的河鲜水产品等。天然河流不仅具有多种野生渔业资源,还是开展淡水养殖的重要水域。我国是世界淡水养殖大国,淡水养殖面积和产量均位居世界第一。我国很多河流具有优越的淡水养殖条件。

2.5.3.7　景观旅游功能

河流是自然界一道靓丽的风景。清澈的河水,怡人的两岸景色,壮观的水利工程,以及深厚的河流文化,都吸引着来自四面八方的游客。河流数千年来是无数文人获得创作灵感的地方。雄伟壮丽的长江三峡,气势磅礴的黄河壶口瀑布,风光旖旎的漓江山色,历史悠久的都江堰工程,无不令人赞叹、神往。因此,随着经济发展和人民生活水平的提高,以及国家对河流环境的治理及其景观功能的开发,"游山玩水"将成为愈来愈多的人外出旅游的选择。

2.5.3.8　休闲娱乐功能

河流具有休闲、娱乐功能。一是可直接利用河流水域开展划船、滑水、游泳、渔猎和漂流等运动、娱乐性活动;二是利用沿岸滨水环境进行如春游、戏水、露营、野餐和摄影等亲水休闲性活动。随着人们生活质量的不断提高,亲近自然的愿望日益增强,城市河流的水边环境已成为市民闲暇时亲水漫步的好去处。一些城市的江滩,已建成适宜市民亲水休闲的滨江长廊。

第 3 章　河流演变

3.1　河流地质作用及其发育过程

3.1.1　河流地质作用

河流普遍分布于不同的自然地理带,是改造地表的主要地质营力之一。河流具有动能,但不同河流或同一河流不同河段,或同一河段在不同时期,河流的动能不同。在动能的作用下,河流进行侵蚀、搬运和沉积三大地质作用。

3.1.1.1　河流的侵蚀作用

河道水流在流动过程中,不断冲刷破坏河谷、加深河床的作用,称为河流的侵蚀作用。河流侵蚀作用的方式,包括机械侵蚀和化学溶蚀两种。前者是河流侵蚀作用的主要方式,后者只在可溶岩类地区的河流才表现得比较明显。按照河流侵蚀作用的方向,又分垂向侵蚀、侧向侵蚀和向源侵蚀三种情况。

1. 垂向侵蚀

垂向侵蚀又称下蚀,是指河水及其挟带的砂砾,在从高处向低处流动的过程中,不断撞击、冲刷、磨削和溶解河床岩石、降低河床和加深河谷的作用,这种作用的结果使河谷变深、谷坡变陡。

2. 侧向侵蚀

侧向侵蚀又称旁蚀或简称侧蚀,是指河水对河流两岸的冲刷破坏,使河床左右摆动,谷坡后退,不断拓宽河谷的过程。其结果是加宽河床、谷底,使河谷形态复杂化,形成河曲、凸岸、古河床和牛轭湖。

3. 向源侵蚀

向源侵蚀又称溯源侵蚀,它是指在河流下切的侵蚀作用下,引起的河流源头向河间分水岭不断扩展伸长的现象。向源侵蚀的结果是使河流加长,扩大河流的流域面积,改造河间分水岭的地形和发生河流袭夺。

3.1.1.2　河流的搬运作用

河流挟带大量的物质(主要是泥沙),不停地向下游输送的过程,称为河流的搬运作用。河流能够搬运多大粒径泥沙的能力,在地质学中称为河流的搬运能力,它主要取决于流速。流速越大,河流的搬运能力越强。

河流能够搬运物质的最大量称为搬运量,它取决于流速和流量。长江在一般的流速下挟带的仅是黏土、粉砂和砂,但数量巨大;而一条流速很大的山间河流,可以挟带巨砾,但搬运量很小。据统计,全世界河流每年输入海洋的物质总量约 200 亿 t。

3.1.1.3　河流的沉积作用

河水在搬运过程中,随着流速的减小,搬运能力随之降低,而使河水在搬运中的一部分碎屑物质(泥沙)从水中沉积下来,此过程称为河流的沉积作用。由此形成的堆积物,叫作河流的冲积物。因河流中水的溶解物质远未达到饱和,河流基本上不发生化学沉积,而主要是机械沉积。

河流沉积物具有良好的分选性。一般来说,河流自上游至下游,流速沿程逐渐减小,致使河流搬运的泥沙按颗粒由大到小依次从水中沉积下来。一般在河流的上游,沉积大的漂石、蛮石等巨大石块,顺河而下依次沉积卵石、砾石和粗砂,在河流的下游及河口区,其沉积物则为细砂和淤泥。

综上所述,侵蚀和沉积是河流地质作用的两个方面,而搬运则是它们中间不可缺少的"媒介"。一般来说,河流的侵蚀和沉积这两种作用是同时进行的;上游陡坡的河床,以侵蚀作用为主,而下游平坦宽阔的河床,则以沉积作用为主。但在不同的地区、不同的发育阶段,河流的上述三种作用的性质和强度又有不同,因此不能孤立、静止地看待这三种作用。

3.1.2　河流的发育过程

自然界中的河流,其发育过程都是由河口向河源不断推进,因此河流的河口段受河流作用时间最长,河源段受河流作用时间最短。河流的上游大多地处山地和高原,河谷深切而狭窄,多瀑布险滩;中游已经过较长时期发育,河谷宽展,已有河漫滩、河流阶地和嵌入曲流等;下游经过长期侵蚀,河床坡降很小,堆积作用强盛,河汊众多,曲流广布,河漫滩宽阔,河谷不明显;河流入海(湖)口段,往往形成三角洲堆积形态。河流各段的外貌特征,如图3-1所示。

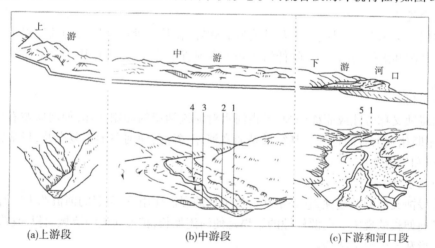

(a)上游段　　　　　　　(b)中游段　　　　　　　(c)下游和河口段

1—河床;2—河漫滩;3—阶地;4—牛轭湖;5—三角洲

图3-1　河流各段特征写景图

3.1.2.1　河流的发育阶段

一条完整的河流水系,从初生到趋向成熟,是在漫长的历史年代中缓慢形成的。在河流的发育过程中,大致可分为幼年期、壮年期和老年期三个阶段,各个阶段有其不同的特征。

图3-2可用来说明河流的一般形成过程。其中,图3-2(a)表示在陆面上受近代地壳活动的地形控制而形成的一条河流,水流在阶梯状瀑布中,强烈地磨蚀着基岩河床,此时的河流发育属于幼年期阶段。随着流水侵蚀的均夷作用的进行,湖泊、沼泽消失,峡谷加深,支谷延展,河床坡降逐渐减缓[见图3-2(b)],河流发育处于青年时期。往后,泛滥平原逐渐发

育,河谷进一步拓宽,干流显现均衡河流特征,此时接近壮年期阶段[见图 3-2(c)]。随着侧蚀的不断进行,泛滥平原带宽扩大,形成冲积性准平原,曲流河型形成,河流地貌发育进入相对成熟期或称老年期[见图 3-2(d)]。再往后,又可能由于地壳运动、气候等因素影响,河流侵蚀作用而重新"复活",河谷地貌又现出幼年期的特征,表现出地貌上的"回春"现象。

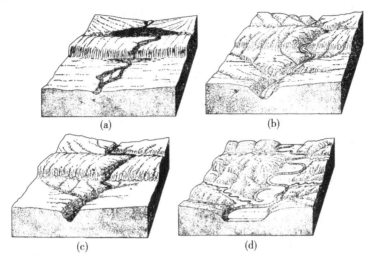

图 3-2　河流的一般形成过程示意图

严格来说,上述河流发育的三个阶段并不是时间概念,而只是把河流发育过程中出现的地貌现象概括为三个具有一定特征的阶段。一般来说,一条发育历史较长、规模较大的河流,它的上游往往具有幼年期的特征,而中游、下游则具有壮年期和老年期的特征。

3.1.2.2　河谷形态及其发育过程

河谷是以河流作用为主,并在坡面水流与沟谷水流参与下形成的狭长形凹地。河谷的组成包括谷坡与谷底,如图 3-3 所示。谷坡位于谷底两侧,其发育过程除受河流作用外,坡面岩性、风化作用、重力作用、坡面水流及沟谷水流作用也有不小影响。除强烈下切的山区河谷外,谷坡上还常发育阶地。谷底形态也因地而异,山区河流的谷底仅有河床,平原地区河流的谷底,则发育河床与河漫滩。河谷在发育初期,河流以下蚀为主,谷地形态多为 V 形谷或峡谷;而后侧蚀加强,凹岸冲刷与凸岸堆积形成连续河湾与交错山嘴。河湾既向两侧扩展,又向下游移动,最终将切平山嘴展宽河谷,谷地发生堆积形成河漫滩。

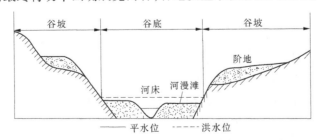

图 3-3　河谷横剖面形态图

3.1.2.3　河床纵剖面的发展过程

河床纵剖面的发展过程是一种向源侵蚀过程,即一方面通过源头谷地向分水岭推进,使河流长度延长;另一方面通过河谷纵剖面上的瀑布、陡坎的逐步后退,使河床不断加深。这两方面都是河流的向源侵蚀。

河床纵剖面的发展与侵蚀基准面的变化影响有关。侵蚀基准面的变化受地壳升降及湖面、海面升降等因素影响。侵蚀基准面上升,水流搬运泥沙能力减弱,河流发生堆积。地壳上升,侵蚀基准面下降,出露地面的坡度加大,侵蚀作用增强,河流从下游加速侵蚀,随后又不断向上游发展,即不断地向源侵蚀。由此可见,向源侵蚀在河床纵剖面的发育过程中起着重要作用。

当河流发育到一定阶段之后,纵剖面的坡度愈来愈小,最终达到河流的侵蚀与堆积作用趋于平衡,这时的河流纵剖面称为平衡纵剖面。然而在自然界中,绝对平衡的纵剖面是不存在的。因为自然界的河流受气候、地质、人为等许多因素影响而不断变化,所以平衡只能是相对的、暂时的,是在动态中趋向平衡。

3.2　河床演变的基础知识

自然界的河流无时不刻都处在发展变化过程之中。在河道上修建各类工程之后,受到建筑物的干扰,河床变化加剧。由于山区河流的发展演变过程十分缓慢,因此通常所说的河流演变,一般是指近代冲积性平原河流的河床演变。

河流是水流与河床相互作用的产物。水流与河床,二者相互制约,互为因果。水流作用于河床,使河床发生变化;河床反作用于水流,影响水流的特性,这就是河床演变。

水流与河床之间相互作用的纽带——泥沙运动。泥沙有时因水流运动强度的减弱而成为河床的组成部分,有时又因水流运动强度的增强而成为水流的组成部分。换句话说,河床的淤积抬高或冲刷降低,是通过泥沙运动来达到和体现的。因此,研究河床演变的核心问题,归根结底,还是关于泥沙运动的基本规律问题。

3.2.1　河床演变分类

在天然河流中,河床演变的现象是多种多样的,同时是极其复杂的。根据河床演变的某些特征,可将冲积河流的河床演变现象分为以下几类。

3.2.1.1　按照河床演变的时间特征分类

按照河床演变的时间特征分为长期变形和短期变形。如由河底沙波运动引起的河床变形历时不过数小时以至数天;由水下成型堆积体引起的河床变形,可长达数月乃至数年;蛇曲状的弯曲河流,经裁直后再度向弯曲发展,历时可能长达数十年、百年之久。

3.2.1.2　按照河床演变的空间特征分类

按照河床演变的空间特征分为整体变形和局部变形。整体变形一般是指大范围的变形,如黄河下游的河床抬升遍及几百千米的河床;而局部变形则一般指发生在范围不大的区域内的变形,如浅滩段的汛期淤积、丁坝坝头的局部冲刷等。

3.2.1.3　按照河床演变形式特征分类

按照河床演变形式特征分为纵向变形、横向变形与平面变形。纵向变形是河床沿纵深方向发生的变形,如坝上游的沿程淤积和坝下游的沿程冲刷;横向变形是河床在与流向垂直的两侧方向发生的变形,如弯道的凹岸冲刷与凸岸淤积;平面变形是指从空中俯瞰河道发生的平面变化,如蜿蜒型河段的河湾在平面上缓慢地向下游蠕动。

3.2.1.4　按照河床演变的方向性特征分类

按照河床演变的方向性特征分为单向变形和复归性变形。河道在较长时期内沿着某一方向发生的变化如单向冲刷或淤积称为单向变形,如修建水库后较长时期内的库区淤积以及下游河道的沿程冲刷。而河道有规律的交替变化现象则称为复归性变形,如过渡段浅滩的汛期淤积、汛后冲刷,分汊河段的主汊发展、支汊衰退的周期性变化等。

3.2.1.5　按照河床演变是否受人类活动干扰分类

按照河床演变是否受人类活动干扰分为受人为干扰变形和自然变形。近代冲积河流的河床演变,完全不受人类活动干扰的自然变形几乎是不存在的。除水利枢纽的兴建会使河床演变发生根本性改变外,其他的人为建筑,如河工建筑物、桥渡、过河管道等,也会使河床演变发生巨大变化。

3.2.2　影响河床演变的主要因素

影响河床演变的主要因素,可概括为进口条件、出口条件及河床周界条件三个方面。

(1)进口条件:河段上游的来水量及其变化过程;河段上游的来沙量、来沙组成及其变化过程。

(2)出口条件:出口处的侵蚀基点条件。通常是指控制河流出口水面高程的各种水面(如河面、湖面、海面等)。在特定的来水来沙条件下,侵蚀基点高程的不同,河流纵剖面的形态及其变化过程会有明显的差异。

(3)河床周界条件:河流所在地区的地理、地质地貌条件,包括河谷比降、河谷宽度、河底河岸的土层组成等。

3.2.3　河床演变的分析方法

由于天然河流的来水来沙条件瞬息多变,河床周界条件因地而异,河床演变的形式及过程极其复杂,现阶段要进行精确的定量计算,尚有不少困难,但可借助某些手段对河床演变进行定性分析或定量估算。现阶段常用的几种分析途径如下:

(1)天然河道实测资料分析。

(2)运用泥沙运动基本规律及河床演变基本原理,对河床变形进行理论计算。

(3)运用模型试验的基本理论,通过河工模型试验,对河床演变进行预测。

(4)利用条件相似河段的资料进行类比分析。

上述几种分析方法,可以单独运用,也可以综合运用。其中,天然河道实测资料分析方法,是最基本、最常用的方法。这种方法主要包括以下分析内容。

(1)河段来水来沙资料分析:来水来沙的数量、过程;水、沙典型年;水、沙特性值;流速、含沙量、泥沙粒径分布等。

(2)水道地形资料分析:根据河道水下地形观测资料,分别从平面和纵、横剖面对比分析河段的多年变化、年内变化;计算河段的冲淤量及冲淤分布;河床演变与水力泥沙因子的关系等。

(3)河床组成及地质资料分析:包括河床物质组成、河床地质剖面情况等。

(4)其他因素分析:如桥渡、港口码头、取水工程、护岸工程等人类活动干扰影响的分析等。

在对上述诸多因素分析后,再由此及彼、由表及里地进行综合分析,探明河床演变的基本规律及主要影响因素,预估河床演变的发展趋势,为制订合理可行的整治工程方案提供科学依据。

3.2.4 河床演变的基本原理

河床演变的根本原因归结为输沙不平衡。考察任意一条河流的某一特定河段(用 B、L 分别表示河宽及河长),见图3-4。当进出这一特定区域的沙量 G_0、G_1 不等时,河床就会发生冲淤变形,写成数学表达式应为

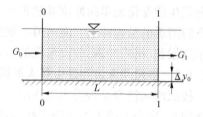

图3-4 某一特定河段的输沙关系

$$G_1\Delta t - G_0\Delta t = \rho BL\Delta y_0 \tag{3-1}$$

式中:G_0、G_1 分别为流入及流出该河段的输沙率;Δy_0 为在 Δt 时段内的冲淤厚度,正为淤,负为冲;ρ 为淤积物的干密度。

如果进入这一河段的沙量大于该河段水流所能输送的沙量,河床将淤积抬高;相反,如果进入这一河段的沙量小于该区域水流所能输送的沙量,河床将冲刷降低。这就说明,河床演变是输沙不平衡的直接后果。引起河流输沙不平衡的原因主要为上游来水来沙条件、出口侵蚀基点条件以及河床周界条件等方面。

3.3 山区河流河床演变的基本规律

山区河流流经地势陡峻、地形复杂的山区,其形成主要与地壳构造运动和水流侵蚀作用有关,在漫长的历史过程中,水流在由地质构造运动所形成的原始地形上不断侵蚀,使河谷不断纵向切割和横向拓宽而逐步发展形成。

3.3.1 河床形态

由于各地山区的地貌条件、地质条件、降水条件不同,所以其河床形态各具特点。但是,与平原河流相比,山区河流也有一些共同的特性。

(1)发育过程以下切为主。河道断面形态多呈 V 字形或 U 字形,如图3-5 所示。V 字形河谷河槽狭窄,多位于峡谷段;U 字形河谷河槽相对宽广,多位于展宽段,断面宽深比较

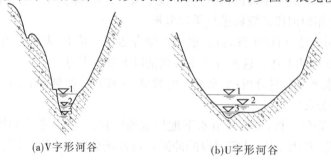

(a)V字形河谷　　　　　　　(b)U字形河谷

1—洪水位;2—中水位;3—枯水位

图3-5 山区河道断面形态

小。中水河床与洪水河床无明显界线。

（2）山区河流的平面形态十分复杂。河道曲折多变,沿程宽窄相间,急弯、卡口多,两岸与河心常有巨石突出,河槽边界极不规则,仅在宽谷段有较具规模的卵石边滩或心滩。

（3）山区河流的河床纵剖面陡峻,急滩深潭上下交替。床面形态极不规则,河床比降大,在落差集中处,往往形成跌水、瀑布。

3.3.2 水流泥沙

山区坡面陡峻,易发暴雨山洪。发生洪水时,洪水暴涨暴落。降水时,在很短时间内即出现洪峰,降水过后,洪水很快消落。水位、流量变幅很大,但持续时间一般不长。洪水冲刷力强,破坏力大,极易造成灾害。例如,长江支流嘉陵江,最大流量 36 900 m^3/s,最小流量 220 m^3/s,流量变幅 180 倍;长江三峡的巫峡段,水位变幅达 55.60 m。

由于受极不规则的河床形态的影响,山区河道的流态十分复杂。常有回流、横流、漩涡、跌水、水跃、泡水、剪刀水等流态出现,流象极为险恶。

山区河流的悬移质含沙量一般不大。但在植被甚差的地区,特别是在山洪暴发时,含沙量可能很大;枯水期则相反,含沙量很小,不少山区河流甚至变为清水。

山区河流的推移质多为卵石及粗沙。由于山区河流洪水历时很短,卵石推移质输沙量一般不大。我国一些山区河流,推移质年输沙量不足悬移质年输沙量的 10%。

3.3.3 河床演变

山区河道由于比降陡,流速大,含沙量相对较小,水流挟沙力卓有富余,这有利于河床向冲刷变形方面发展。但河床多系基岩或卵石组成,抗冲能力强,冲刷受到限制。因此,山区河道变形十分缓慢。

但在某些局部河段,受特殊的边界和水流条件影响,可能发生大幅度的暂时性的淤积和冲刷。例如,峡口滩汛期受峡谷壅水影响,大量砂卵石落淤,枯季壅水消失,落淤的砂卵石被水流冲走,局部地区的冲淤幅度相当可观。

特别是山区河道在遭受突然而强烈的外力因素影响时,往往致使河床发生强烈变形。如地震造成的巨大山体崩塌,或由强降雨引发的特大山洪泥石流,都有可能堵江断流而形成堰塞湖,如不及时爆破排险,均有可能造成重大灾害。图 3-6 为 1998 年 5 月 12 日四川汶川地震形成的唐家山堰塞湖。

图 3-6 四川汶川地震形成的唐家山堰塞湖

3.4　平原河流河床演变的基本规律

相对于山区河流,平原河流流经地势平坦、地质疏松的平原地区,其形成过程主要表现为水流的堆积作用。

3.4.1　冲积平原

冲积平原是在漫长的岁月里由河流的堆积作用所形成的平原地貌,如我国华北平原、江汉平原、东北松辽平原等。这些平原都堆积了深厚的第四纪沉积物。

冲积平原可以分为山前平原、中部平原和滨海平原三部分。

(1)山前平原是从山区到平原的过渡带,其成因属于冲积–洪积型。河流出山口后,河床坡降急剧减小,水流呈扇形散开,河道分汊,水深和动能减小,形成冲洪积扇形平原。

(2)中部平原是冲积平原的主要部分,其沉积物主要是冲积物。河流形态多以汊道、游荡型为主。中部冲积平原往往由众多的河流甚至几个水系共同组成,例如华北平原,就是由黄河、淮河、海河组成的大冲积平原。中部冲积平原上的河流,经常决口改道和重新改造,因而在平原上留下很多古河道的痕迹,以及出现砂堤、鬃岗、牛轭湖、水洼地等微地貌。

(3)滨海平原属于冲积–海积平原。其沉积物颗粒更细,沼泽面积大,并有周期性海水侵入,形成海积层(滨海及浅海沉积),与冲积层交替,包括河口及三角洲沉积。在滨海地区有典型的海岸带的沉积及残留的地貌,如海岸砂堤(贝壳堤),以及潟湖、海湾。还有一些以陆源物质堆积为主的边滩沉积,这些沉积物中都含海相微体古生物化石。

上述冲积平原最典型的例子是华北平原。华北平原的西、北面是太行山和燕山。漳河、沙河、滹沱河、永定河、潮白河等一系列河流在出山口以后形成大的冲积扇,连成大范围的扇形平原。黄河出孟津以后也形成大型冲积扇。中部平原水流流向受到基底构造方向的影响,水系大体平行,河间地"洼""淀"众多。滨海平原范围很宽,地面上可以见到全新世海退时的贝壳堤,而剖面中发现的第四纪海相层从早更新世开始,至少有 7 次海进,且已查明最大海港达到白洋淀以西。

3.4.2　河床形态

平原河流与山区河流相比,河床形态有如下特性。

(1)发育过程以淤积为主。冲积平原上的河流具有深厚的冲积层。冲积层的厚度往往深达数十米甚至数百米。由于河道发育过程中的水选作用,冲积层的组成具有分层现象,最深处多为卵石层,其上为夹砂卵石层,再上为粗沙、中沙以至细沙,在中水位以上的河漫滩上,则有黏土和黏壤土存在,某些局部地区也可能存在深厚的黏土棱体。

(2)河槽横断面宽阔,有明显的在洪水期被淹没、枯水期和中水期露出水面的河漫滩,洪水、中水、枯水河槽有明显的界线,见图 3-7。洪水河槽宽阔,如无堤防约束,洪水河槽可达数千米,甚至数十千米。

平原河流横断面的形态可概括为抛物线形、不对称三角形、马鞍形和多汊形等 4 类,如图 3-8 所示。

(3)平原河流的河床纵剖面,比降较小,但由于深槽浅滩交替分布,所以河床纵剖面仍

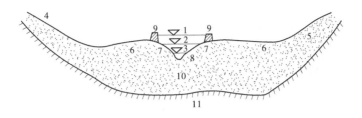

1—洪水位;2—中水位;3—枯水位;4—谷坡;5—谷坡脚;6—河漫滩;
7—滩唇;8—边滩;9—堤防;10—冲积层;11—原生基岩

图 3-7　平原河流横断面

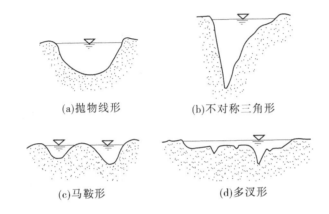

(a)抛物线形　　　　　　　　(b)不对称三角形

(c)马鞍形　　　　　　　　　(d)多汊形

图 3-8　平原河流的横断面形态

是一条起伏的下降曲线,其平均纵向坡度比较平缓。

3.4.3　水流泥沙

由于集雨面积大,流经地区多为坡度平缓、土壤疏松的地带,因而河流汇流历时长。另外,因大面积上降雨分配不均匀,支流汇入时间次序有先有后,所以洪水无暴涨暴落现象,持续历时相对较长,流量变化与水位变幅相对较小。

平原河流的水面比降较小,且沿程变化不大,故流速相应较小,一般在 2 ~ 3 m/s 以下。此外,平原河流的水流流态也较平稳,基本没有山区河流的跌水、泡漩等险恶流象。

平原河流中输移的泥沙,绝大部分为悬移质,推移质泥沙只占输沙总量中的很少一部分,通常可以忽略不计。悬移质泥沙粗细差别极大,并且泥沙含量多少及粒径粗细,与流域环境和水流特性有关。

3.4.4　河床演变

平原河流的河床演变,在输沙平衡状态下,主要表现在河槽中各类泥沙堆积体的发展和变化上。这些泥沙堆积体演变的主要规律是,汛期淤积壮大,枯季冲刷萎缩。平原河流的河床演变特性与河型有关。在我国,平原河流的河段,一般分为顺直型、蜿蜒型、分汊型及游荡型四类,以下分别阐述 4 种河型河床演变规律。

3.4.4.1　顺直型河段

顺直型河段的主要特点是:中水河槽一般趋势比较顺直或略有弯曲,犬牙交错状边滩分布于河道两侧。

顺直型河段的演变规律是:在洪水期,边滩整体向下游缓缓移动;深槽与边滩相对,深槽位置也随边滩缓慢下移而下移;上、下深槽之间的浅滩,洪水淤积,中、枯水冲刷,深槽则相反,洪水冲刷,中、枯水淤积,见图3-9。

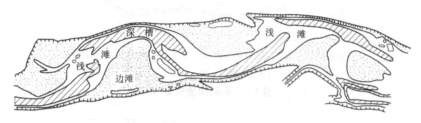

图 3-9　顺直型河道

由于顺直型河段中两岸边滩不断向下游移动,河道处于不稳定状态,因而给沿岸一些部门带来不利影响。首先,浅滩位置不固定,航道多变,可能给航行带来困难;其次,当边滩运行到港口位置时,会造成港口淤积,造成船舶停靠困难;再次,对取水的影响,当边滩运行到取水口位置时,将造成取水困难,甚至无法取水。对这些不利影响,应适时采取工程措施予以控制和解决。

3.4.4.2　蜿蜒型河段

蜿蜒型河段是冲积平原河流中最常见的一种河型,在我国分布甚广,如渭河下游、"九曲回肠"的长江下荆江河段(见图3-10),都是典型的蜿蜒型河段。

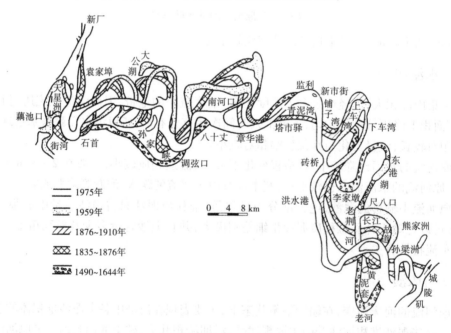

图 3-10　长江下荆江蜿蜒型河段

1. 形态特性

蜿蜒型河段的平面形态,由一系列正反相间的弯道和过渡段连接而成,如图3-11所示。

图中弯曲部分称为弯道段,上下两弯道段间的连接段称为过渡段。弯道段靠凹岸一侧为深槽,靠凸岸一侧为边滩。过渡段中部河床隆起,在通航河道常因碍航而被称为浅滩。蜿蜒型河段的河床纵剖面形态呈上下起伏状态,深槽处水深最大,浅滩处水深最小。

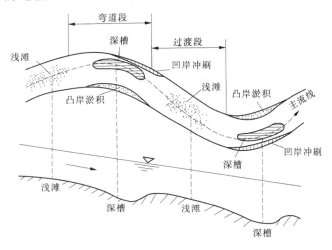

图 3-11 蜿蜒型河段的平面及剖面形态

2. 水流特性

蜿蜒型河段弯道水流在水面横比降、凹岸和凸岸的纵比降、横向环流、纵向流速和水流动力轴线的变化上主要有如下特点。

(1)弯道水面横比降,其最大值一般出现在弯道顶点附近,而向上、向下游两个方向逐渐减小。横比降的存在,使得水流纵比降沿凹岸和凸岸有所不同。

(2)横向环流的方向,其上部恒指向凹岸、下部恒指向凸岸,见图 2-6。

(3)纵向流速等值线图见图 3-12。由图可见,凹岸一侧的流速远大于凸岸一侧的流速。断面上最大流速点的位置,位于凹岸一侧的水面附近。

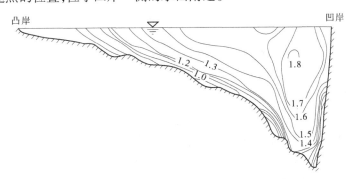

图 3-12 长江下荆江弯道纵向流速等值线 (单位:m/s)

(4)弯道水流动力轴线(主流线)位置的变化特点是,在弯道上游过渡段,一般偏靠凸岸侧;进入弯道后,逐渐向凹岸转移,到弯顶稍上部位偏靠凹岸,这就意味着主流逼近凹岸,其位置叫顶冲点,顶冲点以下,主流紧贴凹岸下行,直到弯道出口,再向下一反向河湾过渡。顶冲部位的一般情况是,低水时在弯顶附近或弯顶稍上,高水时在弯顶以下,如图 3-13所示。

3. 泥沙特性

蜿蜒型河段的泥沙运动，最突出的特点是泥沙的横向输移，即横向输沙不平衡，也就是说，在横向环流的作用下，沿水深方向环流下部的输沙率恒大于上部的输沙率。泥沙的横向净输移量，总是朝向环流下部所指的方向，亦即凸岸方向。产生这一现象的原因，除与横向环流有关外，还与含沙量沿垂线分布的"上稀下浓"有关。而泥沙的纵向输移，从长时段看基本上是平衡的（多沙河流情况除外）。除坝下游长距离冲刷等特殊情况外，一般不存在显著的单向淤积或冲刷。蜿蜒型河段的水流挟沙力，洪水期弯道段大于过渡段，而枯水期则相反。

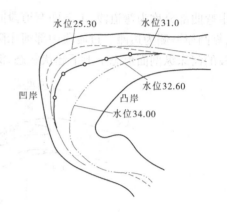

图 3-13　弯道水流动力轴线平面变化

（单位：m）

4. 演变规律

蜿蜒型河段的演变，按其缓急程度，可分为两种情况：一是经常发生的一般性演变规律；二是在特殊条件下发生的突变现象。

1）一般规律

（1）平面变化规律。随着凹岸冲刷和凸岸淤长进程的发生，其蜿蜒程度不断加剧，河长增加，弯曲度随之增大。就其整个变化过程看，河湾在平面上不断发生位移，并且随弯顶向下游蠕动而不断改变其平面形状，但基本上是围绕各河湾之间过渡段的中间部位连成的摆轴所进行。

（2）横向变形规律。蜿蜒型河段的横向变形，主要表现为凹岸崩退和凸岸淤长。由图 3-11 可见，凹岸迎流顶冲，河岸崩坍后退；凸岸边滩则因淤积而不断淤高长大。

（3）纵向变形规律。蜿蜒型河段的纵向变形规律是，弯道段洪水期冲刷，枯水期淤积；过渡段则相反，洪水期淤积，枯水期冲刷。但在一个水文年内，冲淤变化基本平衡。

2）突变现象

蜿蜒型河段演变的突变现象是，在特殊条件下，可能发生自然裁弯、凹岸撇弯和凸岸切滩三类情况。

（1）自然裁弯。蜿蜒型河段的发展，由于某些原因使同一岸两个弯道的弯顶崩退而形成急剧河环和狭颈。当狭颈发展到起止点相距很近、水位差较大时，如遇大水年，水流漫滩，在比降陡、流速大的情况下，便可冲开狭颈而形成一条新河。这种现象称为自然裁弯。我国长江下荆江、汉江下游和渭河下游河道，历史上曾多次发生过自然裁弯，仅下荆江河道，近百年来就发生过 5 处自然裁弯。图 3-14 为下荆江的 2 处自然裁弯。

（2）凹岸撇弯。当河湾发展成曲率半径很小的急弯后，遇到较大的洪水，水流弯曲半径远大于河弯曲率半径，这时在主流带与凹岸急弯之间产生回流，造成原凹岸急弯部位淤积，这种现象称之为撇弯。图 3-15 为长江下荆江上车湾撇弯现象。

（3）凸岸切滩。在曲率半径适中的河湾中，当凸岸边滩延展较宽且较低时，遇到较大的洪水年，水流弯曲半径大于河岸的曲率半径较多，这时凸岸边滩被水流切割而形成串沟并分泄一部分流量，这种现象称之为切滩。图 3-16 为长江下荆江监利河段发生的切滩。

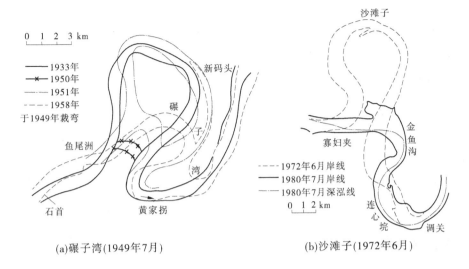

(a)碾子湾(1949年7月)　　　　　　　　(b)沙滩子(1972年6月)

图 3-14　下荆江自然裁弯

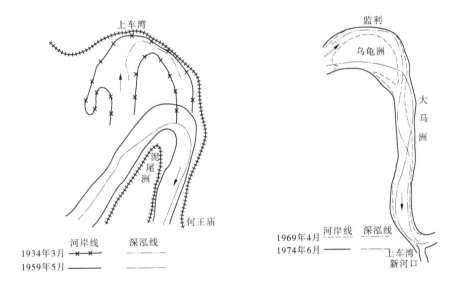

图 3-15　长江下荆江上车湾撇弯　　　图 3-16　长江下荆江监利河段发生的切滩

3.4.4.3　分汊型河段

分汊型河段是冲积平原河流中常见的河型。我国许多江河都存在这种河型,特别是长江中下游最多。

1.形态特性

1)平面形态

单个的分汊河段,其平面形态是上、下两端窄而中间宽;中间放宽段可能是两汊或多汊,各汊之间为江心洲。对于两汊情况,自分流点至江心洲头为分流区,洲尾至汇流点为汇流区,中间则为分汊段。

从较长的河段看,其间可能出现几个分汊段,呈单一段与分汊段相间的平面形态。单一段较窄,分汊段较宽,平面上形似藕节状外形。

2）横断面特性

分汊型河段的横断面,在分流区和汇流区,均呈中间部位隆起的马鞍形;在汊道段,则为江心洲分隔的复式断面,见图3-17。

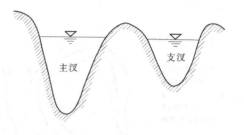

图 3-17　汊道横断面形态

3）河床纵剖面特性

分汊型河段的河床纵剖面,呈两端低中间高的上凸形态,河床高程支汊(分流比小于50%的汊道)高于主汊(分流比大于50%的汊道);而几个连续相间的单一段和分汊段,则呈起伏相间的形态,与蜿蜒型河段的过渡段和弯道段的纵剖面形态相似。

4）汊道平面形态的特征指标

分汊系数:各股汊道的总长与主汊长度之比。

放宽率:汊道段的最大宽度(包括江心洲)与汊道上游单一段宽度之比。

分汊段长宽比:汊道段的长度与汊道段最大宽度之比。

江心洲长宽比:江心洲长度与其最大宽度之比。

2. 水流特性

分汊型河段水流运动最显著的特征是具有分流区和汇流区。

1）分流区水流特性

在分流区,分流点(指主流线在分流区的分汊点)的位置变化,一般是"高水下移,低水上提"。在分流区,支汊一侧的水位高于主汊一侧。而水面纵比降,支汊一侧小于主汊一侧。分流区内,水流分汊,出现两股或多股水流,其中居主导地位的进入主汊。分流区的断面平均流速沿流程呈减小趋势。

室内观测表明,分流区存在环流,其分布和变化具有多样性,有的为单向环流,有的为双向环流,有的则为复杂环流。

2）汇流区水流特性

在汇流区,支汊一侧的水位高于主汊一侧。由于两岸存在水位差,故汇流区同样存在横比降和环流。汇流区环流的变化和分布与分流区类似。汇流区的断面平均流速沿程增大。

3. 分流分沙

汊道分流习惯用分流比表示,指通过某一汊道的流量占总流量的百分比。以双汊为例,主汊分流比为

$$\eta_{\mathrm{m}} = \frac{Q_{\mathrm{m}}}{Q_{\mathrm{m}} + Q_{\mathrm{n}}} \tag{3-2}$$

式中:下角标 m、n 分别表示主汊和支汊。

汊道分沙常用分沙比表示,指通过某一汊道的沙量占总沙量的百分比。以双汊为例,主汊分沙比为

$$\xi_{\mathrm{m}} = \frac{Q_{\mathrm{m}} S_{\mathrm{m}}}{Q_{\mathrm{m}} S_{\mathrm{m}} + Q_{\mathrm{n}} S_{\mathrm{n}}} = \frac{1}{1 + Q_{\mathrm{n}} S_{\mathrm{n}} / (Q_{\mathrm{m}} S_{\mathrm{m}})} \tag{3-3}$$

式中:S 为断面平均含沙量,以 kg/m³ 计,令含沙量比值 $S_{\mathrm{m}}/S_{\mathrm{n}} = K_{\mathrm{s}}$,利用式(3-2),得

$$\xi_{\mathrm{m}} = \frac{\eta_{\mathrm{m}}}{(1 - \eta_{\mathrm{m}} / K_{\mathrm{s}}) + \eta_{\mathrm{m}}} \tag{3-4}$$

当分流比 η_m 算出后,只要知道含沙量比值 K_s,便可求出分沙比。

根据长江中下游汊道的实测资料,大多数主、支汊比较明显的汊道,$S_m > S_n$,即 $K_s > 1$,由式(3-4)得知,主汊分沙比大于分流比,即 $\xi_m > \eta_m$。

通过对汊道分流、分沙比的变化分析,可以预测汊道河床的演变趋势。

4. 演变规律

分汊型河段的演变,受诸多因素影响而较为复杂,其共同性的演变规律表现为汊道外形的平面移动,洲头、洲尾的冲淤消长,汊道内河床的纵向冲淤,及主、支汊的易位。

主、支汊易位是分汊型河段最具特色的演变特点,即在经历一定时期的演变之后,原先的主汊变为支汊,而原支汊变为主汊。在易位发生过程中,原主汊河床逐年淤积抬高,断面尺度缩小;原支汊河床则逐年冲刷下切,断面尺度扩大。发生此演变的最主要原因是汊道上游水流动力轴线的摆动,从而引起汊道分流比、分沙比的改变所致。

图 3-18 为长江武汉天兴洲汊道发生主、支汊易位的例子。20 世纪 50 年代,北汊为主汊,枯水分流比达 60%;此后北汊淤积衰退,分流比减小,南汊冲刷发展,分流比增大;至 60 年代末 70 年代初,南汊分流比大于 50% 成为主汊;至 70 年代后期,南汊枯水分流比达 90% 以上,主、支汊地位彻底改变。

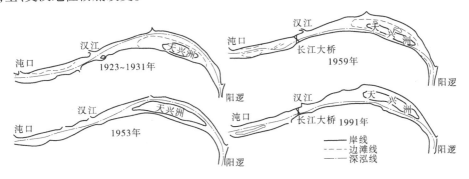

图 3-18　长江武汉天兴洲汊道

3.4.4.4　游荡型河段

游荡型河段的显著特点是,水流湍急、河床宽浅散乱、沙滩密布、河汊纵横交错、主流摆动不定、河势变化急剧。因此,对防洪、航运、工农业用水等各部门用水不利。我国黄河下游孟津—高村河段、永定河下游卢沟桥—梁各庄河段、汉江丹江口—钟祥河段、渭河咸阳—泾河口河段,都是典型的游荡型河段。

1. 形态特性

1)平面形态

从平面形态看,游荡型河段河身比较顺直,曲折系数(指河床长度与河谷长度的比值)一般不大于 1.3。在较长的范围内,往往宽窄相间,呈藕节状。河段内河床宽浅,洲滩密布,汊道交织,如图 3-19 所示。

2)河床纵比降特性

游荡型河段的河床纵比降较大,如黄河下游游荡型河段的比降为 $(1.5 \sim 4.0) \times 10^{-4}$、永定河下游游荡型河段的比降约为 5.8×10^{-4}、汉江襄阳—宜城游荡型河段的比降约为 1.8×10^{-4}。

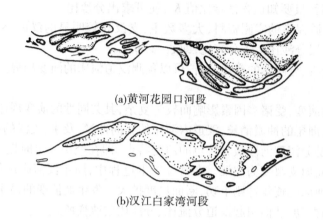

(a)黄河花园口河段

(b)汉江白家湾河段

图 3-19　游荡型河段平面形态

3）横断面特性

游荡型河段的横断面相当宽浅。图 3-20 为黄河花园口断面，河宽竟达数千米，而滩槽难分，高差则很小。

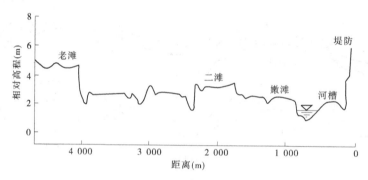

图 3-20　黄河花园口断面

2. 水流特性

游荡型河段平均水深很小，流速较大，如黄河花园口河段，平均水深一般在 1～3 m，但流速可达 3 m/s 以上。其水文特性主要表现为洪水的暴涨暴落，年内流量变幅大。由图 3-21 所示黄河秦厂站的水文过程，明显可见这一特点。河水水量年内随时间分布很不均匀，表现在河道水域上呈现平时水少，河道相对较窄；而夏、秋季节水多，河道相对宽浅。

3. 泥沙特性

游荡型河段的含沙量往往很大，与此相应，同流量下的含沙量（输沙率）变化很大，流量与含沙量（输沙率）的关系极不明显。

黄河下游游荡型河段的输沙具有"多来多排、少来少排"现象，即河道某测站的输沙率不仅与本站流量有关，还与上游站的含沙量有关，也就是在同一流量下，下游站的输沙率随着上游站含沙量的增大而增大。产生这一现象的原因，主要是河道冲淤发展迅速，使决定水流输沙能力的一些重要因素，如床沙组成、断面形态、局部比降等都在发生变化，因而同一流量所能挟带的沙量就会出现显著的差异。此外，游荡型河段由于比降大，床沙组成细，因而

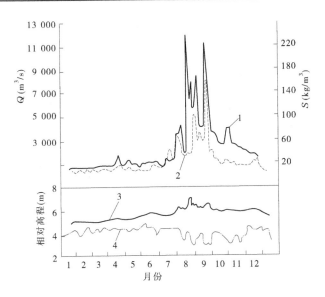

1—日平均流量;2—日平均含沙量;3—水位;4—河床平均高程

图 3-21　黄河秦厂站的水文过程

河床的稳定性很差。

4. 演变规律

游荡型河段的主要演变规律如下:

(1)多年平均河床逐步抬高。如黄河下游花园口至高村河段,在 1959 ~ 1972 年的 20 多年内,河床平均抬高速度为 5.9 ~ 9.7 cm/年。黄河下游河床多年来持续升高,以致发展为世界上著名的"悬河"。

(2)年内汛期主槽冲刷,滩地淤积;非汛期,主槽淤积,滩地崩塌。从一个水文年看,主槽虽有冲有淤,但在长时期内,仍表现为淤积抬高,而滩地则主要表现为持续抬高。一部分滩地虽然坍塌后退,但另一部分滩地又会淤长,长时期内变化不大。

(3)主槽平面摆动不定,河势变化剧烈。主槽的摆动与主流的摆动直接有关。

图 3-22(a)为永定河卢沟桥以下游荡型河段河势的变化,1920 ~ 1956 年主槽曾发生多次摆动,与之相应滩槽也几经变化。

黄河下游游荡型河段的主槽摆动更为剧烈。据秦厂—柳园口河段的实测资料,在一次洪峰涨落过程中,河槽深泓线的摆动宽度每天竟达 130 m。图 3-22(b)为黄河柳园口河段多年河势变化。可见,1951 ~ 1972 年主流线沿着 4 条基本流路多次发生变化,最严重的一次为 1954 年 8 月下旬,在一次洪峰过程中,柳园口附近主流一昼夜内南北摆动竟达 6 km 以上,其变化速度是惊人的。

(4)"大水出好河",中小水容易发生"横河、斜河"和形成畸形河湾。黄河下游游荡型河段,流量较大时,水流挟沙能力强,有利于主槽冲刷,宽浅散乱的河床可以形成相对单一窄深的河槽,即所谓的"大水出好河"。然而,大水冲出主槽形成"好河"之后,又因中常洪水不出槽,河槽淤积,塌滩加重,河道很快再次向宽浅游荡型发展。

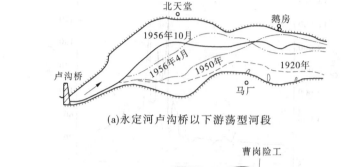

(a)永定河卢沟桥以下游荡型河段

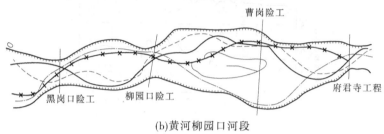

(b)黄河柳园口河段

图 3-22　游荡型河段河势变化

中小流量时期,水流坐弯,弯顶下移。长期的小水作用,容易发生"横河、斜河"和形成 Ω 形、S 形、M 形等畸形河湾,进而对河势产生较大影响,甚至危及大堤的安全。

图 3-23 为黄河下游老君堂工程以下河段在 20 世纪七八十年代多次出现的"横河"现象。由图 3-23 可见,"横河"形成时,主流几乎正对河岸横冲而来,其活动范围是很大的。

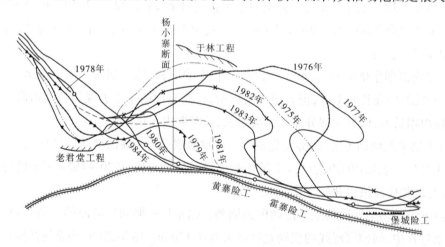

图 3-23　黄河下游老君堂工程以下河段主流线变化

畸形河湾在黄河下游曾多次出现。图 3-24 为 1994 年汛末黄河下游马庄、大宫河段出现的畸形河湾。由图 3-24 可见,古城断面附近和大宫工程前分别形成了罕见的倒 S 形河湾和"～"形河湾。

综上所述,游荡型河段整治时需要考虑的是,既要维持大水冲出的"好河",又要兼顾小水河势的变化。

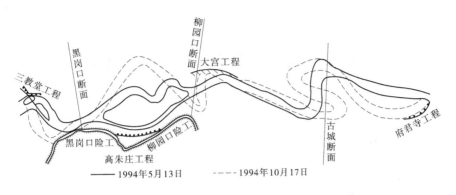

图 3-24 黄河下游畸形河湾

第4章　河流生态系统

4.1　生态系统概述

4.1.1　生态系统的概念

英国植物生态学家 A. G. Tansley 在研究中发现气候、土壤和动物对植物生长、分布和丰盛度有明显的影响。于是他在 1935 年首先提出了生态系统的概念：生物与环境形成一个自然系统。正是这种系统构成了地球表面上各种大小和类型的基本单元，这就是生态系统。简而言之，生态系统是指在一定空间中共同栖居着的所有生物（生物群落）与其环境之间由于不断地进行物质循环和能量流动过程而形成的统一整体。

生态系统的范围和大小没有严格的限制。大到整个海洋、整块大陆，小到一片森林、一块草地、一个池塘、一滴水等，都可看成是生态系统。因此，地球上有无数大大小小的生态系统，小的生态系统组成大的生态系统，简单的生态系统构成复杂的生态系统。自然界大小各异、丰富多彩的生态系统形成生物圈。而生物圈本身就是一个无比巨大而又精密的生态系统。

在这个定义里，包括了以下几层含义：一是生态系统是客观存在的实体，具有确定的空间，存在于时间中；二是生态系统是由生物部分和非生物部分组成的，生物部分是主体，两者相互依赖、相互作用，形成不可分割的整体；三是生态系统的各个组分是靠食物网组织起来的，借助物质循环和能量交换形成自身结构。

4.1.2　生态系统的组成

生态系统由生物成分和非生物成分（非生物环境）两大部分组成，其中生物成分又包括生产者、消费者和分解者。

4.1.2.1　生物成分

1. 生产者

生产者是指能以简单的无机物制造食物的自养生物，包括所有绿色植物和可进行光能与化能自养的细菌。生态系统的生产者能进行光合作用，固定太阳能，以简单的无机物质为原料制造各种有机物质，不仅供自身生长发育的需要，也是其他生物类群以及人类食物和能量的来源，是生物系统中最基础的成分。对于淡水池塘来说，如有根植物或漂浮植物，以及体形小的浮游植物，其中浮游植物主要是藻类，它也是有机物质的主要制造者。而对草地来说，生产者则是有根的绿色植物。

2. 消费者

消费者是指不能利用无机物质制造有机物质的生物，属于异养生物，主要是动物。根据它们食性的不同，又可分为食草动物、食肉动物和杂食动物等。

（1）食草动物又称为植食动物，指直接以植物为营养的动物。如池塘中的浮游动物和底栖动物，草地上的马、牛、羊以及啮齿类动物。这类食草动物统称为一级消费者，或初级消费者。

（2）食肉动物又称为肉食动物，以食草动物为食的动物。例如，池塘中某些以浮游动物为食的鱼类；草地上以食草动物为食的捕食性鸟兽。以食草动物为食的食肉动物，称为二级消费者；以二级食肉动物为食的为三级消费者，如池塘中的黑鱼或鳜鱼，草地上的鹰隼等猛禽。

（3）杂食动物也称兼食性动物。它是介于食草动物与食肉动物之间，既吃植物也吃动物的生物，如鲤鱼、麻雀、黑熊等。

（4）其他消费者。生态系统中还有两类特殊的消费者：一类是腐食动物，它们以腐烂的动植物残体为食，如白蚁、秃鹰等；另一类是寄生动物，它们寄生于其他动植物体，靠吸取寄主营养为生，如虱子、蛔虫、线虫、菌类和赤眼蜂等。

3. 分解者

分解者又称还原者，是指利用植物和动物残体及其他有机物为食的小型异养生物，如细菌、真菌、放线菌及土壤原生动物和一些小型无脊椎动物等。其作用是把动植物残体的复杂有机物分解为简单的无机物归还于环境，再被生产者利用。分解者的作用是极为重要的，如果没有它们，动植物尸体将会堆积成灾，物质不能循环，生态系统将不复存在。

4.1.2.2　非生物成分

非生物成分即非生物环境、无机环境，是生态系统的生命支持系统，是生物生活的场所和能量的源泉。按其对生物的作用，可分为：①生活必需物质，如光、氧气、二氧化碳、水、无机盐类以及非生命的有机物质等；②代谢介质成分，如水、土壤、温度和风等；③基础介质，如岩石、土壤等。

4.1.3　生态系统的类型

由于气候、土壤、基质、动植物区系不同，在地球表面可形成形形色色、多种多样的生态系统，为了便于研究，需对生态系统进行科学分类。

4.1.3.1　根据生态系统的环境性质和形态特征划分

根据生态系统的环境性质和形态特征可把生态系统分为水域生态系统和陆地生态系统两大类，见表4-1。水域生态系统根据水体的理化性质不同，分为淡水生态系统和海洋生态系统，其中每类根据水的深浅、运动状态等性质又可分为若干类型。陆地生态系统根据植被类型和地貌不同，分为森林、草原、荒漠、冻原等类型。

4.1.3.2　根据生态系统形成的原动力和影响力划分

按照人类对生态系统的影响程度，可分为自然生态系统、半自然生态系统和人工生态系统三类。

1. 自然生态系统

凡是未受人类干预，在一定空间和时间范围内，依靠生物和环境本身的自我调节能力来维持相对稳定的生态系统，均属自然生态系统，如原始森林、荒漠、冻原、海洋等生态系统。

表 4-1 生态系统的类型

水域生态系统				陆地生态系统	
海洋生态系统		淡水生态系统			
海岸带	岩石岸、沙岸	流水 (河、沟、渠)	急流	荒漠	热荒漠、冷荒漠
浅海带	大陆架			冻原	
	上涌带		缓流	极地	
	珊瑚礁			高山	
远洋带	远洋表层	静水 (湖、水库、池)	滨岸带	草原	湿草原、干草原
	远洋中层		表水层		稀树干草原
	远洋深层		深水层	温带针叶林	
	远洋底层			热带雨林	雨林、季雨林

2. 半自然生态系统

介于自然生态系统和人工生态系统之间,在自然生态系统的基础上,通过人工投入辅助能对生态系统进行调节管理,使其更好地为人类服务的这类生态系统属于半自然生态系统,如人工草场、人工林场、农田、农业生态系统等。由于它是对自然生态系统的驯化利用,所以又叫驯化生态系统。

3. 人工生态系统

按人类的需求,由人为设计制造建立起来,并受人类活动强烈干预的生态系统为人工生态系统,如城市、宇宙飞船、生长箱、人工气候室等,一些用于仿真模拟的生态系统,如实验室微生态系统也属于人工生态系统。

4.1.4 生态系统的结构特征

生态系统的结构主要包括组分结构、时空结构和营养结构三个方面。

4.1.4.1 组分结构

组分结构是指生态系统中由不同生物类型以及它们之间不同数量组合关系所构成的系统结构。由于物种组成的不同,因此形成了功能及特征各不相同的生态系统。即使物种组成相同,但各物种类型所占比例不同,也会产生不同的功能。

4.1.4.2 时空结构

时空结构也称为形态结构,是指各种生物成分或群落在空间上和时间上的不同配置和形态变化特征,包括水平分布上的镶嵌性、垂直分布上的成层性和时间上的发展演替特征,即水平结构、垂直结构和时间格局。

1. 水平结构

生态系统的水平结构是指在一定生态区域内群落类型在水平空间上的组合与分布。在不同的地理环境条件下,受地形、水文、土壤、气候等环境因子的综合影响,群落类型在地面上的分布是非均匀的。

2. 垂直结构

生态系统的垂直结构包括不同群落类型在不同海拔的生境上的垂直分布和生态系统内

部不同群落类型垂直分布两个方面。

3. 时间格局

一般有 3 个时间度量:一是长时间度量,以生态系统进化为主要内容;二是中等时间度量,以群落演替为主要内容;三是昼夜、季节等短时间的变化。

生态系统短时间结构的变化反映了植物、动物等为适应环境因素的变化而引起整个生态系统外貌上的变化。随着气候季节性交替,生物群落或生态系统呈现不同的外貌就是季相。例如,热带草原地区一年中分旱季和雨季,生态系统在两季中差别较大;温带地区四季分明,生态系统的季相变化也十分显著。温带草原中一年可有 4 ~ 5 个季相。

不同年度之间,生态系统外貌和结构也有变化。这种变化可能是有规律的,也可能无规则可循。规律性变化往往是由生态系统内生节律(反馈作用)引起的,如草原生态系统中狼—兔—草数量的周期性振荡,竹林集中开花引起的生态系统结构崩溃等。不规则性波动往往是由所在地气候条件的无规律变动引起的。

4.1.4.3 营养结构

营养结构是指生态系统中生物与生物之间,生产者、消费者和分解者之间以食物营养为纽带所形成的食物链和食物网,它是构成物质循环和能量转化的主要途径。

1. 食物链和食物网

食物链指生态系统内不同生物之间通过食和被食形成的一系列链状食物关系,即物质和能量从植物开始,然后一级一级地转移到大型食肉动物。如水域生态系统中的食物链:浮游植物→浮游动物→草食性鱼类→肉食性鱼类。通常所说"大鱼吃小鱼,小鱼吃虾米""螳螂捕蝉,黄雀在后"都是对食物链形象的说明。在食物链中每一个资源消费者反过来又成为另一个消费者的资源。Elton(1942)是最早提出食物链概念的人之一,他认为由于受到能量传递效率的限制,食物链的长度不可能太长,一般由 4 ~ 5 个环节构成。食物链上的每一个环节,称为营养阶层或营养级。

自然界中常常是一种动物以多种生物为食物,同一种动物可以占几个营养层次,如一些杂食动物。生物通过食物传递关系存在错综复杂的普遍联系,这种联系似一张无形之网把所有生物都包含在内,使它们彼此间都有某种直接或间接的关系,因此称为食物网。图 4-1 就是某温带草原生态系统的食物网简图。

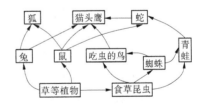

图 4-1 某温带草原生态系统的食物网简图

生态系统中的食物链因各种原因是可以变化的。或者说,食物链一般只是暂时的。只有在生物群落组成中成为核心的、数量占优势的种类,食物链才是比较稳定的。一般来说,食物网越复杂,生态系统抵抗外力干扰的能力就越强;食物网越简单,生态系统越容易发生大的波动甚至崩溃。

2. 食物链的类型

自然生态系统中主要有 3 种类型的食物链,即牧食食物链、寄生食物链和碎屑食物链。

1) 牧食食物链

牧食食物链又称为捕食性食物链,是以活的绿色植物为基础,从食草动物开始的食物链,其构成方式是:植物→食草动物→食肉动物。这种食物链既存在于水域,也存在于陆地环境。例如,草原上的青草→野兔→狐狸→狼;湖泊中的藻类→甲壳类→小鱼→大鱼。

2)寄生食物链

寄生食物链是以活的动植物有机体为基础,从某些专门营寄生生活的动植物开始的食物链。寄生物是消费者,它与寄主紧密生活在一起,以寄主的组织为食。例如小蜂把卵产在寄生蝇幼虫体内,而后者又寄生在其他昆虫幼体中(昆虫→寄生蝇→小蜂);哺乳动物和鸟类身上的跳蚤反过来又会被鼠疫杆菌所寄生(鸟类或哺乳类动物→跳蚤→鼠疫杆菌)。与牧食食物链不同的是,越是在寄生食物链的基部环节,动物个体越大,随着环节的不断增加,寄生物的体积越来越小。

3)碎屑食物链

碎屑食物链又称为分解链,是以死的动植物残体为基础,从真菌、细菌和某些土壤动物开始的食物链,如动植物残体→蚯蚓,动植物残体→微生物→土壤动物等。在森林中,有90%的净生产是以食物碎屑方式被消化掉的。即使在大型食草动物十分发达的草原生态系统中,被吃掉的牧草通常也不到植物生产力的1/4,其余部分也是在枯死后被分解者分解。

可见,牧食食物链和碎屑食物链在生态系统中往往同时存在,相辅相成地起着作用。

3.营养级与生态金字塔

食物链和食物网是物种和物种之间的营养关系,这种关系错综复杂,无法用图解的方法完全表示。为了便于进行定量的能流和物质循环研究,生态学家提出了营养级的概念。处于食物链某一环节上的所有生物种的总和称为营养级。例如,作为生产者的绿色植物和所有自养生物都位于食物链的起点,共同构成第一营养级。所有以生产者(主要是绿色植物)为食的动物都属于第二营养级,即食草动物营养级。第三营养级包括所有以食草动物为食的食肉动物。以此类推,还可以有第四营养级(即二级食肉动物营养级)和第五营养级。

营养级之间的关系不是指一种生物同另一种生物的关系,而是指某一层次上的生物同另一层次上的生物之间的关系。前面所说的构成食物链的每一个环节都可作为一个营养级,能量沿着食物链从上一个营养级流动到下一个营养级,在流动过程中,能量不断地耗散而减少。因此,生态系统要维持正常的功能,就必须有永恒不断的太阳能的输入,用以平衡各营养级生物维持生命活动的消耗,一旦输入中断,生态系统便会丧失其功能。

动物距离基础能源(第一营养级)越近,受到取食和捕食的压力越大,这些生物种类和数量就越多,生殖能力也就越强,可以补偿因遭强度捕食而受到的损失。距离基础能源越远的营养级,越有可能捕食更多营养级的生物,特别是处于最高营养级的动物(食肉动物)数量最少,生物量最小,能量也最少,以至使得不能再有别的动物以它们为食,因为从它们身上获得的能量不足以弥补为搜捕而消耗的能量。由于受能量传递效率的限制,与食物链一样营养级数也受限制,一般为3~5级,很少超过6级。

在营养级序列上,上一营养级总是依赖于下一营养级,下一营养级只能满足上一营养级中少数消费者的需要,逐级向上,营养级的物质、能量和数量呈阶梯状递减。于是形成一个底部宽、上部窄的尖塔形,称为生态金字塔。生态金字塔可以是能量、生物量,也可以是数量。一般来说,能量最能保持其金字塔形。但有时候,数量和生物量的金字塔,也可能呈倒塔形。

4.1.5　生态平衡

生态平衡是指生态系统通过发育和调节所达到的一种稳定状况,它包括结构上的稳定,功能上的稳定和能量输入、输出上的稳定。生态平衡指生态系统内两个方面的稳定:一方面是生物种类的组成和数量比例相对稳定;另一方面是非生物环境保持相对稳定。

生态平衡是动态的、相对的,但不是固定的、不变的,因为能量流动和物质循环总在不间断地进行,生物个体也在不断地进行更新。通过对自然现象的观察发现,给以足够时间和环境的稳定性,生态系统总是朝着种类多样化、结构复杂化和功能完善化的方向发展,直到使生态系统达到成熟的最稳定状态。此时,它的生产者、消费者和分解者之间,即物质和能量输入与输出之间,接近于平衡状态,并且物种种类组成及数量比例持久地没有明显变动。

在一个相对平衡的生态系统中,物种达到最高量和最适量,物种之间彼此适应,相互制约,各自在系统中进行正常的生长发育、繁衍后代,并保持一定数量的种群,能够排斥其他物种生物的入侵。生物种类和数量最多、结构复杂、生物量最大、环境的生产潜力充分地发挥出来,是衡量生态平衡的指标。

生态系统能够保持平衡,因为它是一种控制系统和反馈系统。反馈分为负反馈和正反馈,负反馈控制可使系统保持稳定,正反馈控制使系统偏离加剧。例如,在生物生长过程中个体越来越大,在种群持续增长过程中,种群数量不断上升,这属于正反馈。正反馈也是有机体生长和存活所必需的,但是正反馈控制不能维持稳态,只能通过负反馈控制使系统维持稳态。由于生态系统具有负反馈的自我调节、自我修复机制,所以在通常情况下,生态系统会保持自身的生态平衡。

4.1.6　退化生态系统及生态修复

4.1.6.1　退化生态系统的定义

生态系统被比喻为弹簧,它能承受一定的外来压力,压力一旦解除就又恢复初始状态。但是弹簧有弹性限度,生态系统的自我调节功能亦有一定的限度,这个限度就叫作"生态阈值"。在生态阈值范围内,生态系统才得以维持相对平衡;超越了生态阈值,生态系统的自动调节功能就会降低甚至消失,从而引起生态失调,甚至造成生态系统的崩溃。具体表现是,生态系统的营养结构被破坏、有机体数量减少、生物量下降、能量流动和物质循环受阻等,甚至出现生态危机。例如,20 世纪 50 年代,我国曾发起把麻雀作为四害来消灭的运动,可是在大量捕杀之后的几年里,出现了严重的虫灾,使农业生产受到巨大的损失。后来科学家们发现,麻雀是吃虫子的好手,消灭了麻雀,害虫也没有了天敌,就大量繁殖,导致了虫害发生、农田绝收一系列惨痛的后果。

这种自然干扰或人为干扰或两者的共同作用可能使生态系统的结构和功能发生位移,结果使生态系统的基本结构遭受破坏,从而导致局部地区甚至整个生态系统结构和功能的失衡,这样的生态系统被称为退化生态系统。退化生态系统的表现类型有裸地、沙漠、森林采伐迹地、受损水域、弃耕地、废弃地(包括工业废弃地、采矿废弃地和垃圾堆放场等)等。

4.1.6.2　退化生态系统的成因

生态系统退化的主要原因是干扰。干扰是指对群落正常演替过程产生暂时或中断或使演替方向发生改变的事件。按照干扰动因,干扰干扰可划分为自然干扰和人为干扰;按照干扰来源,干扰可划分为内源干扰和外源干扰;按照干扰性质,干扰可划分为破坏性干扰和增益性干扰。对退化生态系统而言,研究其退化原因时一般采用第一种分类。

自然干扰是指自然界发生的异常变化或自然界本来就存在的对人类和生物有害的因

素,包括大气干扰、地质干扰和生物干扰,如地壳变动、海陆变迁、冰川活动、火山爆发、地震、海啸、泥石流、雷击火烧、气候变化等。这些因素可使生态系统在短时间内受到破坏甚至毁灭。不过,自然干扰对生态系统的破坏和影响所出现的频率不高,而且在分布上有一定的局限性。人为干扰是指由人类生产、生活和其他社会活动形成的干扰体对自然环境和生态系统施加的各种影响,包括工农业污染、森林砍伐、草原植被过度利用、露天开采、狩猎和捕捞、采樵、旅游和探险等人为活动因素对生态系统的影响。世界范围内广泛存在的水土流失、土地沙漠化、草原退化、森林面积缩小等,都是人类不合理利用自然资源引起生态平衡破坏的表现。

从某种角度看,人类对生态系统干扰的作用力和影响范围,远远超过了自然干扰。现在,包括极地在内,已经没有任何生态系统未受到人类活动或其合成产物的影响。人为干扰往往叠加在自然干扰之上,共同加速生态系统的退化。在某些地区,人为干扰对生态退化起着主要作用,并常造成生态系统的逆向演替以及不可逆变化和不可预料的生态后果,如土壤荒漠化、生物多样性丧失和全球气候变化等。

干扰是生态系统退化的成因,但是并非所有干扰都对生态系统造成危害。某些种类适度的干扰可以增加生态系统的生物多样性,而生物多样性的增加往往又有益于生态系统的稳定。在实践中,某些理性的人为干扰用以促进生态系统的稳定与发展。例如,对于森林生态系统来说,合理的采伐、修枝、人工更新和低产、低效林分改造等人为干扰,可以促进森林的发育和演替、提高森林生态服务功能价值。在对退化生态系统进行生态修复时,也常施加积极的人为干扰,促使生物群落的恢复,保证生态系统的稳定。

4.1.6.3　生态修复

生态修复是指在遵循自然规律的前提下,通过使用各种手段,把退化的生态系统恢复或重建到既可以最大限度地为人类利用,又保持了系统的必要功能,并使系统达到自我维持的状况。退化生态系统的恢复与重建,要在遵循自然规律的基础上,根据"技术上适当、经济上可行、社会能够接受"的原则,使受损或退化生态系统重构或再生。

生态修复的一般过程是:本底调查→区域自然、社会经济条件(水、土、气候、可利用的条件等)综合分析→恢复目标的制定→恢复规划→恢复技术体系组配→生态恢复实施→生态管理→生态系统的综合利用→自然-社会-经济复合系统的形成。就目前而言,生态修复主要有如下3种途径:

(1)当生态系统受损不超负荷并在可逆的情况下,移除压力和干扰,生态系统自行得以恢复。如对退化草场进行围栏封育,经过几个生长季后草场的植物种类数量、植被盖度、物种多样性和生产力都能得到较好的恢复。美国宾夕法尼亚州的一条河流被酸厂排水所污染,在排除这种压力之后,同时依靠支流的淡化和溶冲作用,使下游的生态系统恢复到正常状态。

(2)若生态系统的受损是超负荷的,并发生不可逆的变化,只依靠自然力已很难或不可能使系统恢复到初始状态,必须依靠人为的干扰措施,才能使其发生逆转。例如,对已经退化为流动沙丘的沙质草地,由于生境条件的极端恶化,依靠自然力或围栏封育是不能使植被得到恢复的,只有人为地采取固沙和植树种草措施才能使其得到一定程度的恢复。

(3)对于那些由于人类活动已全然毁灭的生态系统代之以次生的系统,生态重建的目的是要建立一个符合人类经济需要的系统。重建所采用的种类可以是也可以不是原来的种类,所采用的植物或动物物种也不一定很适合环境,但具有高的经济价值;也可以采取各种先进的工程措施以加速生态系统的建立,如各种农业生态系统。

4.2 河流生态系统概述

4.2.1 河流生态系统的组成

河流生态系统是水域生态系统中最为重要的一种类型,是在一定空间中栖息的水生生物与其环境共同构成的统一有机体。河流生态系统与生态系统相同,由非生物成分(非生物环境)和生物成分(生产者、消费者、分解者)两大部分组成。

4.2.1.1 非生物成分(非生物环境)

非生物环境包括自然环境要素和人为环境要素。其中,自然环境要素是河流生态系统形成、发展和演化的决定性因素,是主导环境因素;人为环境要素通常起到全局影响或局部修正河流生态系统的作用。

1.气候要素

气候要素包括气压、气温、湿度、风速、降水、雷暴、雾、辐射、云量等表述因子。河流生态系统的水源来于降雨、湖泊、沼泽、地下水或冰川融水等,都来自于大气降水。由于太阳辐射在地球表面分布的差异,以及各类下垫面对于太阳辐射吸收、反射等物理过程性质上的不同,气候按照纬度分布具备地带性特征,并且反映在河流生态系统的地域性特点上。

2.地质要素

地质要素是地球自身能力分布与地壳运动造成的,其中影响流域与水系的主要因子为构造与岩性因子。构造因子中成层岩层的褶皱、断裂和产状,以及块状岩体的隆起、凹陷、断裂及其产状是影响河流生态系统流域与水系的主要因子。岩石是河流生态系统泥沙的主要来源,岩石的可溶蚀性、可侵蚀性和可渗透性是流域与水系发育的主要影响因子。河流生态系统所在流域内的土壤发育对河势变化具有影响。如果土层越厚,质地越松软,水分下渗率越大,则地表径流与地下径流交换通量越大,并且水系变化速率越大。

3.地形要素

地形要素包括高度、坡向和坡度等影响河流生态系统水系发育的重要因子。地形要素决定了河流生态系统水流的势能和动能的大小,即河流生态系统的总能量。高度越大的河流生态系统能量越大。坡向因子决定了太阳能分布的不均匀性,造成温度与湿度的不同。坡度影响河流生态系统沿坡面方向重力分量的大小,一般来说,坡度增大,水沙侵蚀强度也随之增强。

4.植被要素

河流生态系统所在流域的植被要素包括植被类型、植被盖度和植被季相 3 个重要因子。不同的植被类型,其阻截雨滴、调节地表径流和地下径流的比例、根系固土、改良土壤结构以及涵养水源的作用等有所差异。首先,植被冠层能对土壤起到荫蔽作用,减缓了雨滴对于土壤的直接冲击;其次,植被能够加大地表径流的沿程阻力,减缓汇流速度,增加地表径流的下渗量;再次,植物根系的横向和纵向衍生能够起到很好的固土防沙作用,同时,植被的落叶和残根能够增加土壤中有机质的含量,改善土壤肥力,增加土壤颗粒间的结合力,间接提高了土壤的抗侵蚀性;最后,植物根系对于水源的吸收减少了水量的流失,植物叶面的蒸腾作用能够调节空气湿度和温度,改善水文循环和局地小气候。植被盖度指植物群落总体或各个体地上部分的垂直投影面积与样方面积的比例,反映植被的茂密程度和植物进行光合作用面积的大小。河流生态系统所在流域内的植被覆盖度只有达到一定的比例,才能起到防风固沙和调节局地气候等作用。植被季相则是指植被在一年四季中表现的外观特征,不同植被类型间的季相差异较大,主要受温度和季风分布的影响。

5. 人类活动干扰

随着人类活动对自然界影响程度和范围的加强,分布于全球各地的河流生态系统都在发生着整体或局部,巨大或微小的改变。因此,有必要将人类活动干扰从环境要素中分离出来,以利于分析人类活动干扰的影响范围和作用结果。由于人类活动干扰往往表现在多个方面和多个尺度的空间单元上,因而对于各尺度系统的诸环境要素都会发生不同程度的影响。水库水电站建设、开辟修建航道等都是人类对河流生态系统施加的直接干扰。但是,人类活动的干扰并非都为负面影响,部分人类活动干扰是针对受损河流生态系统开展的修复和重建工作。此外,修建水利工程、合理开发利用水资源,并且是避免工程生态影响或将生态影响降低到可控范围内的人类生产活动也是可以考虑和接受的。

4.2.1.2 生物成分

1. 生产者

生产者主要指绿色植物,包括大型水生植物和浮游植物,此外还有光合细菌。

大型水生植物是指生理上依附于水环境,至少部分生殖周期发生在水中或水表面的植物类群,包括挺水植物、漂浮植物、浮叶植物和沉水植物。

浮游植物主要是指藻类,它们含有叶绿素,并发生光合作用,可以利用水中的二氧化碳合成细胞所需的碳水化合物,在水环境中还可以和细菌有共生关系。

光合细菌是一类以光作为能源、能在厌氧光照或好氧黑暗条件下利用自然界中的有机物、硫化物、氨等作为供氢体兼碳源,进行不放氧光合作用的微生物。

2. 消费者

消费者包括浮游动物、大型无脊椎动物以及游泳动物等浮游生物。

浮游动物是指悬浮于水中的、没有游泳能力或游泳能力很弱的、借助显微镜才能观察到的水生动物,它们是水生生态系统的主要初级消费者。

大型无脊椎动物主要是指栖息生活在水体底部以及附着在水生植物上的肉眼可见的水生无脊椎动物。根据摄食对象不同,可分食草无脊椎动物、食肉无脊椎动物和食腐无脊椎动物。

游泳动物主要指鱼类。鱼类在水生食物链中位于水生态系统能量金字塔的顶端,代表最高的营养水平,对水生生态系统的平衡起着非常重要的作用。

3. 分解者

分解者主要由异养微生物组成,如细菌、真菌等。分解者是水生态系统中实现环境与生物之间物质循环和再循环的重要基础。细菌和真菌等在河流中将死亡的生物体进行分解,维持河流生态系统物质循环。水中微生物的量取决于有机物的量,有机物的量越大,微生物的量就越大。

河流生态系统结构如图4-2所示。

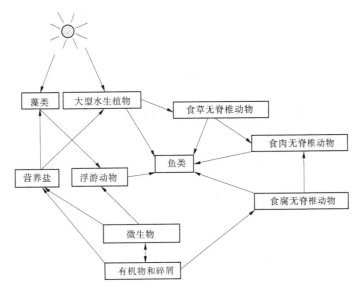

图 4-2　河流生态系统结构示意图

4.2.2　河流生态系统的特征

4.2.2.1　河流生态系统的流动性

河流生态系统区别于湖泊水体的直观特征是河流水体具有流动性,借助水流运动,河流生态系统不断地进行着物质循环和能量流动。

1. 能量流动

河流生态系统的能量流动是服从于热力学第一定律和第二定律的,即河流生态系统内部增加的能量等于外部输入的能量,且能量的传导具有方向性。能量流动分别在生态系统、食物链和种群三个层次上进行。例如,能量可以通过食物链从生产者到顶级消费各层次种群间进行传递,通过测定食物链各环节上的能量值,可为研究河流生态系统能量损失和存储提供资料。

2. 物质输移

河流生态系统物质输移存在两种形式:一种是借助于水体流动产生的物质输移和扩散,输送的物质包括泥沙、溶于水体的营养物质和各类污染物;另一种是发生在食物链各营养等级间的物质输移。

3. 信息传递

河流生态系统的信息传递媒介包括水文周期、水位、流速、流量、水温等水环境要素,河流生态系统通过水环境要素的变化传递信息。例如,水位的涨落、水量的丰枯变化以及流速和流向的改变会导致鱼类产卵或休憩场所的迁移。

4.2.2.2　河流生态系统的时空异质性

在空间上,有学者在 20 世纪 80 年代提出了河流连续统概念,该理论模型将河流生态系统视为一个连续、流动并且完整的系统。在实际观测中,河流生态系统沿着河流走向表现出空间上的差异,即纵向地带性。河流生态系统从源头集水区至河流下游的物理量呈现连续变化的特征。与此同时,生态过程也因为物理量的连续变化表现出空间差异。

在时间上,河流生态系统不断地发展演化。不同的年份、季节甚至 1 d 内的不同时段,河流生态系统均能表现出差异性。在不同的时间节点,由于环境要素的改变,水生生物群落的组成和分布格局也随之发生变化。例如,春、夏、秋、冬四季,多数河流浮游植物的生物量和密度随季节更替表现出由高至低的变化规律。

4.2.2.3　河流生态系统的生物适应性

在天然条件下,河流生态系统的生物群落在纵向、横向和垂向三个维度上都表现出适应于其栖息的水体环境。由于河流生态系统环境要素的改变,水生生物群落不断地进行调整和适应,表现出物种多样性和组分演替。

在纵向上,河流上、下游生物种类、数量往往有很大不同。河流上游一般位于高山高原区,环境条件多表现为海拔高、水温低、坡陡流急、碎石底质、贫养、溶氧充沛等,因此一些冷水性且要求溶解氧充沛的水生生物多分布在这里,如蜗牛、石蝇幼虫、纹石蛾幼虫、蜉蝣稚虫、鲑鱼等。河流中游和下游比降减小、流速减缓、河底沉积沙和泥、水体浊度增大,会出现河蚌、摇蚊幼虫、水蚯蚓、鲤鱼、鲫鱼等。至河口地区,尤其是外流河河口区则易出现咸淡水生物,如沙蚕等。

在横向上,按照水深的差异可划分为沿岸带、敞水带和深水带。由沿岸带至深水带,水生生物从陆生、两栖类向水生类型转化,分布有挺水植物、漂浮植物、沉水植物、浮游植物、浮游动物及鱼类等不同类型的生物物种。

在垂向上,主要是由河流水深和光照等环境要素作用而造成生物群落组成和分布的差异。河流上层优势种主要为自养型生物,是河流初级生产力聚集区;而河流中、下层深水区域光线微弱,植物光合作用不能有效进行,优势种主要为异养型和分解型底栖生物。

4.3　河流生态系统的水文过程

4.3.1　河流水循环

河流是地球上淡水的主要载体,据联合国教科文组织(UNESCO)2003 年公布的数据(见表 4-2),河流水总体积约为 $2.12 \times 10^3 \text{ km}^3$。虽然河流水体总量不足地球总水量的百万分之二,但是河流水分是地球上最为活跃以及更新最为迅速的水体之一。河流生态系统中的水分在太阳辐射和地球引力的作用下,不停地进行着海—陆—空之间的往复循环。

河流生态系统的水分主要来源于降雨和冰川融雪,一部分水分通过蒸发返回大气,其余部分形成地表或地下径流。在自然界中,河流生态系统的海陆大循环和内陆小循环是交织在一起的,并在全球各个地区持续进行着。

河流生态系统的水循环作用意义主要体现在:①影响局地气候。河流水循环中的基本环节,包括蒸发、径流等,能够通过其数量、运动方式、途径等特征影响周边气候状况。②塑造地貌形态。河流生态系统的水流作用力通过对泥沙的侵蚀和搬运,可以直接改变沿途的地表形态,造就各类流水地貌,水流满溢扩展河道宽度,而水流的停滞则会形成湖泊、沼泽。③提供淡水资源。水是地球上一切生命体维持生命活动的基本要素,淡水对于人类等高等动物更是具有不可替代的作用,河流在生态系统为人类生产生活提供了淡水资源,自古以来,人们依水而居就是为了便于从河流中取水利用。④维持生物多样性。河流在水循环过程中形成多种地貌形态,为各类生物提供了丰富的栖息环境,尤其是适应流水环境的生物能够较好地生存和繁衍,极大地维持了物种的多样性。

表 4-2　地球上的水量分配

分布	体积($\times 10^3$ km^3)	占地球总水量的比例(%)
海洋	1 338 000	96.537 87
冰盖和冰川	24 064	1.736 24
地下水	23 400	1.688 33
永久冻土底冰	300	0.021 65
湖泊水	176.4	0.012 73
土壤水	16.5	0.001 19
大气水	12.9	0.000 93
沼泽水/湿地水	11.5	0.000 83
河流水	2.12	0.000 15
生物水	1.12	0.000 08
总计	1 385 984.54	100

4.3.2　水文过程的生态响应

4.2.3.1　水文过程的生态学意义

水文过程在维系河流生物多样性与生态系统完整性方面发挥了至关重要的作用。

1. 水文循环保证了全球生态系统和人类社会的可持续性

在太阳能的驱动下,水体周而复始地运动,无论对于人类还是对于生物群落,水文循环保证了水资源作为可再生资源的可靠性。水资源是地球上一切生命的不竭源泉,保证了生态系统和人类社会的可持续性。

2. 水文过程是形成全球景观多样性的重要驱动力

由于水文循环的持续作用,运动的水体(降雨冲蚀、地下入渗、地表径流等)对于地球表面持续不断的作用,包括侵蚀、冲刷、挟沙、淤积等交替作用,持续地改造着全球地貌条件,不但造就了成为人类文明摇篮的河流冲积平原和三角洲,也造就了峡谷、高原丘陵、草原等瑰丽多姿的自然景观,为数以万计的物种提供了多样性的栖息地,为人类提供了适宜的生存空间和无与伦比的美学财富。

3. 水文过程的时空变异性是生态系统多样性的基础要素

在时间尺度上,受到大气环流和季风的影响,水文循环具有明显的年内变化,在地球的不同区域形成雨季与旱季的交错变化,或者形成洪水期与枯水期有序轮替,造就了有规律变化的降雨条件和径流条件。这就形成了随时间变化动态的生境多样性条件。观测资料表明,许多水生生物完成其生命周期需要一系列不同类型的栖息地,而这些栖息地是受动态的水文过程控制的。河道和河漫滩形成的水流—漫滩—静水—干涸等动态栖息地多样性条件,促进了物种的演化。

在空间尺度上,由于在全球范围内或大区域内降雨明显不均匀,由此形成了干旱地区、半干旱地区和湿润地区不同的水文条件。这就使不同流域或区域形成了特有的多样的栖息地条件。生境多样性是生物群落多样性的基础。

全球范围内水文过程的时空变异性,使全球不同区域或流域的群落组成、结构、功能以及生态过程都呈现出多样性特征。

4. 水文过程承载着陆地水域物质流、能量流、信息流和物种流过程

水流作为流动的介质和载体,将泥沙、木质碎屑等营养物质持续地输送到下游,促进生态系统的物质循环和能量转换。河流的年度丰枯变化和洪水脉冲,向生物传递着各类生命信号,鱼类和其他生物依此产卵、索饵、避难、越冬或迁徙,完成其生活史的各个阶段。同时,河流的丰枯变化也抑制了某些有害生物物种的繁衍。河流的水文过程也为鱼卵和树种的漂流及洄游类鱼类的洄游提供了条件。

4.3.2.2　自然水文情势的生态响应

水文过程与生物过程之间存在着相互适应和相互调节的耦合关系。一方面,水文过程对生物要素产生影响,如河流、湖泊的水文情势影响着水生态系统中种群和种群间关系,两者的相互作用决定了水生态系统的动态变化;另一方面,生物要素又反过来调节着水文过程,如流域内植被通过改变蒸散发、径流量和土壤水与地下水间的分配影响着水文循环,河滨带植被和河漫滩湿地影响着高流量的出现时机等。

1. 河流年内周期性的丰枯变化的生态响应

河流年内周期性的丰枯变化,造成河流—河漫滩系统呈现干涸—枯水—涨水—侧向漫溢—河滩淹没这种时空变化的特征,形成了丰富的栖息地类型。对于大量水生和部分陆生动物来说,完成生活史各个阶段需要一系列不同类型的栖息地。这种由水文情势决定的栖息地模式,影响了物种的分布和丰度,也促成了物种自然进化的差异。河流系统的生物过程对于水文情势的变化呈现明显动态响应,水生和陆生生物一旦适应了这种环境变化,就可以在洪涝或干旱等看似恶劣的条件下存活和繁衍。可以说,自然水文情势在维系河流及河漫滩的生物群落多样性和生态系统完整性方面具有极其重要的作用。

2. 水文情势要素与生态过程的关系

影响生态过程的主要水文情势包括流量、频率、持续时间、出现时机和水文条件变化率。其中,流量和频率的定义在第2章已阐述,持续时间指某一特定水文事件发生所对应的时间段,出现时机指水文事件发生的规律性,水文条件变化率指流量从一个值变化到另一个值的速率。上述各个水文情势要素与生态过程存在着相关关系,见表4-3。

表 4-3　水文情势要素的生态响应

水文情势要素	输入	响应
流量和频率	流量增加或减小	侵蚀和(或)淤积,敏感物种丧失,海藻和有机物受冲刷力度改变,生命周期改变
流量和频率	流量稳定	能量流动改变; 外来物种入侵或生存风险增加,导致本地物种灭绝、本土有商业价值的物种受到威胁、生物群落改变; 洪泛平原上植物获得的水和营养物质减少,导致幼苗脱水、无效的种子散播、植物生存所需的斑块栖息地和二级支流丧失、植被侵入河道
出现时机	季节性流量峰值丧失	扰乱鱼类活动信号:产卵、孵卵、迁徙;鱼类无法进入湿地或回水区;水生食物网的结构改变;河岸带植物的繁衍程度降低或消失;外来河岸带物种入侵;植物生长速度减慢
持续时间	低流量延长	水中有机物浓缩、植被覆盖减少,植物生物多样性降低,河岸带物种组成荒漠化; 生理胁迫引起植物生长速度下降、形态改变或死亡
持续时间	基流"峰值部分"延长	下游漂浮的卵消失
持续时间	洪水持续时间改变	改变植被覆盖的类型
持续时间	洪水淹没时间延长	植被功能类型改变,树木死亡,水生生物失去浅滩栖息地
水文条件变化率	水位迅速改变	水生生物被淘汰及搁浅
水文条件变化率	洪水退潮加快	秧苗无法生存

1) 流量的生态响应

一年内时间—流量过程曲线可分为三部分,即低流量、高流量和洪水脉冲流量。低流量是常年可以维持的河流基流。河流基流是大部分水生生物和常年淹没的河滨植物生存所必不可少的基本条件,基流也为陆生动物提供了饮用水。高流量维持水生生物适宜的水温、溶解氧和水化学成分,增加水生生物适宜栖息地的数量和多样性,刺激鱼类产卵,抑制河口咸水入侵。洪水脉冲流量的生态影响包括促进河湖连通和水系连通,为河湖营养物质交换以及为鱼类洄游提供条件;洪水侧向漫溢,为河漫滩提供了丰富的营养物质,增加了河漫滩栖息地动态复杂性;为漂流性鱼卵漂流、仔鱼生长以及植物种子扩散提供合适的水流条件;抑制河口咸潮入侵;为河口和近海岸带输送营养物质,维系河口湿地和近海生物生存。

2) 频率的生态响应

不同频率的洪水产生的干扰程度不同。一般认为,中等洪水脉冲产生的干扰对于滩区生态系统的生物群落多样性存在着更多的有利影响。作为两种极端情况,一是特大、罕见洪水,二是极度干旱,它们对于滩区生态系统的干扰更多的是负面的。特大、罕见洪水对于滩区生态系统可能产生破坏作用甚至引起灾难性的后果。极度干旱则会导致滩区持续的物种生态演替。

　　3）出现时机的生态响应

　　许多水生生物和河滨带生物在生活史不同阶段,对于水文条件有不同的适应性,表现为或者利用、或者躲避高低不同的流量。如果丰水期与高温期相一致,对许多植物生长都十分有利。河漫滩的淹没时机对于一些鱼类来说非常重要,因为这些鱼类需要在繁殖期进入河漫滩湿地。如果淹没时间与繁殖期相一致,则有利于这种鱼类的繁殖,如图4-3所示。

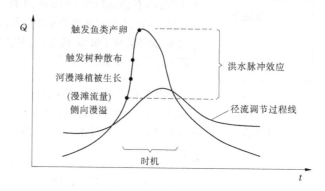

图4-3　水文情势的生态响应

　　4）持续时间的生态响应

　　某一流量条件下水流过程持续时间的生态学意义在于检验物种对于持续洪水或持续干旱的耐受能力。比如河岸带不同类型植被对于持续洪水的耐受能力不同,水生无脊椎动物和鱼类对于持续低流量的耐受能力不同,耐受能力低的物种逐渐被适应性强的物种所取代。

　　5）水文条件变化率的生态响应

　　水文条件变化率会影响物种的存活和共存。在干旱地区的河流出现大暴雨时,非土著鱼类往往会被洪水冲走,而土著鱼类能够存活不来,从而保障了土著物种的优势地位。

4.4　河流生态系统的地貌过程

4.4.1　流水作用与地貌形态

　　地表径流对于泥沙的侵蚀、搬运和堆积塑造了丰富多样的地貌类型。例如,流水流经黄土高原地区,强烈的水流侵蚀作用塑造了为数众多、大小不一的沟壑;流水作用于石灰岩、白云岩等碳酸盐类岩石存在的区域,水流的溶蚀作用形成独特的喀斯特地貌。水流的侵蚀作用在高原地区塑造了峡谷,在平原地区形成沟道,而河流泥沙沉积则在平原地区形成了巨大的冲积平原。河流是地貌塑造的有力工具,流经之处在地表留下了显著的痕迹,其塑造的地貌可以统称为流水地貌。一方面,在河流形成历史中,河谷和河床地形主要是流水自身活动的结果,而不是地质变迁的直接产物。但在河流的发育、发展过程中无疑受到多次地壳构造运动和多种外营力作用影响,同时河流在适应过程中造就了新的地貌形态。另一方面,河流的发育也受制于流经地区的地表组成,即地貌类型。地形和岩石的性质是影响河道发育的主要限制因素。在地形险峻不透水岩石分布的区域,河流的侧向发展受到了极大的限制,流水塑造出较为窄细的河谷地貌,河床下切较深,但河漫滩分布较少;在地形平缓的平原区域,河床高度发育,雨量充沛情况下多形成交错密布的水网。地表覆被也对河床的塑造起到一定的作用,植被能够减弱水流对于谷坡的冲刷,减少来自河间地的固体物质,营造了良好的下切条件;基岸、河漫滩和滨河床浅滩上的植被往往阻碍侧蚀作用,这也促进了河流的下切作用。

4.4.2　流水地貌与河床

苏联学者康德拉契夫将流水形成的河床地貌分为三种形态,分别为河床过程类型决定的大形态、中形态(河漫滩)以及小形态(河床表面微形态)。河漫滩、浅滩以及河床微形态都是在河床水流的作用范围内,对于水生生物均具有直接的影响,因此分析它们的形成过程对于研究河流生态系统具有科学价值。

河漫滩是河床两侧枯水位出露、高水淹没于水面之下的地带。一般而言,地势平坦地区,如平原或半山地河流河谷底部,河漫滩发育良好,面积往往比河床大几十倍。大洪水时期的水流活动和风力作用是塑造河漫滩本体情况的两个最主要因素。河漫滩与河床之间存在频繁的物质交换,不仅是水流中泥沙和营养物质的沉积区域,也是河床内物质的补给来源。河漫滩上通常发育有大量的喜湿性植物,能够起到拦截陆面污染物以及泥沙的作用,泥沙加速沉积进一步促进了河漫滩区域的发展。

平原河流河槽中通常分布有规模大小不一的浅滩,与深槽段交替成群出现。浅滩可能是回水造成的冲积层堆积体,也可能是由河床基地凸起形成的。浅滩形成的泥沙动力学是由于水流输送悬移质泥沙的动能不足,造成的泥沙局部堆积。可以看出,水文条件能够塑造不同的地貌类型,同时地貌类型也对水流及泥沙条件产生影响,浅滩可以认为是水文、地貌相互作用的产物。浅滩的出现极大地丰富了河槽的内部形态,与深槽段形成天然的跌水,实现了水体的复氧。此外,浅滩段也经常成为鱼类觅食和产卵的场所。

河流微地貌主要指河流局部河段形态及底质组成,与河流动态及自然地理特点相关。局部河段形态对应不同的水流条件,表现为差异性的流速、流向、水深与沉积环境。例如,河流弯曲段是水流的回水区域,凸岸为泥沙和营养物质沉积区域,而凹岸则是水流侵蚀区域。大型平原河流河床底质主要为冲刷干净的沙子,黏土质和粉砂质含量较少;较小的河流河床底质往往像牛轭湖冲积物。底质泥沙的不同级配组成对于营底栖生活的水生生物意义重大。

4.5　河流生态系统的物理化学过程

水质物理量测参数包括流量、温度、电导率、悬移质、浊度、颜色。水质化学量测参数包括 pH、碱度、硬度、盐度、生化需氧量、溶解氧、有机碳等。其他水化学主要控制性指标包括阴离子、阳离子、营养物质等(磷酸盐、硝酸盐、亚硝酸盐、氨、硅)。应横向和纵向地审视河流的物理和化学过程:横向角度指流域对水质的影响,特别要注意河岸地区对水质的影响;纵向角度则指考虑河道内水流运输过程中影响水质的过程。

4.5.1　物理过程

4.5.1.1　泥沙

在水质各指标中,泥沙通常是指从侵蚀的土地进入水体的土壤泥沙颗粒。泥沙由各种尺寸的颗粒组成,包括细黏土颗粒、淤泥和碎石。

河流中的泥沙含量及迁移规律对水生态系统的结构、功能具有十分重要的意义。首先,泥沙含量直接影响水的质量。许多地区与国家对水体中泥沙含量均有指定的标准,例如加拿大规定饮用水中的泥沙浑浊度必须小于 1.0 NTU;同时,泥沙可挟带其他污染物进入水体。营养物质和有毒化学物可以附着在土壤中的沉积物颗粒上,并通过沉积物颗粒进入地表水,这些污染物可能随着泥沙一起沉淀或溶解在水中。其次,泥沙在河流系统中的运动与淤积直接影响河流形态与水生生物栖息地的质量与数量。大量的泥沙淤积使河道基质组成变细、河宽增加,导致水生栖息地质量退化。高泥沙含量还可直接使水生生物(例如鱼类)窒息而死亡,泥沙可能堵塞和磨损鱼鳃,使底部鱼卵和水生昆虫的幼虫窒息,并将填补底部鱼产卵的鹅卵石的孔隙。另外,大量泥沙沉积可使水库与水坝的寿命缩短及降低河流的航运能力。

1. 进入河流的泥沙

河流中的泥沙来源于陆地上的土壤侵蚀。翻耕田地、建筑工地、伐木点、城区和露天矿区的土壤颗粒经雨水的侵蚀冲刷进入水体。侵蚀河岸的泥沙也在水中淤积。总之,河流中泥沙量可表示流域侵蚀过程的最终结果。

2. 泥沙沿河流廊道的输移与运动

河流廊道中泥沙的输移运动对水质、水温、栖息地和生物的影响更为重要。影响泥沙在河流中运输的因素较多,包括:①泥沙的供应。一个流域泥沙的供应常受气候、地形、地质与土壤、植被与土地利用的综合影响。②河道的特征。例如,河道的坡度、糙率、河道形态等都影响泥沙的移动。坡度越大,河流的搬运能力越强;河床糙率越高,其搬运能力越低。③河流径流量的大小。泥沙的搬运量与河流径流量成正比。④泥沙的物理特征。泥沙的物理特征包括直径大小、组成及风化的状况等。

4.5.1.2　**水温**

水温成为河流生态恢复关键因素的原因有:①溶解氧浓度随水温增高而下降,因此耗氧污染物对水体的胁迫作用随着温度的升高而增加;②温度控制许多冷血水生生物的生化和生理过程,温度升高将提高整个食物链的代谢和繁殖率;③许多水生生物物种只适应有限的温度范围,河流中最高温度和最低温度的转换可能对物种组成有长远的影响,水温是决定水生生物分布的最重要原因之一;④温度也影响许多非生物的化学过程,如复氧率、颗粒物对有机化学物的吸附和挥发率。温度升高会导致有毒化合物增加,因为溶解的部分通常是最具有生物活性的。

1. 入流水温

河流水温受上游水温、河段内的过程以及入流水温的影响。影响入流水温最重要的因素是地表水和地下水入流的平衡。陆地表面流入河流的水体通过接触被太阳加热的地表获得热量;与此相反,地下水通常在夏季温度较低,并可反映流域的年平均温度。通过浅层地下水流入的水流温度可能介于年均水温和径流的环境温度之间。

通过地表径流进入河流的水量和温度都受流域内不透水表面比例的影响。例如,城市的水泥路面可加热地表径流,并明显提高受纳河流的水温。

2. 河流内部的水温

太阳辐射是影响水温的主要因素。消除荫蔽或降低河流基流,都可使河道内水温增至超过鱼类生存的临界最大值。因此,维持或恢复正常的温度范围是生态恢复的重要目标之一。

3. 水库水温分层现象

水库水温分层现象,引起水库下泄水温偏低,影响鱼类产卵和其他生物的生命活动。因此,需要掌握水库水温分层规律,为采取改善下泄水流水温措施提供必要资料。

4.5.2 化学过程

天然水体与其接触的所有物质——空气、岩石、细菌、植物和鱼类相互作用,并受到人类干扰的影响。天然水体的化学元素主要有 74 种,可归为 5 类:①溶解气体,如 O_2、N_2、CH_4 及一些微量气体;②主要离子,CO_3^{2-}、HCO_3^-、SO_4^{2-}、Cl^-、Ca^{2+}、Mg^{2+}、Na^+、K^+;③生物原生质或营养元素,主要是 N、P、S、Fe、Si 等元素;④微量元素,它们在天然水中含量极低,一般为 $0.001 \sim 0.1$ mg/L,最低可达到 1.0×10^{-10} mg/L;⑤有机质,多半是由 C、H、O、N、P、S 等元素组成,常以有机聚集体形式存在于水中。

4.5.2.1 溶解气体的化学过程

溶解气体主要来自大气,部分来自河流内部的化学过程。O_2、H_2、N_2、CO_2、CH_4、NH_3、H_2S 以及惰性气体都能溶于天然水中,但是主要气体成分是 O_2 和 CO_2。溶解氧是水体中绝大多数生物生存的必要条件,主要通过大气复氧以及光合作用增氧,而依靠水生生物的呼吸以及死亡有机体的分解等过程耗氧,天然水体的 O_2 含量能达到 14 mg/L。CO_2 是水生植物光合作用必需的重要物质,主要来源于有机物质氧化,植物光合作用中 CO_2 与 $CaCO_3$ 类物质生成溶解式碳酸盐,过饱和时 CO_2 将逸出。

4.5.2.2 离子的化学过程

天然水中的离子由矿化作用产生,主要来自岩石和土壤。它们的组成和含量随河流流经地区的地理特性不同而有明显差异,是决定河流水环境差异的主要因素,也是天然水化学分类的基础。沉积岩中所含的 NaCl、KCl、$CaCO_3$、$CaSO_4$、$MgSO_4$,以及火成岩风化产物形成的 $CaCO_3$、$MgCO_3$、$NaHCO_3$ 及 $KHCO_3$ 等盐类是水体中八大离子的主要来源。

4.5.2.3 营养元素、微量元素的化学过程

营养元素以及微量元素为河流水生生物的生命活动提供支撑。N、P 等元素是水生植物生长繁育过程中所需的重要物质,河流水体营养程度主要由这两种元素决定。N、P 含量低的水体,通常称为贫营养河流,水体中有机生命体含量较少;而 N、P 含量过高的水体,往往发生水体富营养化,是水质污染的一种类型。微量元素虽然含量极低,但对于河流生态系统的作用不可忽视,其缺乏、过剩同样与河流生命体的健康休戚相关。

4.5.2.4 有机物质的化学过程

有机物质主要来自外部环境输入、动植物活体、动植物代谢的产物或残体的分解。水流挟带进入河流水体的有机质主要来自陆地土壤中腐殖质的冲刷。水生动植物的新陈代谢过程也是河流有机质产生的重要途径,它们多以沉积物形式存在于河流底质中,也有部分溶解

于水体。由于矿物质和重金属通常富集于有机质中,因此有机质也可以起到净化河流水体环境的作用。

河流水体的化学特征不仅是其性状与功能的表征,也是影响水生生物种类组成、数量及生物量的重要因素。河流流经地区气候及地质地貌条件的不同决定了其水化学特征的差异。例如,温度和海拔在很大程度上影响河流的溶解氧浓度,而河流的 pH 变化主要与地质和水热条件相关。长江河源区由水热条件引起 HCO_3^- 的变化,pH 变化范围较大,一般为 7.3～9.5;鄱阳湖水系因花岗岩分布广泛及降水量较大,水体 pH 普遍较低。

4.6　河流生态系统的生物过程

河流水生态系统为水生生物生长繁衍提供了重要栖息环境。河流水生态系统一个最显著的特征是以水作为生物栖息环境,河流水体的理化环境与陆地区别显著。首先,河流水体中溶解态的有机物质和无机物质能够被生物直接利用,这就为浮游生物的繁衍提供了有利条件;其次,水的比热容较大,对外界温度的变化起到缓冲作用,河流水温较陆地更加稳定,有利于水生生物的生长,但是削弱了生物的地带性;最后,水体对于太阳辐射的反射、吸收,导致深水区域光照强度明显低于陆地,光照条件限制了绿色植物的分布。

按照生态学划分,可将河流的淡水生物群落划分如下:

(1)浮游植物。包括所有生活在水中营浮游生活的微小植物,通常指浮游藻类。

(2)浮游动物。指悬浮在水中的水生动物,其种类组成十分复杂。在生态系统结构与功能研究中占重要地位的一般指原生动物、枝角类、桡足类和轮虫四大类。

(3)大型水生植物。指生理上依附于水环境,至少部分生殖周期发生在水中或水表面的植物类群。大型水生植物一般指除了小型藻类外所有水生植物类型。按照生活型一般分为湿生植物、挺水植物、浮叶植物和沉水植物。

(4)底栖动物。指生活史全部或大部分时间生活于水体底部的水生动物群。常见类型包括海绵动物门、刺胞动物门、偏形动物门、线虫动物门、环节动物门、软体动物门和节肢动物门。淡水底栖动物种类繁多,从应用角度一般指大型无脊椎动物。按照生活类型,底栖动物可分为固着动物、穴居动物、攀爬动物和钻蚀动物。

(5)周丛动物。指生长在浸没于水中的各种基质表面上的有机体集合群,包括在基质上生长的所有生物,如细菌、真菌、藻类、轮虫、甲壳动物、寡毛类、软体动物等。周丛动物所依附的基质有多种,包括植物、动物、卵砾石、泥沙等,因此有学者将周丛生物划分为附植生物、附动生物、附木生物和附石生物等。在整个水体的初级产量中,周丛藻类的产量占很大的比重。

(6)鱼类。在一般情况下,鱼类是水生态系统的顶级群落。作为顶级群落,鱼类对其他类群的存在和丰度有着重要作用。全球已经描述的鱼类有效物种有 24 618 种,占地球脊椎动物物种种数的一半以上,有 40% 的鱼类生活在淡水中。根据我国水产部门资料,我国内陆水域共有鱼类 795 种,分属 15 目 43 科 228 属。

河流水体中的初级消费者是浮游动物,其结构组成和分布通常随浮游植物而改变,这使得光合作用产物的利用效率以及时效性均得到提高,尤其是在大型河流水域中,物质和能量沿食物链传递和周转的速度很快。

河流水生态系统中的大型消费者,包括草食性以及其他食性的浮游动物、底栖动物、鱼类等。这些水生生物处于食物链(网)的不同环节,分布在水体的各个层次,并且有很大的活动范围。河流水生态系统的消费者大多数是草食性或杂食性动物,但有机碎屑仍作为部分食物,成为重要的营养来源。

河流水生态系统的分解者,也称作微型消费者,通常分布于水体底部沉积物表面,主要指水体中的各种细菌和真菌,它们能够分解动植物残体中的有机物同时利用其中的能量,将有机物转化成为无机物营养物质。同陆地生态系统比较,河流水生态系统中的营养物循环的速度快,但分解者在其营养物质再生中所起的作用较小。

4.7　人类活动对河流生态系统的影响

自然河流生态系统受到来自自然界和人类活动的双重干扰。来自自然界的重大干扰包括地壳变化、气候变化、大洪水、地震、火山爆发、山体滑坡、泥石流、龙卷风与疾病等。对于这些重大干扰,河流生态系统的反应或是恢复到原有状态,或是滑移到另外一种状态,寻找新的动态平衡。在此过程中,河流系统往往表现出一种自我恢复功能。近百年来,全球范围的经济生产活动以迅猛速度发展,人类社会巨大繁荣的同时,对自然环境造成巨大压力,也给河流生态系统带来了重大干扰甚至灾难。主要表现为工农业生产和生活取水、工农业及生活废水排放、城市化、生物入侵和资源过度开采等。

本书第1.2节已阐述了部分人类活动对河流的影响,为避免赘述,本节主要探讨人类活动对河流生态系统中的河道形态和水生生物的影响,分析人类活动带来的危害。

4.7.1　人类活动干扰对河道形态的影响

4.7.1.1　河道裁弯取直

河流生态系统既为人类提供了肥沃的土壤、水源以及水产品等物质资源,也为洪涝提供了宣泄途径,既能为人类营造适宜的滨岸环境和优美的视觉景观,也能提供绿色低碳的交通运输条件。因此,人类多择水而居,在河流两岸孕育发展自身的文明。在天然条件下,裁弯取直在弯曲型河流中比较多见。通常,冲积平原河流在螺旋流作用下,凹岸受到侵蚀,凸岸发生堆积,当弯曲型河床发展到一定阶段时,上、下两个反向河湾按某个固定点,呈S形向两侧扩张,河曲颈部越来越窄,当水流冲溃河曲颈部后便引起自然裁弯取直。裁弯取直的结果多是废弃的河道逐渐淤塞形成牛轭湖,而新的河道流程缩短、流速提高,进而发展成主槽。人们以取水、灌溉、发电、防洪和航运为目的,对河流实施了疏浚、拓宽、护岸、筑堤,甚至缩窄和裁弯取直等工程。例如,密西西比河在干流下游进行了大范围的裁弯取直,其实施系人工裁弯始于20世纪三四十年代,1929～1942年下游孟菲斯至安哥拉颈缩裁16处,弯道长度由321 km缩减至76 km;1932～1955年进行陡槽裁弯40处,缩短流程37 km。由于裁弯加上其他措施,初期效果很显著,河湾归顺,缩短了航程,并降低了洪水位。

然而,人工河道裁弯取直造成的生态胁迫主要体现在降低了河道生境多样性。天然河流的平面形态多样,有学者研究表明,顺直只是河流的一种暂存形态,并且多出现在山区两岸侧向发展受限的河流。天然河道多呈现弯曲形态,有凸凹岸之分,河流生境类型多样,也为河流水生生物提供了差异性的生存环境。单一化的河道形态不仅减少了河流生境类型的多样性,也极大地降低了水生生物的多样性。例如,不同的水生生物有自身适应的流速范围,毡状硅藻适应 0.38 m/s 的较低流速,而长线性绿藻则适应 0.9 m/s 的高流速条件,河道裁弯取直造成的流速改变会对水生生物产生直接影响。

4.7.1.2　侵占水域

侵占水域的过程是一个复杂连续的动态过程,即一个从量变到质变的过程。不同地区的水域由于自然条件和地方社会经济发展具有明显差异,造成侵占水域的原因各有不同。中国政府自 1992 年加入《湿地公约》,努力开展湿地水域保护工作。最新完成的第 3 期《全国湿地分布遥感制图》显示,1990 ~ 2008 年,中国湿地总面积由 36.6 万 km² 减少到 33.8 万 km²,虽然生态保护工作将湿地面积减少速率由 1990 ~ 2001 年的 3 400 km²/年降低至 2000 ~ 2008 年的 973 km²/年,但是东南部人口密集区域的湿地减少速率不降反升。东北三江平原约 500 万 hm² 的沼泽,已消失近 80%,近 1 000 个天然湖泊消亡。仅在有"千湖之省"之称的湖北,湖泊面积就锐减了 2/3。由于水土流失和干旱荒漠化,黄河首曲湿地面积曾严重萎缩,由 20 世纪六七十年代的 40 多万 hm² 萎缩至 20 世纪末的 30 多万 hm²。首曲湿地大面积干涸萎缩,致使生物多样性锐减,野生动植物种群大量消失,据 20 世纪六七十年代有关资料考证,玛曲各类珍稀动物达 230 多种,但目前据不完全统计,仅存国家规定的保护种类 140 多种,减少近 90 种。因为城市发展,很多湿地萎缩、消失,例如大连泉水湿地面积已经不足原来面积的 1/5。

侵占水域产生的生态胁迫主要体现在以下四个方面:

(1)对于粮食安全的威胁。人类常择水而居,原因之一是水域周边地区土壤湿润,腐殖质含量较高,具备良好的作物生长条件。三江平原地区是我国最大的沼泽地区,同时是我国主要的粮食生产地,2008 年耕地面积已达 784.8 万 hm²;长江中下游地区湖泊湿地星罗棋布,与此同时,该区域 2008 年垦殖率超过 70%。水域面积的侵占将造成土地荒漠化、盐碱化,直接威胁我国的粮食安全。

(2)对水资源安全的威胁。水域为人类社会提供最为直接的产品即水资源。我国淡水湖泊总储水量为 2 260 × 10⁸ m³,是生产、生活及农业灌溉的主要水源。侵占水域将导致用水问题,造成资源型缺水。

(3)对生物资源保护的威胁。水域作为水生生物的栖息场所,蕴藏着丰富的动植物资源。我国湿地具有约 101 科植物,其中有高等植物 1 600 余种;湿地哺乳动物 65 种、爬行类 50 种、两栖类 45 种、鱼类 1 014 种、水禽 250 种;此外,无脊椎动物、真菌和微生物也是湿地中重要的生物资源。侵占水域过程是对动植物重要栖息地的破坏,将会导致珍稀生物资源的减少甚至灭绝。

(4)对泥炭资源保护的威胁。泥炭是水域提供的又一种重要资源。我国泥炭资源比较丰富。据统计,泥炭总资源量约为 47 × 10⁸ t。若尔盖高原是我国最大的现代泥炭沼泽地,其分布面积达 2 829 km²,但是近年来的开发利用导致若尔盖湿地显著退化,已经出现沼泽—沼泽化草甸—草甸—沙漠化地—荒漠化的演化趋势。侵占水域的结果将会造成泥炭这种具有重要生态和经济价值的资源锐减。

4.7.2　人类活动干扰对水生生物的影响

4.7.2.1　生物资源量减少

生物资源量是在目前的社会经济技术条件下人类可以利用与可能利用的生物量。河流生态系统中淡水鱼类是最为重要的生物资源。目前,世界上淡水鱼类至少有 1 800 种处于濒危或灭绝的状态,主要是由各种人类活动干扰所致。曹亮等根据已有的基础资料,对中国目前已鉴定的 1 443 种内陆鱼类受威胁现状进行了评估,其中灭绝 3 种、区域灭绝 1 种、极危 65 种、濒危 101 种、易危 129 种、近危 101 种、无危 454 种和数据缺乏 589 种。此次评估受威胁物种数目达 295 种,占已知中国内陆鱼类总数的 20.44%,低于全球平均值(29%)。属于灭绝等级的鱼类是大鳞白鱼、异龙鲤和茶卡高原鳅;属于区域灭绝等级的鱼类是长颌北鲑。鲤科是受威胁物种数最多的科,其中裂腹鱼亚科和鲤亚科的种类受威胁程度最高。长江上游和珠江上游受威胁物种最多,是受威胁最严重的地区。中国内陆鱼类受威胁的主要因素为河流筑坝、生境退化或丧失、过度捕捞和引进外来物种等,其中过度捕捞行为是造成鱼类生物资源量减少的首要原因。

过度捕捞是人类在自身经济利益的驱动下,在捕鱼活动中捕捞了超过河流生态系统能够承担数量的鱼,造成某些鱼类数量不足以繁殖和补充种群数量,而使得河流生态系统食物链中断进而整个系统退化。在世界范围内,商业捕鱼总量从 20 世纪 50 年代开始有记录,稳步增加,到 90 年代达到高峰。2002 年,淡水渔业产量约 850 万 t,约占海洋渔业产量的 1/10,主要是在亚洲和非洲。依照 2006 年联合国粮农组织的调查报告,全球范围内的鱼类资源 52% 被完全开发、17% 被过度开发、7% 被基本耗尽;世界上 70% 的鱼种或者已经充分捕捞,或者正在耗竭。目前,只有少数几个国家对于鱼类的过度捕捞实施了预防、阻止和禁止非法捕捞活动,但是利益驱使大部分捕鱼者继续对鱼类进行资源枯竭型捕捞。过度捕捞造成的问题主要体现在两个方面:①过度捕捞造成鱼类资源的枯竭,捕捞量萎缩及至鱼类资源的消亡对于人类社会的影响是巨大的;②鱼类物种的消失对河流生态系统食物链的影响显著,一些鱼类消失的同时,另一些物种可能随之大量繁衍,最终导致整个河流生态系统面临崩溃的压力。

4.7.2.2　生物多样性锐减

生物多样性是指在一定时间和一定地区所有生物(动物、植物、微生物)物种及其遗传变异和生态系统的复杂性总称,包括基因多样性、物种多样性和生态系统多样性三个层次。生物多样性是人类社会赖以生存和发展的基础。生物多样性的价值体现在为人类提供丰富的食物以及生产原料,维护生态系统稳定和良性循环以及保持珍稀濒危物种资源等。

2005 年《千年生态系统评估报告》指出,由于湿地减少和内陆水系水质下降,内陆水系生物多样性的丧失较其他任何系统的情况都严重。据估计,全球范围内 50% 的内陆水面(不包括大型湖泊)已经消失。《生命地球指数》(世界自然基金会)指出,相对于森林、海洋生物群落的灭绝率大约 30%,淡水物种的灭绝率已经超过 50%。世界自然保护联盟(The World Conservation Union, IUCN)红色名录列出 1 369 种物种陷入绝境(涵盖所有淡水水域),其中 77% 是软体动物、十足目动物和蜻蜓类。

目前,我国淡水鱼类有近 800 个种和亚种,轮虫有 348 种,淡水桡足类 206 种,枝角类约 162 种,水生维管束植物和大型藻类有 437 个种与变种。过去几十年以来,由于人类活动干扰的影响,我国河流水生生物多样性锐减。

4.7.2.3　生物入侵

原本不是本地土生土长但因人类活动引入后适应本地环境,并对本地物种产生负面影响的一些外来生物称为入侵生物,其行为称为生物入侵。生物入侵是全球生态学界目前关注的热点问题,也是人类活动干扰中影响水生生物多样性的一个重要因素。外来物种在自然状态下是不存在于本地河流生态系统的,其借助人类活动而跨越天然屏障,进入新的生存环境,并适应当地的气候、土壤、温度、湿度等栖息地环境。

根据文献记载,世界范围内的淡水生物入侵始于 1988 年,首次将 237 种共计 1 354 个生物体(主要是鱼类)引入了 140 个国家,但造成入侵现象的不多。更多的物种被引入 10 多个国家,但只在一个国家发现了 40% 的引入物种造成了入侵现象。有针对性地引进优良动植物品种,既可丰富引进地区的生物多样性,又能带来诸多效益;但若引种不当或缺乏管理则会引发较大负面影响。外来物种进入河流生态系统的影响有两个方面:①挤占了本地物种的生存空间,排挤土著物种或特有物种;②打破了原有生态平衡,逐步成为系统中的优势种群并建立新的生态系统。河流生态系统是长期进化形成的,系统中的各种生物彼此制约平衡,新物种进入后将进行生境资源的掠夺,既有可能不适应新环境而被排斥在外,也有可能抗衡和制约本地原有物种,而造成河流生态系统多样性的减少,甚至导致河流生态系统退化。

根据初步调查,我国外来杂草有 108 种,如水葫芦、豚草、薇甘菊等。严重危害农林业的外来动物有 40 种,如美国白蛾、松突圆蚧、松材线虫等。其中,水葫芦又称凤眼莲,原产南美洲,20 世纪 30 年代引进,五六十年代曾作为饲料在全国范围大力推广,现在广泛分布于我国华南、华东和西南地区。水葫芦大面积覆盖河道、湖泊、水库和池塘等水面,阻塞河道,妨碍水运交通,堵塞水电站和闸门进水口,影响设施正常运行。水葫芦残体腐烂加剧水污染和富营养化,危及当地环境和居民健康。大米草和互花米草等外来物种,早期曾以沿海滩涂河口防浪为由引进,由于其适应能力强、繁殖速度快而大面积暴发,大量入侵滩涂河口区域,致使原生湿地生态系统退化。

第 5 章　河流生态系统调查内容与方法

　　河流生态系统现状是河流生态治理工程的起始状况,既是河流生态治理规划设计和河流健康评价的依据,也是开展河流生态治理工程后进行系统监测的起点。工作人员通过勘察、监测、访问调查和历史资料收集等多种手段,收集需要的资料数据。

　　通过第 4.2.1 节可知,河流生态系统由生物成分和非生物成分(非生物环境)两大部分组成,因此本章从这两个方面阐述河流生态系统调查的内容与方法。

5.1　河流生物成分调查内容与方法

　　河流生物调查、观测和分析所获得的数据是河流生态系统结构、功能的基本资料。开展河流生物调查可为河流水质评价、河流生态退化诊断、河流主要影响因子的识别、河道生态治理方案制订等工作提供数据支持。河流生物调查过程涉及生物采样点设定、采样设备与方法、样品收集与保存及实验室分析鉴定等方面。

5.1.1　浮游植物调查

　　浮游植物包括所有生活在水中营浮游生活方式的微小植物。通常浮游植物就是指浮游藻类,而不包括细菌和其他植物。浮游植物能进行光合作用,是河流中主要初级生产者,对河流的营养结构非常重要。浮游植物对许多人类干扰较为敏感,如径流调节、生境变更、物种入侵以及由营养盐、金属和除草剂引起的污染,因而常被用来进行河流生态监测与评价。

5.1.1.1　采样技术

　　1. 采样点的选择

　　采样断面应选择人工景观较少的区域,河流交汇处和桥墩等人工景观上游 200 m 处可设采样断面。对于流速不同的区域,应分设采样点或采集混合样品。

　　2. 采样的设备与工具

　　采集浮游植物定性和定量样品的工具有浮游生物网和采水器。浮游生物网一般分为 25 号(孔径 64 μm)和 13 号(孔径 112 μm)两种。采水器一般为有机玻璃采水器,容量为 1 L、2.5 L 和 5 L 等。

　　3. 采样调查

　　采样调查分可涉水河流与不可涉水河流两种情况。

　　(1)对于上下层混合较好的可涉水河流,在水面下 0.5 m 左右水层直接取水 2 L,或在下层加采一次,两次混合即可。若需了解浮游植物垂直分布状况,需要分别采集不同水层样品。在河流透明度较低或浮游植物较丰富的采样点,可考虑少采水样(如 1 L);若透明度较高或浮游植物密度较低,可考虑多采水样(如 5 L)。取样后按 1.5% 体积比例加入鲁哥氏液固定。

　　(2)对于不可涉水河流,其流速相对缓慢,浮游植物密度较大。浮游植物采样时根据水体的深度、透明度等因素采集不同水层样品。对于水深小于 2 m 的河流,仅在 0.5 m 深水层采集 2 L 水样即可,若透明度很小,需在下层加采一次,并与表层样混合;对于水深小于 5 m 的,可在水表面下 0.5 m、1 m、2 m、3 m 和 4 m 等 5 个水层采样并混合,取 2 L 混合水样;对于水深大于 5 m 的,按 3～6 m 间距设置采样水层。

4.样品的保存固定、沉淀和浓缩

定量样品应立即固定,按 1.5% 体积比例加入鲁哥氏液固定,需长期保存的样品需再加几毫升的福尔马林液和甘油。

为便于镜检需将水样中的浮游植物沉淀和浓缩。据推算最微小的浮游植物的下沉速度约为 3 h/cm,一般浮游植物大小为几微米到几十微米,经碘液固定后下沉较快,静置沉淀 48 h 后,缓慢虹吸掉上清液,最后留下约 20 mL 时,将沉淀物放入标本瓶中,用上清液冲洗沉淀器,将最终样品定容至 30 mL。

5.1.1.2 浮游植物定量分析

1.种类的鉴定

样品至少要区分到属,尽量鉴定到种,优势种应鉴定到种。可参考《中国淡水藻类—系统、分类及生态》《中国淡水藻志》等进行分类。

2.浮游植物密度的计算

将样品摇匀,迅速吸取 0.1 mL 样品至计数框(20 mm × 20 mm)中,加盖盖玻片,要求计数框内无气泡。在 400 倍显微镜下观察计数。每瓶计数 2 片,取其平均值。每片计算 100 个视野。若两个近似值与其平均值之差不超出平均值 ±15%,可作为计数结果,否则需再计数 1 片。1 L 水体中浮游植物个体数,按下式计算:

$$N = \frac{C_s}{F_s F_n} \frac{V}{U} P_n \tag{5-1}$$

式中:N 为 1 L 水体中浮游植物个体数;C_s 为计数框面积,mm^2;F_s 为每个视野的面积,mm^2;F_n 为计过的视野数;V 为 1 L 水样经沉淀浓缩后的体积,mL;U 为计数框体积,mL;P_n 为每片计数出的浮游植物个体数。

3.浮游植物生物量的计算

浮游植物的密度近似等同于淡水密度,测定浮游植物(至少是优势种)体积,再乘以密度计算生物量。

浮游植物体积测定方法:根据藻类的形状,按相似的几何形状测量长、宽、高和直径等,按照体积公式计算。

5.1.2 着生藻类调查

着生藻类分布极其广泛,是河流中主要生产者和河流食物网组成的基础部分之一,能够有效降低流速并稳定底质环境,为其他类群生物提供适宜生境。河流中着生藻类主要包括硅藻、绿藻和蓝藻等类群,其中硅藻分布最为广泛,一般作为评价着生藻类生物完整性的关键类群。利用着生藻类监测水质的方法可单独使用,也可同其他监测一起使用,例如与栖息地和大型底栖动物共同进行评价,评价效果更佳。

5.1.2.1 采样技术

着生藻类的采样技术可分为天然底质法和人工基质法。天然底质法适用于可涉水河流中着生藻类的采集,大多数监测优先选择天然底质法,这样既能减少野外采样时间,也可以提高信息的生态适用性。人工基质法适用于不可涉水河流、无浅滩河流、湿地或静水栖息地,着生藻类有很强的附着性,在硬质底质上短期内能发育出较为完整的群落,人工基质法利用该特性进行着生藻类的采集调查。

1. 采样时间及位点选择

着生藻类的生长具有明显的季节性规律,常在夏末或初秋出现丰度和多样性的峰值,因此采样指示期通常是夏末或初秋。着生藻类对水文条件极为敏感,在水文条件相对稳定时期进行采样最佳。着生藻类受流量干扰后,短期内群落结构就能恢复到干扰前水平,因此建议在洪水期结束 3 周后进行采样,以便着生藻类能够重建成熟的生物群落。非雨季采样,需要充分考虑灌溉、调水以及水库放水等流量条件变化对着生藻类的影响。

采样前应考察河段的生境特征。对于具有多种生境类型的河段,应在河段范围(30 ~ 40 倍河宽)内进行,该河段因生境变异性较高,着生藻类对轻微水质变化的响应不敏感。对于生境特征单一河段的采样则无须考虑太多,该河段藻类物种组成往往能灵敏地反映出水质变化的影响。

2. 采样方法

着生藻类的采集方法见表 5-1。

表 5-1　着生藻类的采集方法

基质类型	采样方法
可移动的硬底质:砾石、卵石和木质残体	在采样点随机选取代表性石块(基质),从表层刷或是刮下代表性区域的全部物质,冲洗放入采样容器中,加入鲁哥氏液进行固定
可移动的软底质:苔藓、大型藻类、水生维管束植物、根块	把部分植物放进有水的样本瓶中,用力摇动,轻轻刮擦以获取藻类,后移出植物
不可移动的大型底质:大石块、基石、原木、树根	把一端配有橡胶帽的聚乙烯管垂直压在基质上密封基质,用一端有刷子的活塞在塑料管内刷洗基质上的有机质,同时用移液器将藻类从管中移出
泥沙基质:砂、淤泥、细颗粒有机物质、黏土	把培养皿斜插入底质(深 5 ~ 7 mm),在培养皿后面插入压舌板使底质装入培养皿内,小心移出水面,后将培养皿内物全部冲洗转移至容器内

5.1.2.2　数据分析

着生藻类评价参数可分为两类:第一类描述生物完整性特征的一般性指标(物种数、属数、多样性指数等),没有明确地诊断生态环境及损伤原因;第二类倾向于诊断受损生物完整性状况,即生态状况诊断方法。

1. 生物完整性表征方法

1) 物种丰度

对样品中藻类物种数量的评估,高物种丰度代表生物完整性高。物种丰度随着污染程度增加而降低,但是许多天然河流本身处于低营养、低光照的状态或受其他因子胁迫,物种丰度一直较低。

2) 属的丰度

敏感属容易受到胁迫因素影响,属丰富度应在参考点最高,受损点最低。

3) 分类单元总数

分类单元总数指所有分类单元的数量,水质良好、生物完整性高的位点,分类单元总数最高。

4) Shannon-Weiner 指数(硅藻)

Shannon-Weiner 指数(硅藻)为物种丰度和均匀性指标。相比于物种丰度的变化,多样性的变化更能有效地反映水质变化。

5) 硅藻群落相似性百分比指数(PS_c)

PS_c 体现了基于相对丰度的群落相似性,此方法中优势种权重高于稀有种。PS_c 可用于比较参考点与测试点,或许多参考点的群落平均值与测试点的相似性。PS_c 计算公式如下:

$$PS_c = 100 - 0.5 \sum_{i=1}^{n} |a_i - b_i| = \sum_{i=1}^{n} \min(a_i, b_i) \tag{5-2}$$

式中:a_i 为样品 A 中物种 i 的百分比;b_i 为样品 B 中物种 i 的百分比。

6) 硅藻耐污指数(PTI)

根据硅藻对污染的耐受性将其分成三类,耐受性最高的种类赋值 1,相对敏感种类赋值 3。

$$PTI = \frac{\sum n_i t_i}{N} \tag{5-3}$$

式中:n_i 为物种 i 的细胞计数数量;t_i 为物种 i 的耐受值;N 为计算的总细胞数。

7) 极小曲壳藻百分数

极小曲壳藻是广布性硅藻,具有非常广的生态幅,经常是最近冲刷过地点的先锋种或优势种,也经常是遭受酸性矿山排水河流中的优势种。极小曲壳藻丰度百分比与距河流上次冲刷的时间或有毒物质污染后经过的时间成正比。

8) 活硅藻百分比

活硅藻百分比是指示硅藻群落健康状况的指标,当河道沉积严重或底质中衰退型藻类群落的生物量较高时,活硅藻百分比较低。

2. 生物状况诊断方法

将样品中藻类相对丰度和在偏好生境中的相对丰度相比,就可以指示出生境受胁迫状况。

1) 异常硅藻百分比

异常硅藻百分比是指样品中在壳缝或细胞壳体形状方面有异常的硅藻比例,可能表现为弯曲的长细胞或者是锯齿状细胞,该指标常与河流中金属污染物含量呈正相关。

2）运动型硅藻百分比

运动型硅藻百分比是反映沉积状况的指标，通过舟形藻属 + 菱形藻属 + 双菱形藻属的相对丰度来表达。这 3 个属的硅藻如果被泥沙覆盖，它们能够向表面移动，其相对丰度被用来反映沉积的数量和频率。

3）简单诊断方法

简单诊断方法能够基于生境中的物种个体生态学推断环境胁迫程度。例如，酸性矿山排水影响河流状况，样品中会发现有更多的耐酸性生物类群。将最适宜极端环境条件物种的相对丰度百分比加和，计算简单诊断度量。

4）加权平均指数（weighted average indices，WAI）

基于藻类的生态偏好和类群的相对丰度来推断生态状况，与仅利用生态分类进行推断环境状况相比，该方法更为准确，计算公式如下：

$$WAI_{EC} = \sum \beta_i p_i \tag{5-4}$$

式中：β_i 为最适环境状况；p_i 为相对丰度。

5）生态环境损失（Δ_{EC}）

可以通过计算测试点和参考点的藻类群落环境的差异进行推测，计算公式如下：

$$\Delta_{EC} = \mid SAI_{EC} - EC_{ex} \mid \tag{5-5}$$

$$\Delta_{EC} = \mid WAI_{EC} - EC_{ex} \mid \tag{5-6}$$

式中：SAI_{EC} 为个体生态学指数；WAI_{EC} 为平均权重指数；EC_{ex} 为参考点理想的环境状况。

3. 着生藻类生物量计算

生物量高峰是反映藻类营养与妨害藻类生长潜在毒性的最好指标。生物量的测定可通过从自然基质或人工基质上收集样品后进行，必须确定采样底质面积。着生藻类生物量可以以叶绿素 a、无灰干重（AFDM）、细胞密度及生物体积估算。

5.1.3　大型水生植物调查

大型水生植物是生态学范畴上的类群，包括种子植物、蕨类植物、苔藓植物中的水生类群以及藻类植物中可以假根着生的大型藻类，是不同分群植物长期适应水环境而形成的趋同适应的表现。大型水生植物不仅包括在河流、湖泊水体中生长的植物，还包括在河岸带、湖滨带长期适应湿生生境的植物。绝大多数大型水生植物生长于缓流生境，只有少数种类生长于激流生境，如苔藓类植物、川蔓草科与水穗草科等。

5.1.3.1　水生植物采集方法

首先测量或估计各类大型水生植物带区的面积，然后在其中选择密集区、一般区和稀疏区布设采样点。对样点植物群落进行初步调查，确定建群种、优势种、群落主体结构，同时要观察亚优势种和伴生种，以及偶见种与稀有种。在植物群落初步调查的基础上，确定样方位置及大小。

1. 样方法

在进行大型水生植物群落研究时，样方或样带信息量大，可以反映不同尺度上植物群落的特征及与环境变化的相互关系，而且数据的可比性较强，因此样方法是最常用的方法之一。决定样方或样带大小、数量时，应考虑水体规模、环境变化特征、大型水生植物群落特征、分布的均匀性等。大型水生植物样方面积通常为 2 m×2 m。对于植被相对稀疏的群落

（<100 株/m²），选用较大的样方（5 m×5 m 或 10 m×10 m）；对于植被密度较大的群落（>1 000 株/m²），可选用较小的样方（0.5 m×0.5 m 或 1 m×1 m）。进行样方调查时记录的植物主要特征包括种名、高度、盖度、多度、密度和频度等。由于河流生境类型多样，可采用不同的采样方法。针对不同深度水体，可分为不可涉水河流采样（水深>1.5 m）和可涉水河流采样（水深<1.5 m）。

对于不可涉水河流，可利用带网铁夹，搭配船只进行大型水生植物的调查。在选定的采样区域内，将带网铁夹打开并投入水底，待铁夹合闭后拉出水面，网内的植物全部取出。采集后立即进行清洗、称重、分选和标号。

对于可涉水河流，于样方 4 个角分别插入标杆并用细绳连接，作为采样区域。采样人员下水进行采集，将样方内的植被包括地下的根茎全部拔起。采集后立即进行清洗、称重、分选和标号。

2. 估测法

采用估测法对大型水生植物进行研究，具有速度快、花费小的优点，但只有经验丰富的野外工作者才能获得较为准确的数据。

采用估测法野外调查时，应记录所有大型水生植物种类。估测法调查大型水生植物，包括多度估测和密度估测两种方式。多度是群落样方内各种植物个体数量的一种估计方法，是结合了植物个体数量和个体大小的一种综合概念。密度估测数据能准确而全面地反映植被群状况，但在植被分布极不规则或密度相对较低的区域，多度估测是一种相对较好的方法。进行多度估测时，首先应进行多度标准划分（如 Drude 法 7 级制划分）。

5.1.3.2　水生植物数据分析

现场采集时，应及时记录水生植物的高度、盖度、多度、密度和频度等参数，采集现场测定水生植物鲜重。带回实验室后，通过低温烘干处理，测定样品干重。

通过针对大型水生植物进行的数据分析的内容包括：物种丰度、属的总数（属的丰度）、Shannon-Weiner 指数、挺水植物种数、挺水植物密度百分比和生物量百分比、浮叶植物种数、浮叶植物密度百分比和生物量百分比、沉水植物种数、沉水植物密度百分比和生物量百分比、漂浮植物种数、漂浮植物密度百分比和生物量百分比、多年生植物种数、多年生植物密度百分比和生物量百分比、一年生植物种数、一年生植物密度百分比和生物量百分比、畸形植物密度百分比和生物量百分比。

5.1.4　大型底栖无脊椎动物调查

大型底栖无脊椎动物是河流生物评价中最常用的生物类群，已被广泛应用于评价人类活动对河流生态系统的干扰和影响。基于大型无脊椎动物的生物指数较多，应用较为广泛的如大型无脊椎动物群结构指数（ICI）、美国快速生物评估草案（RBPs）中推荐应用的底栖动物完整性指数（B-IBI）。

5.1.4.1　采样技术

1. 采样点选取

采样点布设应覆盖整个采样区和调查区，采样点的自然特征必须尽可能自然，保持本河段内相似，并且能代表这个河段。采样点必须避免以下几种情况：紧靠人工设施处，如大坝、桥梁、浅滩、堰坝或牲畜引水渠；紧靠河流交汇处的下游，或者水体未得到充分混合处；处于疏浚河段或定期清除水草的河段;位于隔离的栖息地;处于网状河流或分段河流。调查区的长度必须是采样区再向两侧各延伸 7 倍河宽的长度,或者采样区的两边各向外延伸 50 m。此外,还应考虑在流速不同的区域分设采样点或采集混合样品。

采样点选择选用规划性选择方法(引用 EMAP-WP 标准):将选定采样区域 10 等分,在每一断面进行大型底栖动物的采集,共采集重复样 11 份。每一断面处重复样采集可依次按左岸、右岸、中间的次序进行。样品采集需逆水流方向进行,从河流下游向上游进行采集工作。此外,可自行增加对特殊生境自主性样品的采集,从而达到对生境中大型底栖动物样品收集的全面性。

2. 采样工具与设备

采集河流大型底栖动物标本,采样工具按河流深度的不同,可分为浅水型(针对深泓水深小于 1.5 m 的可涉水河流)和深水型(针对深泓水深大于 1.5 m 的不可涉水河流)。具体的采样工具应按照研究目的和采样设计进行安排,见表 5-2。

表 5-2　大型底栖无脊椎动物调查采样工具

采样工具	规格大小	适用范围
索伯网	采样框尺寸 0.3 m×0.3 m 或 0.5 m×0.5 m	适用于水深小于 30 cm 的山溪型河流或河流的浅水区
Hess 网	采样框的直径为 0.36 m,高度为 0.45 m	适用于水深小于 40 cm 的山溪型河流或河流的浅水区
彼得逊采泥器	采样框面积分为 3 种,即 1/8 m²、1/16 m²、1/32 m²	适用于采集以淤泥和细砂为主的软质生境
带网夹泥器	开口面积为 1/6 m²	适用于采集以淤泥和细砂为主的软底质生境中的螺、蚌等较大型底栖动物,但仅限于河流下游水流较缓或河面开阔的样点
D - 型网	底边约为 0.3 m,半圆框半径约为 0.25 m	通常适用于水深小于 1.5 m 的水体,采样操作分为定面积采样法和定时采样法

3. 样品保存与转运

样品采集后,应在封口瓶中加 70% 酒精密封保存,置于整理箱中避免损坏样品。同时应注意样品的保存温度,实验室条件下如不能及时处理样品,最好将样品低温避光保存。鉴于样品长期使用,样品标签应注明采样点、采样时间、采样点位置以及采样人信息。

5.1.4.2　实验室处理程序

采集的大型底栖无脊椎动物样品,均应在受控条件下进行最佳的实验室处理。实验室处理包括生物的分样、拣选及鉴定等。

1. 分样与拣选

分样减少了大型底栖无脊椎动物调查拣选和鉴定方面的工作量,能更为准确地估计花费的时间。快速生物评估草案(RBPs)中采用固定计数法,对来自碎石、沙及淤泥的样品组合进行分样和拣选。

2. 鉴定

样品可以鉴定至任何水平,但是样品之间必须保持一致。属/种水平可以在生态关系方面提供更准确的信息,对损伤更为敏感;而科水平所需的专业知识较少,可以提高样品鉴定的精确度,并有利于评价结果的快速产生。无论采用哪种分类水平,都应当使用经同行评议,其他分类学者也可用的分类检索表。

5.1.4.3 大型底栖无脊椎动物评价参数

本书所列举大型底栖无脊椎动物评价参数从生态学角度均有其合理性,实际应用时仍需要针对不同区域或针对不同环境压力进行校正,见表5-3。

表 5-3 最佳大型底栖无脊椎动物评价参数度量的定义及其对干扰增加的预期响应趋势

类型	参数	定义	对干扰增加的预期响应
丰度参数	分类单元总数	衡量大型底栖动物类群的整体多样性	下降
	EPI 分类单元数	昆虫纲蜉蝣目(蜉蝣类)、襀翅目(石蝇类)及毛翅目(石蛾类)	下降
	蜉蝣类分类单元数量	蜉蝣类分类单元数量(通常为属或种水平)	下降
	襀翅目分类单元数量	石蝇类分类单元数量(通常为属或种水平)	下降
	毛翅目分类单元数量	石蛾类分类单元数量(通常为属或种水平)	下降
种类组成参数	EPI(%)	蜉蝣类、石蝇类及石蛾类幼虫百分比之和	下降
	蜉蝣目(%)	蜉蝣类幼虫百分比	下降
耐受性/敏感性参数	敏感性分类单元数量	对干扰较敏感的生物的分类单元丰度	下降
	耐受性生物个体(%)	对各类干扰耐受性较高的大型底栖动物百分比	升高
	优势分类单元(%)	衡量单个丰度最高分类单元的优势性	升高
食性参数	滤食性(%)	从水体或沉积物滤食 FPOM 的大型底栖动物百分比	变化
	草食性及刮食性(%)	刮食或取食着生藻类的大型底栖动物百分比	下降
习性参数	黏附性分类单元数量	昆虫分类单元数量	下降
	黏附性(%)	具有固定生境或适应黏附于流水表面生活的昆虫百分比	下降

1.丰度参数

通常以种水平的鉴定结果进行评估,也可按照设定的分类群进行评估,如属、科、目等。丰度参数反映了生物类群的多样性。类群多样性增加,表明生态位空间、生境及食物资源足以支持多物种的生存和繁殖。

2.种类组成参数

由几类信息描述其特征,即特性、关键种类及相对丰度。特性是对单个种类及其相关的生态模式和环境需求的了解。关键种类可提供目标类群状态的重要信息。种类组成(或相对丰度)参数提供类群组成以及相对种群对个体总数贡献方面的信息。

3.耐受性/敏感性参数

表现类群对干扰的相对敏感性,包括污染耐受性种类及敏感性种类数量或组成百分比。

4.食物参数或营养动态

涉及功能性摄食类群,提供大型底栖动物类群中摄食策略均衡方面的信息。

5.习性参数

指示大型底栖动物生存模式的参数。大型底栖动物之间的形态适应性区分了水环境中定居和移动的各种机制。

5.1.5　鱼类调查

鱼类作为河流生态系统中的顶级捕食者,对整个生态系统的物质循环和能量流动起着重要作用。鱼类调查与监测是众多水质管理项目中不可或缺的组成部分。鱼类评估机制主要采用生物完整性指数(index of biotic integrity,IBI)的技术框架,将鱼类的生物地理、生态系统、生物群落及种群等方面纳入一项综合的生态指数中。鱼类 IBI 评价提供的数据,可以用于评估鱼类现状和趋势、评价水体利用类型达标、建立生物基准、对需要进一步评估的位点区分优先次序、提供繁殖影响评价等。

5.1.5.1　采样技术

1.采样点设置

采样点应选择人工景观较少的区域,如遇河流交汇处和桥墩等人工景观,可在其上游200 m 处设采样区域。采样时应考虑样点的生境多样性,采用复合生境采样,河岸两边浅水区、河中央深水区、水草丛生区域、宽敞水面区域等不同生境作为鱼类重要采样区域。

2.采样方法

一般采用电鱼法或撒网法采集,其中电鱼法既适用于浅水的溪流区域,生境栖息地复杂程度较高,也适用于较深水体的沿岸地带。撒网法仅适用于较深的中下游区域,生境栖息地复杂程度较低,河流底质以泥沙为主。同时可利用渔民的绝户网、鱼笼、刺网、兜网等网具,但应注意适当的采样时间。遇到生境复杂的河流,如同时包括浅滩和深水区,则可考虑多种方法的综合使用。

3.鱼类标本的选取和保存

在采样过程中,需要制作标本的鱼类,每种可取 10～20 尾,珍稀、稀有鱼类以及当地特殊物种,可适当选取作为标本,其余的应全部放归自然。将鱼清洗后,首先测量体长和质量,然后用 5%～10%甲醛溶液固定。对于个体较大的,需向腹腔注射适量固定液。需要做鱼体组织分析的,不能用甲醛溶液固定,需要冷藏保存。

标本必须按照正确方法进行标记,标记应当包含位点位置数据、采集日期、采集人姓名、物种鉴定(野外鉴定的鱼类样品)、物种个体总数,以及样品鉴定编码和位点编号。

5.1.5.2　实验室处理与测量

实验室接收的所有样品,应当采用样品登记程序加以追踪。采集样品不仅需要鉴定到种或亚种,而且每个样品的质量、体长等特征参数都需进行统计。同时根据采集地的生境特征以及样品的种类组成等,对样品进行划分。鱼类体长测量应使用量鱼板,常用单位为 mm 或 cm。鱼类称重应在鱼保持自然湿润状态下进行,以避免或减小失水造成的误差。经低温保存样品鱼质量的测定,应按照样品保存期间的失量率予以校正。鱼类的生长除利用直接测定体长数据外,还可根据推算体长和质量数据进行描述。

5.1.5.3　鱼类参数评价

Karr 等(1986)提出了基于 IBI 指数分析鱼类数据的通用理论框架,经 Fausch 等(1990)修订后的鱼类 IBI 体系得到了广泛应用。IBI 指数集成了 12 个生物参数,分别基于鱼类的种类组成、营养级组成以及鱼类的丰度和状态进行计算,这些参数尝试将生物学家对鱼类质量的最佳专业评价(best professional judgment,BPJ)进行量化。IBI 指数还包括识别鱼类状态的量化标准,通常采用高质的历史数据以及区域参照点的数据,设置计分标准。对于每个监测位点,将 12 个参数的分值累加就可以得到 IBI 指数值(范围从最大值 60 到最小值 12),见表 5-4。

表 5-4　鱼类 IBI 指数中的 12 个度量参数及特征描述

类型	度量	替代项	特征描述
物种丰度及组成度	鱼类物种总数	当地的本土鱼类物种数及鲑科鱼类年龄级	随着环境退化的加剧而降低,杂交种及引入种不包含在内
	达特鱼物种数量及特性	杜父鱼、底栖食虫类物种数量及特性、鲑科稚鱼(个体)数量及特征	这些种类在水底生境摄食并繁殖,对泥沙淤积及水底氧气耗竭造成的退化较为敏感
	太阳鱼物种数量及特性	鲤、鲑科鱼类、源头栖息种类以及太阳鱼和鳟鱼的物种数量及特性	物种数量随着水潭和河内覆盖度退化的加剧而减少
	亚口鱼物种数量及特性	成年鳟鱼物种数量、鲦鱼物种数量以及亚口鱼和鲶鱼数量	对于物理和化学生境退化很敏感,通常占溪流鱼类生物量的绝大部分
	非耐受性物种数量及特性	敏感性物种数量及特性、两栖类物种数量以及虹鳟鱼存在与否	采用对各种化学和物理干扰不具耐受性的物种,来识别高等和中等质量位点。出现干扰后,非耐受性物种通常首先从生境中消失
	蓝太阳鱼个体数量比例	鲤鱼、白亚口鱼、耐受种及雅罗鱼个体数量比例	这项度量将低等与中等质量水体区分开来。这些物种的分布范围或丰度随着地表水的退化而增加,在受到干扰的位点,会从偶见种转变成优势种

续表 5-4

类型	度量	替代项	特征描述
营养结构度量	杂食性鱼类个体数量比例	广食性鱼类个体数量比例	杂食性鱼类在群落中的比例会随着物化生境的恶化而增加。杂食性鱼类就是指那些始终以相当大的比例摄食动物和植物饵料的物种
	食虫性鲤科鱼类个体数量比例	食虫性鱼类物种数量比例及鳟鱼稚鱼数量	无脊椎食性鱼类,由于无脊椎动物食物来源的丰度和多样性因生境退化而降低,群落会出现食虫性鱼类物种到杂食性鱼类物种的偏移
	顶级肉食性鱼类个体数量比例	可捕获鲑科鱼类、野生鳟鱼及先锋种个体数量比例	顶级肉食性鱼类度量可以将高度和中度完整性系统区分开来
鱼类丰度及状态度量	样品个体数量	个体密度	评估种群丰度
	杂交种个体数量比例	引入种、一般性亲石种个体数量比例以及一般性亲石种物种数量	评估生殖隔离或者繁殖生境的适宜性。通常随着环境退化加剧,杂交种和引入种的百分比也会增加
	患病、肿瘤、鱼鳍损伤及骨骼异常个体比例	—	描述了鱼类个体的健康程度和相关状态,在污染点源以及有毒化学物质高浓度地区经常出现
	鱼类总生物量（可选项）	—	—

5.2 河流非生物环境调查内容与方法

由第 4.2.1 节可知,河流生态系统的非生物环境包括气候要素、地质要素、地形要素、植被要素和人类活动干扰等,本书在此仅对河型的判别、水域形态的判别进行介绍。

5.2.1 河型的判别

狭义上的河型是指冲积河流的平面形态,广义的河型是冲积河流特定来水、来沙在边界条件下交互运动对河床塑造过程的结果。河型不但与流域自然条件所决定的来水、来沙条件和河道边界条件有关,而且与河道的水力学特性、泥沙输移行为以及能量耗散密切相关。为了较准确地识别不同类型的河道,人们试图给出河型的定量判据。从理论上讲,河型判据应包括流量、含沙量、泥沙类型、坡降、地貌地质条件以及植被状况等多个参数。但是由于问题的复杂性,迄今为止的国内外研究成果还没有包括大多数要素的河型判据,仅有若干包含单个或部分参数的判据,这些判据多为经验公式或基于统计的拟合函数。

根据第 2.3.1 节,冲积平原河流可分为顺直型、蜿蜒型、分汊型及游荡型四类河型,以下介绍上述河型的判别方法。

5.2.1.1 顺直型

顺直型河道是单股河道,地貌形态较易直观判别。定性判别的几何量化指标为弯曲系数,弯曲系数等于河流弯段的弧长与弦长之比。顺直型河段的河流弯曲系数小于 1.3。

顺直河道的水动力学判别以河流的横向稳定性指标为主、纵向稳定性指标为辅。横向稳定性指标的范围为 $4 \leqslant d_b/d_w < 10$ (d_b 为河槽床面泥沙的中值粒径;d_w 为河岸滩地泥沙的中值粒径),河流横向基本稳定。对于纵向稳定性指标,我国学者提出的判据公式是

$$\Phi_h = \frac{\gamma_s - \gamma}{\gamma} \frac{d}{RJ} \tag{5-7}$$

式中:γ_s 为泥沙比重;γ 为水的比重;d 为河床中值粒径;R 为河床水力半径;J 为河流比降。

当 $0.58 \leqslant \Phi_h < 2.3$ 时,河床稳定性适中,基本稳定。河床泥沙的推移质输移量较大,悬移质也占一定比例。河道中有较小的浅滩,河流塌岸现象较少。

5.2.1.2 蜿蜒型

蜿蜒型河道是蜿蜒曲折的单股河道,从形态上容易识别。常将河流弯曲系数作为蜿蜒型与顺直型河段的定量分界指标,当河流弯曲系数不小于 1.3 时为蜿蜒型河流。

通常,采用河流坡降(J)作为蜿蜒型河流的水动力学判别指标,根据 Leopold 和 Wolman 的研究成果,满足条件 $J < 0.012\ 5Q^{-0.5}$(Q 为造床流量)的为蜿蜒型河流。蜿蜒型河道水动力学判别方法为:河流的横向稳定性指标满足 $d_b/d_w < 4$、纵向稳定性指标满足 $0.37 \leqslant \Phi_h < 0.58$。此时,构成河床的泥沙以悬移质为主,河流横向稳定;河流纵向河床可动性较大,欠稳定。

5.2.1.3 分汊型

分汊型河道的水动力学判别以河流的横向稳定性指标为主、纵向稳定性指标为辅,当横向稳定性指标范围为 $d_b/d_w \geqslant 10$ 时,河流横向不稳定,河流通常会出现塌岸现象,河岸的可动性较大;纵向稳定性指标为 $\Phi_h \geqslant 0.37$,构成河床的泥沙运动能力差,发生河床冲刷的可能性小。

5.2.1.4 游荡型

游荡型河流在平面上较直,弯曲系数一般都小于 1.3。形态上识别游荡型河流的关键是江心洲多而且面积小,水流散乱,沙洲迅速移动和变形。游荡型河段主槽摆动幅度和摆动速度均很大,因河势变化剧烈,易引起河道迁徙改道。游荡型河流的挟沙能力具有多来多排的特点,一场洪水过程中河底冲淤变幅较大,汛前河底较高、洪峰期间河底快速降低、汛后河底迅速回淤。

游荡型河流的水动力学判别仅用河流的纵向稳定系数即可。当河流的纵向稳定系数 $\Phi_h \leqslant 0.31$ 时,该河流为游荡型河流。此时河床上泥沙以悬移质运动为主,河床具有剧烈的可动性,河床很不稳定,处于游荡状态。

四类河型的识别判别依据汇总见表 5-5。

表 5-5　四类河型的判别依据

河型	形态识别	横向稳定性指标	纵向稳定性指标	河流中泥沙运动的强度	稳定性评价
顺直型	弯曲系数 <1.3	$4 \leqslant d_b/d_w < 10$	$0.58 \leqslant \Phi_h < 2.3$	河床泥沙可动性适中,推移质泥沙所占比重较大	河流横向基本稳定,纵向基本稳定
蜿蜒型	弯曲系数 $\geqslant 1.3$	$d_b/d_w < 4$	$0.37 \leqslant \Phi_h < 0.58$	河床泥沙可动性强,以悬移质运动形式为主	河流横向稳定,纵向欠稳定
分汊型	河流中有相对稳定的洲岛存在	$d_b/d_w \geqslant 10$	$\Phi_h \geqslant 0.37$	河床的泥沙运动能力差	河流横向不稳定,纵向稳定性较高
游荡型	江心沙洲多且面积小、不稳定,河道主流迁徙不定	—	$\Phi_h \leqslant 0.31$	河床泥沙活动剧烈,层移质出现	纵向很不稳定

5.2.2　水域形态的判别

水域形态可分为浅滩、浅流、深潭、深流、岸边缓流等五种类型,判别方法包含现场测绘、目测记录、用航拍图对比不同时期的水域形态变化等,其判别标准见表 5-6。

表 5-6　水域形态的判别标准

水域形态	流速(cm/s)	水深(cm)	底质	备注
浅滩	>30	<30	漂石、圆石	水面多出现流水撞击大石头所激起的水花
浅流	>30	<30	砂石、砾石、卵石	流况平缓,较少有水花出现
深潭	<30	>30	岩盘、漂石、圆石	河床下切较深处
深流	>30	>30	漂石、圆石、卵石	常为浅滩、浅流与深潭中间的过渡水域
岸边缓流	<30	<10	砂土、砾土	河道两旁缓流

第6章　河流健康评价

如前所述,人类活动给河流生态系统带来了诸多生态与环境问题,最终必将对人类健康及经济社会发展构成严重威胁。20世纪80年代在欧洲和北美,开始了河流保护行动。人们认识到河流不仅是可供开发的资源,更是河流系统生命的载体;不仅要关注河流的资源功能,还要关注河流的生态功能。许多国家通过修改、制定水法和环境保护法,加强对于河流的环境评估。河流健康理念基于此背景提出,赋予河流生命的意义,从河流生命维持的角度界定了人类对河流索取的限度和开发利用阈值,从河流健康维持的角度提出了河流管理的新目标,只有维护河流健康才能有效保障人类健康与经济社会的可持续发展。

6.1　河流健康的概念、内涵与特征

6.1.1　河流健康的概念

河流健康的概念是伴随着生态系统健康这一概念的出现应运而生的,作为人类健康的类似概念,目前其概念及内涵还存在许多争议。研究者不同的学科背景和研究视角,加上河流系统本身的复杂性,河流健康概念的表述呈现多元化。分歧主要集中在河流健康是否属于严格的科学概念以及河流健康评价是否包括河流的社会价值这两个问题上。一类认为河流健康基本等同于河流生态系统健康,它是一个描述河流生态系统完整性与河流生态条件的总体状况的概念;另一类认为河流健康既要有良好的生态系统,还要有合理的社会服务功能,如水资源开发利用功能、水能利用功能、防洪功能、娱乐功能等。以下阐述国内外河流健康几种具有代表性的概念。

6.1.1.1　国外学者的观点

由于"河流健康"概念来源于认为"对河流生态系统保护是河流面临的主要挑战"的西方国家,因此在过去相当长一段时间内,一般认为河流健康等同于河流生态系统健康。

Schofield等把河流健康定义为自然性,指与相同类型的未干扰的(原始的)河流的相似程度,尤其是在生物多样性和生态系统功能方面;Karr将河流生态完整性当作健康;Simpson等把河流原始状态作为健康状态,认为河流生态系统健康是指河流生态系统支持与维持主要生态过程,以及具有一定种类组成、多样性和功能组织的生物群落尽可能接近未受干扰前状态的能力;美国《清洁水法令》认为河流健康指的是物理、化学、生物的完整性,即生态系统维持其自然结构和功能的状态。

把河流原始状态作为健康状态的观点,已应用在河流评价中。例如,澳大利亚"维多利亚河流健康战略"把欧洲移民前的河流作为基准状态,认为生态健康的河流"具有欧洲移民前河流的重要生态特点和功能,并能在未来继续保持这些特点"。

随着对河流健康概念及内涵的逐步理解,更多学者认为河流健康是生态价值与人类服务价值的统一体,健康不仅是生态学意义上的完整性,还应强调河流社会经济功能的正常发

挥。Simpson 后来完善了河流健康的定义,将人类作为生态系统的组成部分,将河流对人类的服务功能作为河流应支撑与维持的主要生态过程之一;Fairweather 认为河流健康应该包含公众对河流的环境期望,以及关于河流健康的社会、经济和政治观点;Meyer 和 Norris 认为河流生态系统健康依赖于社会系统的判断,应包括社会价值和人类福利,在河流健康的概念中涵盖了生态完整性与为人类服务价值;Rogers 等从管理角度界定河流健康概念,认为健康的河流不仅要保持生态学意义上的完整性,还应强调为人类服务功能的发挥,只有两者统一才有助于实现河流生态系统的良性循环和为人类服务功能的持续供给;Vugteveen 提出河流健康是考虑到人类社会、经济需求等,河流与其组织结构相对应的维持其生态功能活力和抵抗力等能力的一种状态。

6.1.1.2　国内学者的观点

董哲仁认为,河流健康不是一个严格的科学概念,因为河流生态系统并不是一个生命个体,不能用健康概念和标准来度量河流生态系统状况。之所以借用健康概念,是为了形象地表述河流生态状态,在科学家与社会公众间架起一座桥梁。他提出河流健康是河流生态系统的一种状态,在这种状态下,河流生态系统保持结构完整性并具有恢复力,同时能满足社会可持续发展的需要。

关业祥提出,河流健康应该有四个标志:是否具有足够的河流动力,是否具有与之相适应的调蓄空间,能否基本维系河流生态系统的协调平衡,能否有效发挥河流的综合功能。

杨文慧等认为河流健康以河流系统为研究对象,指河流系统的结构和各项功能都处于良好状态,保证河流可持续开发利用目标的实现。

夏军认为河流健康的基本标志:一是维持一定的水资源可更新能力(可再生性);二是维系一定水平的生态可持续性;三是维持一定水平生态系统的动态平衡关系。并且指出,河流水的可持续利用,应该是河流健康的标志,既有索取,又不要完全损坏河流的再生性。河流健康应该建立在健康的水循环基础上。

刘昌明、刘晓燕认为,河流健康是人类对河流生存状态和河流功能发挥的认可程度。所谓健康河流,是指在相应时期其社会功能与自然功能能够均衡发挥的河流,表现在河流的自然功能能够维持在可接受的良好水平,并能够为相关区域经济社会提供可持续的支持。河流健康的标志:在河流自然功能和社会功能均衡发挥情况下,河流具有良好的水沙通道、良好的水质和良好的河流生态系统。

韩玉玲等提出,河流系统健康是指在各种复杂环境的交互影响之下,河流系统自身的结构和功能保持相对稳定,具有通畅的水系结构、完整多样的生物群落、完善的调节机制、完美的文化彰显,能充分发挥其自然调节、生态服务和社会服务等功能,能保持河流的生生不息,支撑社会经济的可持续发展。即河流系统既能保证洪水顺畅下泄和河道结构的稳定性,又能保证供水、灌溉、交通航运、景观休闲等社会功能的正常发挥,还能保证生态系统动态平衡,从而保持河流系统的自然功能、生态功能和社会功能的可持续性。

高凡等以河流系统为定义主体,针对河流健康概念界定的三要素:定义主体、研究对象、参照标准,将河流健康概念定义为,特定时期一定的社会公众价值体系判断下,在保障河流自身基本生存需求的前提下,能够持续地为人类社会提供高效合理的生态服务功能,并实现服务功能综合价值的最大化。

黄河水利委员会在《维持黄河健康生命理论体系(框架)》中提出,现阶段黄河健康生命标志为:连续的河川径流,通畅安全的水沙通道,良好的水质,可持续的河流生态系统,一定的供水能力。连续的河川径流是河流、人类和河流生态系统的共同需求,保障人类安全的水沙通道可体现河流生命对水沙通道的要求,良好的水质满足生物群健康要求,足够的水量满足人类经济社会和河流生态系统可持续发展的需求。

吴道喜认为健康的长江应该是:具有足够、优质的水量供给;受到污染物质和泥沙输入以及外界干扰破坏,长江生态系统能够自行恢复并维持良好的生态环境;水体的各种功能发挥正常,能够持续地满足人类需求,不致对人类健康和经济社会发展的安全构成威胁或损害。

归纳起来,河流健康可概括为河流生态系统健康和河流健康两大类,也称为狭义的河流健康和广义的河流健康。

6.1.2　河流健康的内涵

从上述河流健康的概念可以看出,我国学者较为认可广义的河流健康的概念,即既包括河流本身自然结构健康,也包括与河流相联系的河流生态系统和社会经济系统的健康。与河流的三个功能相对应,本书从河流自然功能健康、河流生态功能健康和河流社会功能健康这三方面阐述河流健康的内涵。

6.1.2.1　河流自然功能健康

河流自然功能健康,主要是指河流在水沙、侵蚀基准点、河槽周界等条件的作用下,河流形态流畅、结构稳定、水循环过程完整以及功能完备,这是河流系统保持生机和活力的基础条件。自然功能健康主要体现在适宜的水动力条件、稳定的河道结构、通畅的水系结构等方面。

1. 适宜的水动力条件

河流是水流与河床相互作用的产物,一方面水流作用于河床使其形态发生变化,另一方面河床形态的变化又影响制约水流的流态。水流与河床不停地交替运动,并在运动中实现自身的稳定,实现河流与外界系统的物质交换和能量交换,从而塑造出形态各异的河流。这一系列过程需要一定的河流动力来实现,如果河流动力发展失衡,河床的冲刷或淤积会导致河道稳定性下降和河流健康问题。从这一角度看,河流健康的重要标志是它要具有足够的动力来完成泥沙搬运,并最终将挟带泥沙的水流输送入海或入湖。因为河流的动力来源于水流运动,故水流即为塑造河床的主要动力,一定量级的连续水流在河流的演变发育过程中起着重要的作用,因而水量是表征河流动力的重要参数。如果一条河流长期出现断流,无法进行泥沙输移和河床塑造,则河流的健康受到严重损害,河流的生存将面临严重威胁;如果流量过小,不能满足河流的最小用水需求,容易造成功能性缺水,河流健康也将受到威胁。

2. 稳定的河道结构

河流的河床形态是水流长期对地表作用的结果,根据其发育阶段的不同而表现出不同的平面形态和地貌特征。河流在自我调整的过程中,在追求能耗率最小的输沙平衡时达到某种最佳动力平衡状态,满足河流稳定的要求。人类对河流形态的改造改变了河流的水沙过程,破坏了河流的输沙平衡,将引发河床新的变形,表现为河床冲淤变化。当外部条件改变使河流输沙平衡遭受破坏时,河床自身就会通过一定的冲淤变形恢复输沙平衡,使其重新达到一个新的平衡状态。由于人类给河道带来的干扰总是持续不断的和多变的,有时甚至超过了河床的自我调整能力,最终导致河床冲淤变化剧烈直至难以停止。因此,从河床演变角度看,健康的河流应该是来沙与输沙平衡,河床基本不冲不淤,河岸与河床保持较好的稳定性。

3. 通畅的水系结构

健康的河流应该保持河源、上游、中游、下游及河口等区间河段的通畅性,而且不同层次级别的河段间又是相互连通的,从而保证水体流路的畅通性,通畅的水系结构是河流流动性的重要条件。

6.1.2.2　河流生态功能健康

健康的河流生态系统是指随河流能够正常发挥其在自然环境演替中的各项功能,为生物的生长发育提供良好的生境和迁移通道,能有效保护水体环境和土壤环境,具有多样的生物组成、良好的生物生存环境、平衡的种间作用,具有较强的抵御外界干扰的能力和自我恢复能力。因此,河流生态系统的健康体现在良好的生境条件,复杂度较高的食物链、食物网,较强的自我恢复能力等 3 个方面。

1. 良好的生境条件

河流中生物的栖息环境有两类,即水环境和陆地环境。健康生态系统应具备良好的水环境条件、陆地环境条件以及水陆交界区。

(1)良好的水环境条件。水环境反映了水资源的质量状况,是生态系统和人类健康的基础,也是河流服务功能的基础。河流具有抵御外界的干扰能力、自净能力,然而当水中的污染物超过一定标准后,河水的自我净化及稀释作用将受到损伤,无法实现完全净化水质,从而降低了河流的使用价值和功能。因此,良好的水质是水环境健康的表征。

(2)良好的陆地环境条件。河流的陆地环境主要是指河岸带。为了保证河流生物具有良好的陆地生存环境和畅通的迁徙通道,河岸带必须具有足够的宽度和一定的植被覆盖率,尽量避免封闭式防护工程。

(3)良好的水陆交界区。较常见的水陆交界区为滩地、湿地和水位变幅区,其中湿地对生物栖息、水文和环境的作用较为显著。因此,水陆交界区的好坏常通过湿地的状况来反映。

2. 复杂度较高的食物链、食物网

丰富的水生生物种类和陆生生物种类形成了河流系统较为复杂的食物链、食物网。河流中生物与生物之间、生物与环境之间的物质、能量、信息交换均需要通过食物链、食物网才能完成。生态系统的食物链、食物网的复杂程度越高,其自我调节、自我组织能力也就越强。食物网的复杂程度主要表现在生物个体数量与物种多样性上。

(1)适宜的生物个体数量。河流中应保持一定的动植物数量,特别是要使河岸带保持一定的植被覆盖率。

(2)丰富的物种多样性。河流中生物类型及种类应表现为多样化,或者应具有变异性较大的生物群落。

当外界条件发生变化使得某物种发生变化时,食物网中与此种生物处在同等级的生物将代替这一物种,从而避免生态系统的断链现象。这就保证了河流系统较强的适应能力。

3. 较强的自我恢复能力

当河流生态系统受到外界干扰时,河流生态系统依靠自身的恢复能力,能够抵御一定程度的外界干扰或胁迫,保证系统的协调运行。例如,河流在受到一定程度的洪水、干旱、污染影响时,可以依靠自身的恢复能力,恢复到历史上的某个水平。但是,河流的自我恢复能力是有一定承载限度的,当外界扰动或胁迫超出其承载限度时,系统将无法处于健康状态。

6.1.2.3　河流社会功能健康

河流社会功能健康是指河流在不损害其自然与生态功能健康的同时,能够满足人类社会发展的合理需求,是人类开发、利用、保护以及维持河流健康的初衷和意义所在。河流社会功能健康主要体现在足量的水资源供给、较高的社会安全保障水平、良好的人体健康保护能力、丰富的景观文化表达方式等。

1. 足量的水资源供给

广阔的冲积平原和源源不断的淡水资源,为人类社会大规模的发展和经济建设创造了基础条件。此外,河流还向人类提供许多可再生水资源以及食品(如鱼和其他可食用水生生物等),同时具有灌溉、航运、发电、娱乐等多种功能,它们不仅为人类社会的生存发展提供基本保障,还为周边地区的经济发展提供了动力支持,促进了人类社会的繁荣发展。因此,河流可利用水量的多少和水资源开发利用程度是反映河流健康状况的重要表征参数。

2. 较高的社会安全保障水平

健康的河流为社会生产、人们生活提供安全保障条件,河流系统能够保障防洪安全、供水安全、通航安全等。其中,防洪安全和供水安全是最基本的两个安全保障。在暴雨洪水时期能够保障洪水的安全下泄,为社会生产与居民生活的安全提供强有力的保障。供水安全是河流的水量和水质都能保证社会生产和居民生活的要求。

3. 良好的人体健康保护能力

健康的河流必须能维持健康的人类群体。河流生态功能健康受损对人类的影响可分为直接影响和间接影响。直接影响是通过食物链中有毒物质的富集或通过疾病的传播危害人体健康,间接影响如农业病虫害的增多导致流域内农业生态系统生产力的下降,使人类更易遭到疾病的侵袭。世界卫生组织调查指出,人类疾病的80%与水污染有关,垃圾、污水、农药、石油类等废弃物中的有毒物质,很容易通过地表水或地下水进入食物链,当被污染的动植物食品和饮用水进入人体后人患癌症或其他疾病的概率增加。因此,河流健康是人类健康的重要保障,饮用水水质达标率是人体健康的重要表征参数。

4. 丰富的景观文化表达方式

河流往往蕴含着一定的人文历史和人文精神,健康的河流在保证人类生存和发展的同时,也能够彰显水乡精神和文化,是优美、素雅的自然景观和人文景观,为居民提供良好的休闲、娱乐环境。

6.1.3 河流健康的特征

6.1.3.1 时空差异性

河流及各河段所处区域空间参数的不同以及河流受人类活动干扰的类型及程度的差异,使得河流的物理、化学、生物因素及其组合均呈现出较为明显的空间差异性。同时,降水的时间变化特性,致使河流在时间上具有周期性、季节性和随机性的演变特性,因而其河流健康也有较为显著的时间差异性,随着季节变化、人类活动干预方式和干预程度的变化等,河流系统的形态、结构、生物体等将发生明显的响应。此外,河流健康还将受到人类对河流生态功能定位的影响,根据不同的管理需求和功能要求,河流系统健康将产生差异。

6.1.3.2 动态性

河流在自然、人类的共同干扰下,处于不断发展的演替过程中,河流健康状况随着干预程度和干扰方式的改变等而发生动态变化;同时人类所处的社会经济环境也在不断变化,使得人类对河流功能和价值的认识存在明显的时段特征,人类价值观等变化导致对河流健康的理解和认识以及人类对河流的需求也不尽相同。因此,河流健康呈现一定的动态变化、阶段性的特征,在不同时期,河流健康折射出人类在相应背景下的价值取向。

6.1.3.3 阈值性

河流健康是根据一定的参照标准对河流所处状态的一种评价。首先,针对不同的时期或特定的河流,河流健康的标准不同;其次,针对特定时期、特定河流的河流健康标准,河流健康的评定结果可以划分为几个不同的状况,比如十分健康、健康、病态等。每一种河流健康状态,是由诸多要素组成并最终以一定的形态结构及功能过程表现出来的,其中每个河流的组成要素均有针对某一种健康状态的一定阈值。

河流健康的阈值性主要可以体现在两个方面:一是河流健康代表河流系统特定的状态,这一状态并不是唯一的、恒定不变的,其各项指标可以维持在适当的定量范围内;二是对于河流健康的定义和衡量标准存在一定的动态变化,但其仍具有一定的阈值,是达到系统自身需求与河流开发利用的平衡状态。

6.1.3.4 特定性

受地域自然地理环境的影响,不同区域河流具有特定的功能和特点。如气候和下垫面条件不同的地区,其河流水文特征等存在显著差异;山区河流与平原河流在季节变化、结构特征方面也各具特点;城市河流受人类活动干扰严重,其所发挥的生态功能及其影响因素也与其他区域不尽相同。因此,河流健康也存在一定的特定性,应根据河流的地理、水文等环境要素以及社会、经济条件等确定合理的评价指标、标准和方法。

6.1.3.5 关联性

河流系统各组成部分、河流健康的客体之间(包括河流生物、周边环境因素、社会经济系统)形成一个链网结构,即存在关联性。其中,河流系统各个组成成分、河流的不同生物、周边环境因素都是这个链网结构的节点。河流系统组成成分的每个变化都会传递到每个节点,引起各个节点相应的调整。例如,水利工程建设造成河流径流量的改变,会带来一系列的连锁反应。首先,径流量的变化引起河流地形地貌和河床组成的变化,河床形态随之发生改变;其次,河床形态和水流状态改变影响水生生物的栖息环境,引起河流生物的分布和丰度的变化,河流的食物网结构也发生改变;最后,地形地貌的改变影响河流的行洪能力,最终影响河流的社会服务功能。因此,对河流健康的研究要考虑河流具有的关联性特征,全面考虑河流的开发活动可能产生的正负效应。

6.1.3.6 可控性

河流受到自然和人类活动的双重影响,自然因素的影响具有长期性以及不可控的特点,而人类活动的影响具有短期以及可控的特征。基于对河流健康状况及其影响因子的识别,人们可以通过调整干扰程度、改变河流管理方式等对河流健康进行调控和优化。

6.2 河流健康评估的原则

6.2.1 确定参照系统

河流健康是一个相对概念,需要建立参照系统,在对比的基础上,进行评估。

参照系统可以按照时间和空间分类。按照时间分类,取同条河流历史上的自然状况作为理想参照系统,这往往定义为大规模人类活动前的洪荒时期河流的状况。依靠有限的历史资料建立河流原始状况的情景,对我国大多数河流来说是无法实现的,因此只能选择掌握一定记录资料、生态状况相对较好的历史状况作为理想参照系统。另外,在历史监测资料缺乏的条件下,同一条河流在同一监测断面上,以当前河流状况为参照系统,逐年积累监测数据,进行先后变化的趋势评估,分析河流的状态是向健康方向发展还是趋于退化。按照空间分类,可以选择同一条河流状况良好的河段作为参照系统,也可以选择自然与经济社会条件类似的河流状况良好的另一条河流作为参照系统。

6.2.2　明确影响河流健康的要素

由于河流受自然因素和人类活动共同的影响,因此影响河流健康的要素主要包括自然因素和人为因素。

自然因素指对河流健康具有一定影响的地球生物物理因子,如地壳变化、气候变化、水文、地形、植被等,为影响河流健康的自然条件。这种影响往往会导致河流生态系统结构和功能发生改变,甚至消失。自然因素对河流健康的影响是在相对长的时间内发生的,其对河流的影响具有很大的地域差别,除极少数灾害频发地区外,自然因素影响不会对河流系统健康造成很大的威胁。

与自然因素相比,人类活动是影响河流健康最主要的原因。人为因素是指人类为生存和发展所进行的社会经济活动形成的影响河流健康的各种因素,主要体现在以下几个方面:

(1)工农业废水及生活污水排放造成河流污染,进而威胁河流健康。随着社会经济的发展,污废水排放量呈现增加趋势,给河流健康造成了很大压力,虽然目前点源污染受到了控制,但是农药和化肥的大量施用以及雨水径流排放等引起的面源污染,成为水生态系统结构和功能变化的重要原因。

(2)过量引水等不合理的水资源开发利用活动,使得河流流量无法满足其生态用水的最低需要,不仅影响了生态系统的健康发展,也制约了人类经济的发展。

(3)农业开发和城市化进程等土地利用方式变化改变了河流的水文循环条件、河流地貌特征以及河岸植被等,使得河流系统恢复能力减弱,导致湖泊、河流等出现不同程度退化。

(4)生物入侵引起生态系统的退化。外来物种通过竞争、捕食和改变生境,挤占了本地物种的生存空间,破坏了原有生态系统的结构和功能,特别是破坏力极强的物种侵入会对生态系统造成破坏性的影响。

(5)各种水利工程以及物理重建等对于河流系统的胁迫,表现为渠道化或人工河网化使得河流形态的均一化以及水库、水坝建设造成水流的不连续化,使得生境多样性发生了改变,并进一步导致生物多样性的降低,从而影响到河流系统的健康。

6.2.3　不同河流的健康评估体系的差异性

由于每条河流所处的自然条件不同,经济社会发展水平各异,所以制定河流健康评估准则时,应经过调查、论证等调研工作进而制定符合流域、地区自然及社会经济条件的健康评估准则。评估工作的重点是分析河流健康的主要胁迫因子。例如,黄河的特点是水少沙多,河势游荡,大部分水量都在人工控制之下,流域内供需矛盾尖锐,水文、水质和生物栖息地都已经发生了巨大的变化;长江水量丰沛,流域内生物群落多样性水平高,中下游人口密集、经济发达,长江流域大量水库群引起河势和江湖关系变化,进而导致水质、水量、生物栖息地的变化。

6.3　河流健康评估的内容和方法

河流健康评估的目的在于分析河流健康状态的变化方向及趋势,寻找影响河流健康的主要因素,据此进行河流的适应性动态管理。因此,河流健康评估研究主要集中在评价指标的选择与处理,评价指标体系与评价标准的建立,以及评价模型与方法的研究等方面。

从河流健康评估的内容看,主要包括物理—化学评估(水质评估)、水文评估、生物栖息地质量评估和生物评估 4 个方面。从评估方法看,分为两大类,分别是指示物种评价法和综合评价法。

6.3.1　河流健康评估的内容

6.3.1.1　物理—化学评估

物理—化学评估作为河流健康评估指标之一,可以反映河流水流和水质变化、河势变化、土地使用情况和岸边结构,并影响河流生态系统功能的正常发挥。国内外制定了大量的相关评价标准和法规来评价和控制水质。物理参数主要包括流量、温度、电导率、悬移质、浊度、颜色等;化学参数主要包括 pH、碱度、硬度、盐度、生化需氧量、溶解氧、有机碳等;其他水化学主要控制性指标包括阳离子、阴离子以及水体中营养物质和污染物的含量等。在实际应用时,由于被评估的河流水环境条件的差异性,应选择合适的指标参数。

由于物理、化学参数的监测速度快、操作简单,并能反映污染物在水体中存在的形式和组分,而且发展至今已形成较多非常实用的水质理化监测及评估体系,因此该方法应用最为广泛。物理—化学评估分为单因子评价法和多因子综合评价法。单因子评价法将各参数浓度值与评价标准逐项对比,直接反映水质状况与评价标准之间的关系,并通过达标率、超标程度等反映水质总体水平。然而,专家学者更倾向于综合各种水质指数形成水质综合指数,综合反映河流水质状况。截至目前,国内外已发展和应用了有机污染综合指数(A)、布朗综合指数(WQI)、内梅罗水污染指数(PI)等多种水质综合评价指数。综合评价可以基本反映水体污染性质与程度,且便于同一水体在时间上和空间上比较基本污染状况和变化,但由于其取用多项参数,容易掩盖部分指标高浓度等的影响。

6.3.1.2　水文评估

水文评估的目的是分析水文条件的变化对于河流系统结构与功能产生的影响。引起水文条件变化的因素很多,气候变迁、筑坝、上游取水增减变化、土地利用方式改变和城市化等改变了水流的季节性特征和水文周期模式、河流的流速、流量、洪水频率及洪水量等水文参数,而河流的水文特征对于河流洪泛区、河流形态、生物群落组成、河岸植被以及河流水质等具有重要意义。河流水文情势通过以下三个方面影响生物组成和结构:①改变栖息地环境因子;②形成自然扰动机制,影响河流生物种群结构;③河流物质能量流动的动力。维持或恢复河流水文情势自然变化规律对于维持河流生物多样性和完整性具有重要意义。

水文评估中有两个关键问题:一是建立河流水文特性与生态响应之间的关系,特别是水流变动与生态过程的关系,从中分析和识别对于河流生物群落有重要影响的关键水文参数;二是通过水文长系列资料分析认识河流地貌演变及生态演替的全过程。每条河流都有自己的特殊性,因此这两个问题的答案各不相同。

用于水文评估的表征参数分为传统的水文参数和水流情势变化参数两类,前者包括表征流动条件的平均流速、流量状况指标,表征洪水条件的洪量、洪水频率、洪水持续时间等;后者包括水流的季节性特征和水文周期模式、基流、平均年径流指数、水位涨落速度等表征人类活动对生物群落及其栖息地条件影响的参数。目前,国内外使用的河流水文特征的表征指标较多,然而由于多数指标计算较复杂,目前常用的水文特征指标主要为流速和水量状况等。

水文评估的基本方法是对比现实的水流模式与理想的自然状况的水流模式,通过两种水文参数的比较,得到一个相对的无量纲的指数,评估以记分的形式表述。可以利用水文表征参数比较的直接方法,也可以通过构建水文条件与生物群落之间的关系计算河流环境流量等方法来实现。前者计算方法较为简单,在各地河流健康评估中应用较为广泛,但不能充分反映人类活动对水文情势的影响并揭示水文条件变化对生物群落等的深刻影响;后者从早期单一反映水量(关注焦点在"最小河流流量"——留给河流的最小水量要求以及鱼类对水量的需求),发展到目前开始关注水文情势对河流生态系统的决定性影响,通过构筑水流情势的表征指标即幅度、频率、历时、时间、水文条件变化率等方面与生物群落之间的联系,明确水流情势在河流健康中的关键作用并进行相应的水文评估(称为"建块法,BBM"或"整体分析法"的河流水流保护方法)。

6.3.1.3　生物栖息地质量评估

生物栖息地质量评估的内容是勘查分析河流走廊的生物栖息地状况,调查生物栖息地对于河流生态系统结构与功能的影响因素,进而对栖息地质量进行评估。具体体现在河流的物理—化学条件、水文条件和河流地貌学特征对于生物群落的适应程度。

生物栖息地质量的表述方式,可以用适宜的栖息地数量或适宜的栖息地所占面积的百分数表示,也可用适宜栖息地的存在或缺失表示。生物栖息地评估的表征指标分为以下几类:①传统水文参数,包括流量、水深、流速、径流变化等;②水质条件,包括常规物理、化学参数,如 pH、生化需氧量、氨氮和浊度等;③河道地貌特征,主要评估栖息地结构和河势稳定性,包括河流蜿蜒性、河床的淤积与冲刷、岸坡稳定性、人工渠道化程度、闸坝运行影响等;④河道结构,描述河道尺度、河床材料、本底材料和河道改造情况;⑤植被状况,包括河道内植被以及河岸带植被的数量和质量,可用种类、宽度、覆盖度等进行表征;⑥人类活动指标,包括人口、经济结构、土地利用方式变化、城市化影响以及水利工程开发等。

生物栖息地质量评估可以分为预测模型法和快速调查法。其中,预测模型法的优势在于能够预测某个样点应有的参照生物栖息地特征,并将现有生物栖息地状态与参照状态进行比较,得到河流生物栖息地状态的量化指标。美国 PHABSIM、澳大利亚栖息地预测模型 HPM 等方法都是典型的预测模型法。快速调查法的基本程序假设河流自然状态下可能存在的生物栖息地状况,选择若干生物栖息地指标作为评价标准,将实证区域与参照标准对比得出评价对象的生物栖息地状态。例如,美国 HABSCORE 以及英国 RHS 等快速调查法。

6.3.1.4　生物评估

生物评估的目的是确认河流的生物状况,具体是分析水文条件、水质变化和栖息地条件发生变化对于河流生物群落的影响程度,这些变化包括水域生物群落物种成分变化、栖息地生物优势种群的变化、物种枯竭、整个种群死亡率、生物行为变化、生理代谢变化、组织变化和形态畸变等。

生物评估采用较多的方法是"生物参数法"和"生物指数法",基本思路是与参照河段的生物状况进行对比,以记分的方式进行评估。"参照河段"一般选取水质、河流地貌以及生物群落基本未受到干扰的河段。具体评估方法、指标及优缺点见表6-1。

表6-1　生物评估方法、指标及优缺点

方法	测量参数	优点	缺点	总评
(1) 多样性指数	多种	可以对复杂资料进行概括，也易于理解，便于对不同河段和不同时间状况比较	生态学意义又不明确，受标本和分析因子的影响	具有简明特点，但是生态学价值受到质疑
(2) 生物指数	主要是大型无脊椎动物和藻类	简单，易于对复杂资料进行概括，可以提供对水体污染物种相应解释	为对河流进行诊断，可以获得污染容许许量的细节认识	有实用价值，特别是可以获得现场污染容许量
(3) 河流生物群落代谢	底栖动物区系和植物区系	对河流底栖生物的全貌，相对快速，输出快捷	在干扰严重河段难以应用，不能用于诊断	具有潜在优势的技术，但是其敏感性和诊断能力尚未显示
(4) 快速生物评估；现场物种研究定量法	大型无脊椎动物	整体性，适合暂时，特定范围，背景资料丰富，具有诊断功能	依赖于复杂的模型方法，与其他方法比较其产出不易理解	对于认识影响因素具有巨大的潜力
(5) 大型植物群落结构	大型植物	易于采样，对于一定范围具有响应	对于影响生物群落结构的因子难以辨认，对于某些污染因子缺乏敏感性	有限应用
(6) 鱼类群落结构	鱼类	便于实际采样，易于分类	对于生物群落的动态性和水质因子缺乏认识，对于温带鱼类不适用	生物群落结构方法更适合热带地区河流
(7) 生物量及群落结构(藻类)	藻类	敏感性强，分类方法清楚，具有诊断潜力，群落结构方法具有前途	需要高水平专业技术辨认，生物群落结构方法不能试验	生物群落结构方法具有很好的潜力

　　由于不可能对河流所有的生物群落成分进行采样监测,故选择几种标志物种进行评估。标志物种的类型包括关键物种(指一些珍稀、体型较大的在维护生物多样性和生态系统稳定性方面起重要作用的特有物种)、保护物种(指由于稀缺性、文化或历史的重要性,或者其栖息地受到威胁而受到法律保护的物种)、保护伞物种(保护这些物种及其栖息地可使大量也依赖于同样栖息地的其他物种同样受到保护)和旗舰物种(指社会公众普遍接受的标志性生物)。标志物种往往在藻类、大型无脊椎动物和鱼类中选择,不宜选择岸边植物。

6.3.2　河流健康评估方法

　　河流健康评估方法分为指示物种评价法和综合评价法两种。

6.3.2.1　指示物种评价法

　　指示物种评价法的关键是指示物种的选择,主要是着生藻类(以硅藻为主)、底栖无脊椎动物和鱼类。藻类生活史短并且对环境变化有很快速的响应,是一种对水污染很好的探测器;大型底栖无脊椎动物因具有区域性强、迁移能力弱等特点,对于环境污染及变化回避能力较弱,可以较好直观地反映河流污染状况;鱼类处在较高营养级,能够较好地反映水生态系统的整体状况。

　　英国淡水生态所河流实验室提出的河流无脊椎动物监测和分类系统(RIVPACS),利用区域特征预测河流自然状况下应存在的大型无脊椎动物,并将预测值与该河流大型无脊椎动物的实际监测值相比较,进而评价河流健康状况。澳大利亚河流评价方案(AUSRIVAS)针对澳大利亚河流特点,在评价数据的采集和分析方面对 RIVPACS 方法进行了修改,利用大型无脊椎动物的生存状况评价河流健康状况。Karr 提出生物完整性指数(IBI),由反映水域生态系统的生物群落物种组成、营养结构、个体健康状况等三方面特征的 12 个指标量化后形成,同时水环境按照生物完整性分为 6 个等级,是目前较普及的河流生态系统健康评价方法,指示生物由最初的鱼类推广至其他生物。此外,使用硅藻相关指数 ISP 和 GDI 反映水环境的腐生程度、TDI 指数反映水环境的营养程度、河流无脊椎动物预测和分类系统、南非计分系统、底栖动物完整性指数(B-IBI)、鱼类完整性指数(F-IBI)、新西兰的河流生态系统健康标准以及营养完全指数(ITC)等都是较为有代表性的方法。在我国,基于 IBI 发展而来的 B-IBI 和 F-IBI 成为目前水生生态健康评价中应用最广泛的方法。

　　该类方法的局限是需要有大量的生物数据及生物与环境之间的关系研究作为评价基础,在缺乏长期生物观测的区域,该方法的使用受到了限制,且不同的指示物种及不同的参数选择都会使评价结果出现偏差。此外,该类方法能反映河流生态系统的健康水平,但不足以反映河流综合健康水平。

6.3.2.2　综合评价法

　　综合评价法在一定程度上弥补了指示物种评价法的不足,能够更为全面地评价河流的健康状况,因为在这一类指标体系中包含反映河流健康不同信息的指标,能反映复杂河流生态系统的多尺度、多压力的特征,利于全方位揭示河流存在的问题。目前,国内外较具代表性的河流健康评价方法、评价指标及内容比较见表 6-2。

表 6-2　国内外较具代表性的河流健康评价方法、评价指标及内容比较

来源	方法名称或设计者	主要内容
	河流状况指数(ISC) Ladson(1999)	ISC 方法是澳大利亚的维多利亚州制定的分类系统，其基础是将现状与原始状况比较进行健康评估。该方法强调对影响河流健康的主要环境特征进行长期评估，以河流每 10～30km 为河段单位，每 5 年向政府和公众提交一次报告。评估内容包括 5 个方面，即水文、河流物理形态、河岸带、水质和水生生物，每一方面又分为若干参数共 22 个指标。每方面的最高分为 10 分，代表理想状态，总积分为 50 分。将河流健康状况划分为 5 个等级，按照总积分分判定河流健康等级，也说明河流受干扰的程度
澳大利亚	水生生物环境质量指数(IAEQ) (Offices of the Commissioner for the Environ,1988)	采用水质，泥沙中有毒物质，大型底栖无脊椎动物，鱼类和河岸植被等 5 个方面标评价维多利亚州的内陆水体
	维多利亚河流环境状态(ECVs) (Mitchell P,1990)	采用河床组成，河岸植被，濒危植被，覆盖物，水深，流速等 10 个指标评价维多利亚州河流环境状态
	河流状态调查(SRS) (Anderson J R,1993)	采用包括水文，河道栖息地，横断面，景观休闲和保护价值等 11 个方面指标评价河流的物理和环境状态
南非	河流地貌指数方法(ISG) (Index of Stream Geomorphology) (Boulton A J,1999)	南非河流健康评估计划的框架文件之一，内容包括两部分，即河流分类和河流状况评估，在河流构成和特征描述中把尺度定为流域，景观单元，河段，地貌单元 4 类。该方法重视视野外测量和调查，包括调查测量河流断面的宽深比，调查河道形态和栖息地数等；提出按照水力学和河流本底值描述河段栖息地多样性的方法
美国环境署	《快速生物评估草案》 RBP(Rapid Bioassessment Protocol)	涵盖了水生附着生物，两栖动物，鱼类及栖息地的评估方法。评估内容包括：①传统的物理—化学水质参数；②自然状况定量参数，包括周围土地利用，溪流起源和特征，岸边植被状况，大型木质碎屑密度等；③溪流木质河道特征，包括河道宽度，流量，基质类型及尺寸。这种方法对于溪流纵坡达不同的河段采用不同的参数设置，调查方法中还包括栖息地目测评估方法。RBP 设定了一种参照状态，称为"可以达到的最佳状态"，通过当前状况与参考状况支持的不同水平，对于每一个监测河段，得到最终最终的栖息地等级，反映栖息地对于生物群落的不同支持水平。对于每一栖息地质量等级，等级数值范围 0～20,20 代表栖息地质量最高

续表6-2

来源	方法名称或设计者	主要内容
美国	GWQI(Gregon Water Quality Index)指标(Cude,2001)	综合了8项水质参数(温度、溶解氧、生化需氧量、pH、氨态氮+硝态氮、总磷、总悬浮物、大肠杆菌)。在计算中可以简单对每一种具有不同测量单位的参数进行分析,随后转换为无量纲的二级指数,其范围为10~100(10为最劣最多情况,100为理想情况),表示该参数对于损害水质的作用程度
美国鱼类和野生动物服务协会	《栖息地评估程序》HEP(1980)(Habitant Evaluation Procedure)《栖息地适应性指数》HSI(2000)(Habitat Suitability Index)	提供了150种栖息地适应性指数(HSI)标准报告。HSI模型方法认为各项指数与栖息地质量之间具有正相关,并认为这些指数可以控制鲑鱼在溪流生长栖息的条件,这些指数是基水温、深度、植被覆盖率、DO、基质类型、基流/平均流量等。栖息地适宜性指数按照0~1.0范围确定
美国陆军工程师团	《河流地貌指数方法》HGM(Hydrogeomorphic)	列出了河流湿地的15种功能,共分为4大类:水文(5种功能)、生物地理化学(4种功能)、植物栖息地(2种功能)、动物栖息地(4种功能)。对于每一种功能都有一套相关的变量组合在一起,计算每个功能的IF值,然后与参照标准进行比较得到无量纲的比值,用以代表对的功能水平。所谓"参照标准"表示在景观中具有可持续性功能的状态,代表最高水平。计算出的比值为1.0代表理想状态,比值为0表示该项功能消失
英国	河流保护评价系统(SERCON)	从物理多样性、自然性、代表性、稀有性、种群丰度、特有性等方面采用了35个特征指标评价河流状态
英国环境署	河流栖息地调查方法(RHS)(River Habitat Survey)	一种快速评估栖息地的调查方法,注重河流形态、地貌特征、横断面形态等调查测量,强调河流生态系统不可逆转性,适用于经过人工大规模改造的河流
瑞典	《岸边与河道环境细则》RCE(Riparia, Channel and Environmental Inventory)(Robert,1992)	评估农业景观下小型河流物理和生物状况的方法。这种模型假定:对于自然河道和岸边结构的干扰是河流生物结构和功能退化的主要原因。RCE包含16项特征,定义为:岸边带的结构,河流地貌特征以及两者的栖息地状况。测量范围从景观到大型底栖动物。RCE记录分为5类,范围从优秀到差

续表 6-2

来源	方法名称或设计者	主要内容
中国	长江水利委员会(2005)	提出了由总目标层、系统层、状态层和要素层 4 级 18 个指标(16 个定量指标、2 个定性指标)构成的健康长江评价指标体系,形成了我国首个能用数值表达的健康河流定量评价体系
	黄河水利委员会(2006)	从连续的河川径流、通畅安全的水沙通道、良好的水质、可持续的河流生态系统、一定的供水能力 5 个方面考虑,论证了现阶段(2050 年前)黄河健康的标准体系,提出用低限流量、平滩流量、湿地面积等 9 个指示性因子具体表达健康黄河的标志,并给出了这些因子在未来不同阶段的量化指标
	珠江水利委员会(2006)	从自然属性和社会属性两个角度考虑珠江流域河流健康状况,拟定了由综合层、属性层、分类层和指标层四层结构组成的珠江河流健康评价体系,定义了河流形态结构、水环境状况、河流水生物、河岸带状况、人类服务功能、水利管理水平、公众意识等 7 大类 26 个指标
	海河水利委员会(2015)	建立了由水量、水质、生物、连通性和防洪标准层指数 5 个方面组成的评价体系,具体包括相对干涸长度、相对干涸天数、相对断流天数、年均流量偏差、水质污染指数、河流生物多样性、河滩地植被覆盖率、每 100 km 闸坝数和 9 项防洪标准指标
	松辽水利委员会(2015)	建立了由目标层、准则层和指标层构成的评价体系,包括能反映水文水资源、物理结构、水质、水生生物、社会服务功能的 14 项具体指标
	唐涛等(2002)	概括了河流生态系统健康概念的涵义,详细介绍了以着生藻类、无脊椎动物、鱼类为主要指示生物的河流生态系统健康的评价方法
	赵彦伟等(2005)	提出了包含水量、水质、水生生物、物理结构与河岸带 5 大要素 19 个指标的河流健康评价体系用于宁波市河流健康状况的评价
	张凤玲等(2005)	探讨了城市河湖生态系统健康概念和内涵,在考虑水文特征、水环境质量、水生态系统结构与功能、水类空间结构、景观效果、胁迫因素 6 个要素的基础上,构建了城市河湖生态系统结构健康的 16 项评价指标,应用模糊数学的概念和方法建立了城市河湖生态系统结构健康评价的数学模型

续表6-2

来源	方法名称或设计者	主要内容
中国	耿雷华（2006）	从河流的健康内涵出发，立足于河流的特性，考虑了河流的服务功能，环境功能，防洪功能，开发利用功能和生态功能，构建了单一准则层和25项具体指标的健康河流评价体系，探索性地提出了健康河流的评价标准，并应用于澜沧江
	杨文慧等（2006）	从河流结构健康指数，生态环境功能健康指数，社会服务功能健康指数3个指标构建了河流健康评价指标体系
	高永胜等（2007）	在考虑人类社会需求的满足程度和维持河流自身生命需要的基础上，构建了河流地貌特征结构，河流社会经济功能和河流生态功能共3项一级指标，16项二级指标的河流生态功能评价指标体系
	吴阿娜（2008）	从理化参数，生物指标，形态结构，水文特征，河岸带状况等方面构建河流健康评价指标体系用于上海地区城市河流健康状态的评价
	张楠等（2009）	根据辽河流域2005年水生态监测数据，构建了涵盖水体物理化学，水生生物和河流物理栖息地质量要素的健康候选指标体系，采用主成分分析方法对评价指标进行了筛选，以此构建了由五日生化需氧量，溶解氧，电导率，总氮，总磷，高锰酸盐指数，类大肠菌群数，着生藻类Shannon-Weiner多样性指数，底栖动物完整性指数，河流物理栖息地质量综合指数等10个指标构成的河流健康综合评价指标体系，以改进的灰色关联法评判多指标下的河流健康等级状况
	王丽萍（2010）	通过对山区河流的基本特征研究，从生态服务功能和人类服务功能两大角度建立了山区河流健康评价系统，并基于投影寻踪理论构建了山区河流健康评估指标体系
	卞锦宇等（2010）	在河流健康内涵分析的基础上，针对河流的自然功能，生态环境功能和社会服务功能，根据河流健康的基本特征和个体特征，建立由共性指标（最小流量保证，生态流量保证率，河岸稳定性，河床稳定性，河流水质）和个性指标构成的河流健康评价指标体系，并提出由河段至河流整体的评价方法

续表 6-2

来源	方法名称或设计者	主要内容
中国	杨爱民等(2011)	对南水北调东线一期工程受水区生态环境效益进行评估时,从生态保育措施、城市绿地和湿地生态系统3个方面对受水区的生态环境效益价值做了计算,表明受水区生态环境价值得到明显提升
	李文君等(2011)	在分析河流生态健康概念的基础上,综合考虑总水量、水质、生物状况、水体连通性以及防洪标准等因素,构建了河流生态健康评价指标体系和评价等级标准,建立起基于集对分析与可变模糊集的河流生态健康评价新方法
	惠秀娟等(2011)	在对辽宁省辽河20个断面水文、水质、着生藻类、栖息地状况实地调查的基础上,采用主成分分析方法,构建了由悬浮物、电导率、溶解氧、生化需氧量、氨氮、总磷(TP)、着生藻类Shannon多样性指数、河流栖息地质量综合指数9项指标组成的健康评价指标体系,确定了相应指标的权重,用改进的灰色关联度法对辽河6个断面的水生态系统健康状况进行了评价
	金鑫等(2012)	从河流廊道基本环境、河流生态支撑功能及社会经济服务功能3个方面出发,综合分析河道形态结构、水质、水量、水沙、水生态等社会经济等因素,构建了河流健康综合评价指标体系,采用可变模糊评价法进行河流健康综合评价
	李翀等(2012)	在定义西藏河流健康的基础上,构建河流生态系统评价指标体系,包括河流水文形态、河岸带、水体理化性质、水生物和社会经济功能5项、一级指标5项和20项二级指标,并建立了河流健康综合评价模型
	董哲仁等(2013)	提出了包括水文、水质、地貌、生物及社会经济5个方面共35项指标的河流健康全指标体系
	闫正龙等(2013)	界定了平原地区河流系统健康的概念和标志,基于压力-状态-响应模型,从压力、状态和响应3个层面识别了107项河流健康影响因子,通过基于粗糙集等方法的包含34项指标的河流健康评价指标体系,最终构建了适合平原地区河流健康评价指标体系

续表 6-2

来源	方法名称或设计者	主要内容
中国	邓晓军等（2014）	基于城市河流健康的内涵，构建出包含自然生态、社会经济和景观环境等 3 个方面 24 项指标的城市河流健康评价指标体系用于城市河流健康评价研究
	朱卫红等（2014）	基于河流水文、河流形态、河岸带状况、水体理化参数以及河流生物 5 个层面选取 22 项指标构建了图们江流域河流生态系统健康评价指标体系，运用层次分析法和加权平均法对其进行了健康评价
	王勤花等（2015）	在分析干旱半干旱地区河流系统特征基础上，从水资源、植被、物化特征、社会经济等方面选择 25 个关键性控制指标用于干旱半干旱地区河流健康评价分级
	左其亭等（2015）	在对淮河中上游 10 个断面水体理化指标、浮游植物、浮游动物、底栖动物及栖息地状况等实地调查和监测的基础上，结合提出的河流水生态健康定义，采用频度统计法和相关性分析对评价指标进行筛选，并用熵权法确定指标权重，构建水生态健康评价指标体系；运用水生态健康综合指数法和水质综合污染指数对河流水生态健康状况进行评价
	霍晟等（2016）	从影响河流生态完整性要素和社会服务要素的角度出发，构建了包括水文资源、物理结构、水质、生物和社会服务功能等多个准则层的河流健康评价指标的统一框架；然后借鉴社会经济与环境的协调发展理念，建立了基于河流健康管理的协调发展度等级标准，地提出了基于河流健康管理的协调发展度等级标准
	李艳利等（2016）	基于浑太河大河流域鱼类与大型底栖动物群落结构和功能层面上的指标，构建了多套指标，评价河流健康状况。首先，基于土地利用指数、水质和栖息地质量指数（index of land use and water and habitat quality）指数定量筛选点位。其次，采用判别分析、逐步回归分析、相关分析筛选对不同压力响应敏感的核心参数。最后，采用比值法计算其多指标指数（MMI-HT）
	吕裘等（2017）	选取河流水资源、水质、水系结构、水生态以及水系健康评价 5 个方面 20 项指标，建立了郑州市河流生态健康评价指标体系，采用变异理论标准化底层评价指标，再根据相应的归一化公式准求突变数值，从而确定城市河流生态健康状态

续表 6-2

来源	方法名称或设计者	主要内容
中国	王奕宇等（2017）	提出了将基于贝叶斯公式与模糊识别耦合方法应用于河流健康评价，用最大似然准则判定单个河流健康评价指标的评价等级，分析了单个河健康评价指标属某个等级的概率
	彭文启（2018）	构建了包括水文水资源、河湖物理形态、水质、水生生物及河湖社会服务功能 5 个方面的健康评估指标体系，提出了 5 个等级的河湖健康分级标准，形成了系统的河湖健康调查评价方法，采用该标准与方法进行了全国 36 个河湖（库）水体的河湖健康评估
	曹宸等（2018）	以北京房山区河流山水系为例，选取河流的水环境功能、防洪效益功能、生态效益功能和支持利用功能 4 个方面 16 项具体评价指标，并通过层次分析法计算权重，构建区县尺度下的河流生态系统健康评价指标体系，并进行健康状况评价

6.4　河流健康评价的基本流程

河流健康评价的核心在于综合分析和评估河流系统所处状态,并为河流治理和管理提供重要的数据和技术支撑。河流健康评价方法必须能够正确描述和评价河流状况;识别河流所承受的压力和影响;确定水系保护措施的作用;识别在河流系统框架下未来合理的治理措施。构建河流健康评价的基本程序有助于明确河流生态保护的工作程序,确保河流生态系统及其保护管理行为的持续性。

河流健康评价的基本程序和步骤包括资料收集与目标设定、系统分析与框架设计、现状调查和综合评价以及管理对策和优化措施 4 个环节。

(1)资料收集与目标设定是河流健康评价及其管理的重要前期工作。不但能够获取区域历史情况及背景资料,为下一步工作提供数据支撑,而且能够明确关注重点,初步确定河流健康评价的主要方向。

(2)系统分析与框架设计是河流健康评价开展和实施方案制订的重要指导和必要依据。在详细分析河流及其周边环境以及河流管理水平的基础上,初步诊断河流环境状况及其存在的主要问题,基于此,明确河流健康评价指标、标准、评估模型等,作为下一步河流健康评估实施的操作方案。

(3)现状调查和综合评价是河流健康评估的关键步骤和重要环节。重点在于通过对河流系统水文特征、水质状况、形态结构、生物群落以及河岸带状况等各个方面的深入调研和分析,综合评估评价对象所处状态。

(4)管理对策和优化措施是确保河流健康保护目标实现的重要环节。管理对策的制定与落实直接关系河流健康保护和管理的成败。

6.4.1　资料收集与目标设定

6.4.1.1　范围界定

河流健康评价的首要步骤为资料收集以及目标设定,在资料收集之初首先应对评价范围进行分析和明确界定。评价范围的确定应针对河流功能定位、河道等级以及管理需求,结合对区域、流域、河网水系等的分析,并结合不同层次的利益主体的识别和参与。河流健康评价范围的界定直接关系到河流健康评价的针对性和有效性,其科学确定可以为资料收集和目标设定以及下一步的系统分析和框架设计等提供较为明确的研究区域。

6.4.1.2　资料收集

河流健康评价的资料收集工作涵盖面较为广泛,时间上涉及历史、现状、规划等尺度,管理上涉及环保、规划、经济、水利等部门,区域上涉及各相关省市区县,形式上涉及文字、图表、数据、影像等资料。出于资料收集和数据管理的需要,可以将其分为以下几类:自然背景资料、社会经济资料、生态环境资料以及管理规划资料等,见表 6-3。

表 6-3 河流健康评价的基础资料收集

收集资料	具体内容
自然背景资料	地质地貌:河流所处区域地质地貌条件,包括岩石组成和化学成分、山地形态、山脉走向、河谷形态、河流比降等
	水文气象:风向、风速、气温、降水、日照、能见度、大气稳定度、流量、流速、水位、水深、含沙量等资料
	河网水系:区域河网结构如河网密度、水系结构、河流形态、水面率以及区域河网改造力度和过程等
	土壤植被:所处区域土壤的物理性质和化学性质、土壤矿物组成、土壤微生物、代表性植被类型、植被分布等
社会经济资料	通过评估所处区域的经济发展水平、人口数量、产业结构与布局等反映河流所受环境压力。调查内容包括:人口密度、产业结构、经济密度、工农业产值、农田面积、禽畜牧场状况、水产养殖状况、水资源利用状况、能源结构与利用状况等
生态环境资料	通过历史资料、相关报告等收集显示河流环境质量的历史演变、现状水平及存在的突出问题。调查内容主要包括:底栖生物、水体微生物、水生动植物数量及分布、河岸资源和绿化状况、水资源状况、环保部门历年水质监测数据等
管理规划资料	管理资料能清楚勾勒出河流管理的历程,反映当前政府在河流保护方面的努力和成效。主要包括:管理机构的历史沿革、河流整治等水利工程实施、政策法规及环境标准制定、截污纳管工程等污染整治项目实施等;合理资料的分析有助于明确当前河流管理的薄弱环节。规划资料能够反映近期和中远期河流生态环境及其管理的主要动向,要包括涉及的水系规划、环境保护规划、河流整治规划、绿化规划等

6.4.1.3　目标设定

目标设定中包括两个主要方面:①评价目标,也即开展河流健康评价的目标,包括对河流系统现状的综合评估;系统组成、结构等方面的特征分析;识别导致其退化的干扰因子;为河流管理提供参考依据等。②河流健康的保护目标,也即恢复和维持河流系统的健康、可持续性和生物多样性;维持系统自然的生态学过程,如洪水扰动以及水文过程等;合理开发河流系统产品和服务功能,满足人类社会合理需求;维持自然资源与社会经济系统的平衡,实现河流系统可持续性等。

6.4.2　系统分析与框架设计

在对上述资料进行收集的基础上,通过深入系统分析自然背景资料、社会经济资料、生态环境资料以及管理规划资料等初步识别河流环境压力、环境状况以及河流管理水平等,基于此,结合国内外研究成果,对河流健康评价的分析框架进行初步设定,明确河流健康的评价标准、指标及模型等。

6.4.2.1　系统分析

对河流系统的结构、功能及其生物服务功能等进行充分的分析和定位,结合对自然背景资料、社会经济资料以及生态环境资料等的系统分析,初步判断评价对象所处区域社会环境状况、河流所处环境状态以及河流所受环境压力等,同时通过对河流管理、规划计划资料的分析,初步明确历史、现有河流管理对河流系统产生的影响及其水平,并分析未来相关规划可能对河流系统产生的影响。

6.4.2.2 框架设计

在系统分析相关资料的基础上,对河流健康评价的分析框架进行初步设定,明确河流状况涉及的评价指标,构建参照状态,初步划定评价标准,初步设定河流健康的评价模型,见图6-1。各利益方参与以及多学科交叉应当贯穿于河流健康评价及河流管理的全过程,最初的资料收集工作也需要各方合作以提高资料的可获取性,多学科交叉可以确保河流健康评价指标、标准确定的科学性和有效性。尽早将各利益方引入河流管理过程中,有利于推动河流管理策略的有效制定和实施。

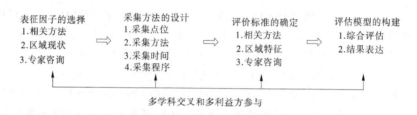

图6-1 河流健康评价的框架设计

框架设计中应明确评价指标的选择、指标采集方法、评价标准的确定以及评估模型的构建等过程。

(1)评价指标或表征因子的筛选和明确直接关系到河流健康评估结果,其有效确定可以为下一步的现状调查及综合评估提供较为明确的方法和基准。其确定主要基于现有的河流健康状况评价方法,结合专家咨询以及评估过程中的不断补充和调整,确定最终的指标。

(2)指标采集方法的设计是所选指标能否准确反映河流健康状况的关键性控制方法。主要是基于指标选择的结果,结合对国内外文献资料以及相关标准的调研,明确每个指标的采样点位、采集方法、采集时间以及采集程序等。

(3)评价标准是河流状况评估的衡量标准、参考依据以及生态基准,其有效确定是科学把握河流状况的前提。可以通过基于各项指标的相关标准以及国内外河流健康状况评价研究的已有成果,确定每个指标的定性或定量评价标准。

(4)评估模型的构建是河流健康评估的核心和重点,基于评价指标、评价标准以及评价权重的确定,设定河流健康状况综合评估的思路以及综合评估标准,为综合探讨河流系统的生态环境特征及其成因提供方向。

6.4.3 现状调查与综合评价

现状调查和综合评价是河流健康评估的关键步骤和重要环节,关键在于采用上节所述的评估方法通过对表征河流系统各个方面状况的评价因子进行收集和深入分析;结合框架设计的方法和程序,综合评估评价对象所处状态。

6.4.3.1 现状调查

与河流资料收集调查不同的是,河流现状调查的内容主要针对河流系统的水质理化参数、生物群落、河岸带状况、水文特征以及形态结构等信息;可以通过对河流系统的野外现场调查获得,并结合现场拍照、遥感解译数据以及历史资料等进行适当补充。现状调查是在资料收集的基础上对河流系统进行更加深入、详细的以及具有针对性的分析所需要的数据来源,能够为河流健康评价提供更具针对性、及时和可靠的基础数据。资料收集的较为充分则可以在一定程度上缓解现状调查的压力。经过资料收集和现状调查两个环节的努力,能够为现状评估提供详细的河流生态、环境及管理等方面的数据和资料。

河流现状调查需要考虑河流的时空尺度,主要包括以下内容:

(1)河槽形态:河道断面、河岸高度、比降、深潭 - 浅滩系统。

(2)平面特征:蜿蜒段、直线段的物理特征。

(3)河岸地貌。

(4)滩地及河岸土壤性质。

(5)河床底质、防护结构(表面材料)。

(6)木质残骸数量及分布位置。

(7)地质特征。

(8)植物:种类、数量、位置分布。

(9)水质:溶解氧、pH、水温、悬浮沉积物及其主要成分。

(10)水生生物:种类、数量、物种关系。

(11)最大洪水水位。

(12)冲刷深潭:位置及深度。

(13)水流状态:水流方向、深泓线、冲岸角度、物理影响要素。

(14)调查期的流量现状:洪水期、枯水期、平滩流量期。

(15)流量估计:根据经验确定调查期外的流量。

(16)河道糙率。

(17)泥沙输移情况:推移质特征,回水区沉积物、边滩沉积物。

(18)基础建筑物:硬质堤岸、堰坝、桥梁、平台等。

6.4.3.2 综合评价

河流健康综合评价是对河流水文、生物、水质以及河岸带等方面状况的一个综合评判,既要充分反映河流所处状况,也需要反映公众对河流环境的要求。

河流栖息地评估主要包括物理栖息地评估、化学栖息地评估和生物栖息地评估 3 个内容。

1. 物理栖息地评估

物理栖息地评估描述了河流地形地貌的结构和组成。物理栖息地评估不仅可以直接评判河流的恢复措施及构造,而且为生物评估提供了必备条件,同时是河流内流量分析的基本要素,因此认为物理栖息地评估是河流修复工作的基础。

物理栖息地评估的内容主要包括以下几点:

(1)评价河流廊道的地形地貌、几何尺寸、土壤、河床和河岸特征、河道类型、植被,以及流域的形状、大小。

(2)评价河道的稳定性。

(3)评价各种栖息地的丰度、位置分布和相关性。

（4）分析是否存在因基础设施影响而无法发挥效果但又可以恢复的栖息地。

（5）评价已经建在河床或洪泛平原区域的工程措施（包括裁弯取直、疏浚、筑堤等）对栖息地的影响类型和程度。

（6）评价影响鱼类或其他水生生物的通行障碍物，判断其影响周期和程度。

（7）评价河流廊道内限制生物生存的物理栖息地缺陷。

2. 化学栖息地评估

评估河流中的溶解质浓度是河流化学栖息地评估的关键。溶解质浓度是水生生物和滨水动物生存最重要的化学栖息地要素，如有些溶解质浓度必须达到一定范围才能维持生命（如溶解氧、营养物质），有些溶解质对生物体只有不利影响。因此，在河流治理工程中，必须同时考虑水质改善工作。化学栖息地评估的内容主要包括以下几点：

（1）监测水质，确定地表水的质量等级。

（2）确定河流中的溶解质来源和消耗途径。

（3）监测水流条件，直接关系到溶解质浓度。

（4）建立指定保护物种与水质的关系，确定水质界限值。

（5）确定影响水质的生态环境因素和影响机制，包括洪水、径流、植被、土壤等。

3. 生物栖息地评估

应对整个生态系统进行生物栖息地评估。以往的生物栖息地评估工作，往往以单一物种，或物种的某个生活阶段，或局限在某个区域位置展开。实践表明，河流治理工程的生物评估应该考虑多物种、不同生活阶段和空间扩展特征，尽量减少治理工程对非目标物种的影响。生物栖息地评估的内容主要包括以下几点：

（1）确定河流廊道内的物种丰度和分布情况，包括识别威胁物种和濒危物种、本地物种和外来物种等。

（2）识别已灭绝物种。

（3）识别外来物种对生物恢复的影响。

（4）测量物种个体的年龄、大小、生长速率，确定其生存条件。

（5）记录物种的生活史，包括如何使用河流生境的不同位置、何时使用。

（6）确定物种间的相互关系，包括依赖关系（如捕食者和猎物，寄生、共生关系）、竞争关系等。

（7）记录河流产卵场的位置和尺寸（当前的和历史的）。

作为河流健康评价的关键和核心，综合评估过程需要完成如下 3 个目标和任务：

（1）河流健康现状评估：评价结果综合反映河流的健康水平和整体状况，能够提供现状的代表性图案，以判断其适宜程度，为河流健康的管理提供综合的现状背景资料。

（2）存在问题识别：通过评估结果中反映的河流健康水平，结合基于现有资料对河流污染源、管理水平等的分析，进一步识别河流生态环境存在的主要问题。

（3）影响因子明确：对各类影响河流健康的因子进行识别，探寻人为压力与河流健康变化之间的关系，评估河流健康对人类活动的影响，回顾评价以往河流管理政策和措施，诊断制约当前河流管理有效性的薄弱环节，为后续河流管理提供方向。

6.4.4　管理对策与优化措施

管理对策与优化措施不仅是河流健康评价的重要环节,也是确保河流健康保护目标实现的重要保障。基于上述河流健康综合评估,提出河流健康的适应性管理对策,不仅能有效发挥河流健康对河流管理的指导作用,同时能使河流管理措施更加具有针对性和有效性。

河流健康的管理对策和优化措施可以从政策、管理、操作 3 个层面进行构架。

(1)政策层面:侧重于制定促进河流保护与河流可持续发展的政策法规、环境标准,为河流管理提供政策保障和宏观引导。

(2)管理层面:侧重于构建基于河流健康的河流系统适应性管理体系,确定运作方式、协调管理机制及管理方案,通过规划制定和实施、规划监督和评估、管理协调以及管理过程的公众参与等实现和完善,为河流适应性管理提供管理模式方面的优化建议。

(3)操作层面:侧重于提出具有针对性和可操作性的河流整治、水系改造以及相关的污染控制和生态修复措施(包括污染控制、河岸带生态修复、河道内修复)等,保证河流健康管理方案的有效落实,为河流保护目标的实现提供实施建议和技术指导。

河流系统自身的复杂性使得河流管理过程不可避免地伴随着一定程度的不确定性和风险,这一特点也使得河流管理策略难以精确应对管理过程中出现的所有问题,而适应性管理的引入能够增加管理框架的弹性和适应性,有效应对系统的不确定性并降低风险。因此,应基于河流健康评估结果构建适应性管理对策,促进河流健康管理的有效性和可控性。根据管理目标和管理策略,筛选出河流管理的监测指标,实施监测计划,通过对某一时段内管理策略的评估,将评价结果继续反馈至管理策略以及管理目标制定。

第 7 章　传统河道治理

传统河道治理是为防洪、航运、保护码头、桥渡等涉河建筑物及航道治理的要求,按河道演变规律,因势利导,调整、稳定河道主流位置,以改善水流、泥沙运动和河床冲淤部位而采取的工程措施。

7.1　传统河道治理规划

7.1.1　传统河道治理原则

河道治理首要的是拟定治理规划,包括全河规划和分段规划。规划的原则是全面规划、综合治理、因势利导、因地制宜。

7.1.1.1　全面规划

全面规划就是规划中要统筹兼顾上下游、左右岸的关系,调查了解社会经济、河势变化及已有的河道治理工程情况,进行水文、泥沙、地质、地形的勘测,分析研究河床演变的规律,确定规划的主要参数,如设计流量、设计水位、比降、水深、河道平面和断面形态指标等,提出治理方案。对于重要的工程,在方案比较选定时,还需进行数学模型计算和物理模型试验,拟定方案,通过比较选取优化方案,使实施后的效益最大。

7.1.1.2　综合治理

综合治理就是要结合具体情况,采取各种措施进行治理,如修建各类坝垛工程、平顺护岸工程,以及实施人工裁弯或爆破、清障等。对于河道由河槽与滩地共同组成的河段,治槽是治滩的基础,治滩有助于稳定河槽,因此必须滩槽综合治理。

7.1.1.3　因势利导

"因势"就是遵循河流总的规律性、总的趋势,"利导"就是朝着有利于建设要求的方向、目标加以治导。然而,"势"是动态可变的,而规划工作一般是依据当前河势而论,这就要求必须对河势变化作出正确判断,抓住有利时机,勘测、规划、设计、施工,连续进行。

河流治理规划强调因势利导。只有顺乎河势,才能在关键性控导工程完成之后,利用水流的力量与河道自身的演变规律,逐步实现规划意图,以收到事半功倍的效果;否则,逆其河性,强堵硬挑,将会引起河势走向恶化,从而造成人力物力的极大浪费和不必要的治河纠纷。

7.1.1.4　因地制宜

治河工程往往量大面广,工期紧张,交通不便。因此,在工程材料及结构型式上,应尽量因地制宜,就地取材,降低造价,保证工程需要。在用材取料方面,过去是土石树草,现在应注意吸纳各类新技术、新材料、新工艺,并应根据本地情况加以借鉴和改进。

7.1.2　河道治理的要求

治理河道首先要考虑防洪需要。治理航道及设计保护码头、桥渡等的治理建筑物时,要符合防洪安全的要求,不能单纯考虑航运和码头桥渡的安全需要。

7.1.2.1　防洪对河道的要求

防洪部门对河道的基本要求是:河道应有足够的过流断面,能安全通过设计洪水流量;河道较顺畅,无过分弯曲或束窄段。在两岸修筑的堤防工程,应具有足够的强度和稳定性,能安全挡御设计的洪水水位;河势稳定,河岸不因水流顶冲而崩塌。

7.1.2.2　航运对河道的要求

从提高航道通航保证率及航行安全出发,航运对河流的基本要求是:满足通航规定的航道尺度,包括航深、航宽及弯曲半径等;河道平顺稳定,流速不能过大,流态不能太乱;码头作业区深槽稳定,水流平稳;跨河建筑物应满足船舶的水上净空要求。

7.1.2.3　其他部门对河道的要求

最常遇到的其他工程有桥梁及取水口等。

桥梁工程对河流的要求,主要是桥渡附近的河势应该稳定,防止因河道主流摆动造成主通航桥孔航道淤塞,或桥头引堤冲毁而中断运输。同时,桥渡附近水流必须平缓过渡,主流向与桥轴线法向交角不能过大,以免造成船舶航行时撞击桥墩。

取水工程对河道的要求是:取水口所在河段的河势必须稳定,既不能脱溜淤积无法取水,也不能大溜顶冲危及取水建筑物的安全;河道必须有足够的水位,以保证设计最低水位的取水,这点对无坝取水工程和泵站尤为重要;取水口附近的河道水流泥沙运动,应尽可能使进入取水口的水流含沙量较低,避免引水渠道严重淤积,减少泵站机械的磨蚀。

7.1.3　河流治理规划的关键步骤

7.1.3.1　河道基本特性及演变趋势分析

河道基本特性及演变趋势分析包括对河道自然地理概况,来水、来沙特性,河岸土质、河床形态、历史演变、近期演变等特点和规律的分析,以及对河道演变趋势的预测。对拟建水利工程的河道上下游,还要就可能引起的变化作出定量评估。这项工作一般采用实测资料分析、数学模型计算、实体模型试验相结合的方法。

7.1.3.2　河道两岸社会经济、生态环境情况调查分析

河道两岸社会经济、生态环境情况调查分析包括对沿岸城镇、工农业生产、堤防、航运等建设现状和发展规划的了解与分析。

7.1.3.3　河道治理现状调查及问题分析

通过对已建治理工程现状的调查,探讨其实施过程、工程效果与主要的经验教训。

7.1.3.4　河道治理任务与治理措施的确定

根据各方面提出的要求,结合河道特点,确定本河段治理的基本任务,并拟定治理的主要工程措施。

7.1.3.5　治理工程的经济效益和社会效益、环境效益分析

治理工程的经济效益和社会效益、环境效益分析包括河道治理后可能减少的淹没损失,论证防洪经济效益;治理后增加的航道和港口水深、改善航运水流条件、增加单位功率的拖载量、缩短船舶运输周期、提高航行安全保证率等方面,论证航运经济效益。此外,还应分析对取水、城市建设等方面的效益。

7.1.3.6 规划实施程序的安排

治河工程是动态工程,具有很强的时机性。应在治理河道有利时机的基础上,对整个实施程序作出轮廓安排,以减少治理难度,节约投资。

7.1.4 河流治理规划的主要内容

规划主要内容为拟定防洪设计流量及水位、拟定治导线、拟定工程措施。

7.1.4.1 拟定防洪设计流量及水位

洪水河槽整治的设计流量,是指某一频率或重现期的洪峰流量,它与防洪保护地区的防洪标准相对应,该流量也称河道安全泄量;与之相应的水位,称为设计洪水位,它是堤防工程设计中确定堤顶高程的依据,此水位在汛期又称防汛保证水位。

中水河槽整治的设计流量,常采用造床流量。这是因为中水河槽是在造床流量的长期作用下形成的。通常取平滩流量为造床流量,与河漫滩齐平的水位作为整治水位。该水位与整治工程建筑物如丁坝坝头高程大致齐平。

枯水河槽治理的主要目的是解决航运问题,其中特别是保证枯水航深问题。设计枯水位一般应根据长系列日均水位的某一保证率即通航保证率来确定。通航保证率应根据河流实际可能通航的条件和航运的要求,以及技术的可行性和经济的合理性来确定。设计枯水位确定之后,再求其相应的设计流量。

7.1.4.2 拟定治导线

治导线又称整治线,是布置整治建筑物的重要依据,在规划中必须确定治导线的位置。山区河道整治的任务一般仅需要规划其枯水河槽治导线。平原河道治导线有洪水河槽治导线、中水河槽治导线和枯水河槽治导线,中水河槽通常是指与造床流量相应的河槽,固定中水河槽的治导线对防洪至关重要,它既能控导中水流路,又对洪、枯水流向产生重要影响,对河势起控制作用。河口治导线的确定取决于河口类型与整治目的。对有通航要求的分汊型三角洲河口,宜选择相对稳定的主槽作为通航河汊。对喇叭形河口,治导线的平面形式宜自上而下逐渐放宽呈喇叭形,放宽率应能满足涨落潮时保持一定的水深和流速,使河床达到冲淤相对平衡。对有围垦要求的河口,应使口门整治与滩涂围垦相结合,合理开发利用滩涂资源。

平原河道整治的洪水河槽一般以两岸堤防的平面轮廓为其设计治导线。两岸堤防的间距应经分析,使其能满足宣泄设计洪水和防止洪水期水流冲刷堤岸的要求。中水河槽一般以曲率适度的连续曲线和两曲线间适当长度的直线段为其设计治导线。有航运与取水要求的河道,需确定枯水河槽治导线,一般可在中水河槽治导线的基础上,根据航道和取水建筑物的具体要求,结合河道边界条件确定。一般应使整治后的枯水河槽流向与中水河槽流向的交角不大。

对平原地区的单一河道,其治导线沿流向是直线段与曲线段相间的曲线形态。对分汊河段,有整治成单股和双汊之分。相应的治导线即为单股,或为双股。由于每个分汊河段的特点和演变规律不同,规划时需要考虑整治的不同目的来确定工程布局。一般双汊道有周期性主、支汊交替问题,规划成双汊河道时,往往需根据两岸经济建设的现状和要求,兴建稳定主、支汊的工程。

7.1.4.3 拟定工程措施

在工程布置上,根据河势特点,采取工程措施,形成控制性节点,稳定有利河势,在河势基本控制的基础上,再对局部河段进行整治。建筑物的位置及修筑顺序,需要结合河势现状及发展趋势确定。以防洪为目的的河道整治,要保证有足够的行洪断面,避免过分弯曲和狭窄的河段,以免影响宣泄洪水,通过整治建筑物保持主槽相对稳定。以航运为目的的河道整治,要保证航道水流平顺、深槽稳定,具有满足通航要求的水深、宽度、河湾半径和流速流态,还应注意船行波对河岸的影响。以引水为目的的河道整治,要保证取水口段的河道稳定及无严重的淤积,使之达到设计的取水保证率。

7.2 常见传统河道治理工程

河道工程是重要的民生工程,因此当河道中存在对堤防、河岸和河床等稳定不利的现象时,必须根据具体情况采取工程措施进行治理。常见的传统河道治理工程包括护岸工程、裁弯取直工程、拓宽河道工程和疏浚、爆破及清淤工程等。

7.2.1 护岸工程

护岸工程是指为防止河流侧向侵蚀及因河道局部冲刷而造成的坍塌等灾害,在主流线偏离被冲刷地段的保护工程措施。其主要作用是,控制河道主流、保护河岸、稳定河势与河槽。护岸工程有平顺式、坝垛式、桩墙式和复合式等各种型式,其中前两者最为常用。平顺式即平顺的护脚护坡型式;坝垛式是指丁坝、顺坝、矶头或垛等型式。

7.2.1.1 平顺护岸工程

平顺护岸工程是用护岸材料直接保护岸坡并能适应河床变形的工程措施。平顺护岸工程以设计枯水位为界,其上部为护坡工程,作用是保持岸坡土体,防止近岸水流冲刷和波浪冲蚀以及渗流破坏;其下部为护脚工程,又称护底护根工程,作用是防止水流对坡脚河床的冲刷,并能随着护岸前沿河床的冲刷变形而自动适应性调整。进一步地,又可将护坡工程的上部与滩唇结合的部分称为滩顶工程,如图 7-1 所示。

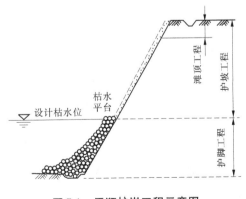

图 7-1　平顺护岸工程示意图

1. 护脚工程

护脚工程是抑制河道横向变形的关键工程,是整个护岸工程的基础。因其常年潜没水中,时刻都受到水流的冲击及侵蚀作用。其稳固与否,决定着整个护岸工程的成败。

护脚工程及其建筑材料要求能抵御水流的冲刷及推移质的磨损,具有较好的整体性并能适应河床的变形,较好的水下防腐性能,便于水下施工并易于补充修复等。护脚工程的型式很多,如抛石护脚(见图7-2)、石笼护脚(见图7-3)、沉枕护脚、沉排护脚。

图 7-2　抛石护脚

图 7-3　石笼护脚

2. 护坡工程

护坡工程除受水流冲刷作用外,还要承受波浪的冲击力及地下水外渗的侵蚀。此外,因护坡工程处于河道水位变动区,时干时湿,因此要求建筑材料坚硬、密实、耐淹、耐风化。护坡工程的型式与材料很多,如混凝土护坡、混凝土异形块护坡,以及条石、块石护坡等。

块石护坡又分抛石护坡、干砌石护坡和浆砌石护坡三类。其中抛石和干砌石,能适应河床变形,施工简便,造价较低,故应用最为广泛。干砌石护坡相对而言,所需块石质量较小,石方也较为节省,外形整齐美观,但需手工劳动,要有技术熟练的施工队伍。而抛石护坡可采用机械化施工,其最大优点是当坡面局部损坏走石时,可自动调整弥合。因此,在我国一些地方,常常是先用抛石护坡,经过一段时间的沉陷变形,根基稳定下来后,再进行人工干砌整坡。

护坡工程的结构,一般由枯水平台、脚槽、坡身、导滤沟、排水沟和滩顶工程等部分组成。枯水平台、脚槽或其他支承体等位于护坡工程下部,起支承坡面不致坍塌的作用。图7-4 为长江中下游常用的块石护坡结构型式。

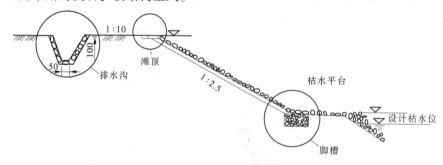

图 7-4　块石护坡结构型式

3. 护岸新材料、新技术

随着科学技术的发展,护岸工程新材料、新技术不断涌现。主要有以下几种:土工织物软体排固脚护岸、钢筋混凝土板护岸、铰链混凝土排护脚、模袋混凝土(砂)护坡、四面六边透水框架群护脚、网石笼结构护岸、铰接式或超强联锁式护坡砖护坡、土工网垫草皮及人工海草护坡等。

7.2.1.2　坝垛式护岸工程

坝垛式护岸工程主要有丁坝、顺坝和矶头(垛)等形式。

1. 丁坝

丁坝由坝头、坝身和坝根三部分组成,坝根与河岸相连,坝头伸向河槽,在平面上呈丁字形,见图 7-5。

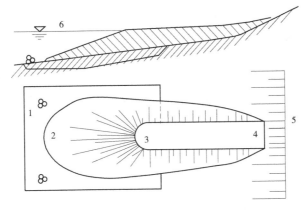

1—沉排;2—坝头;3—坝身;4—坝根;5—河岸;6—整治水位

图 7-5　丁坝示意图

按丁坝坝顶高程与水位的关系,丁坝可分为淹没式和非淹没式两种。用于航道枯水整治的丁坝,经常处于水下,为淹没式丁坝;用于中水整治的丁坝,洪水期一般不全淹没,或淹没历时较短,这类丁坝可视为非淹没式丁坝。

根据丁坝对水流的影响程度,可分为长丁坝和短丁坝。长丁坝有束窄河槽,改变主流线位置的功效;短丁坝只起迎托主流,保护滩岸的作用,特别短的丁坝,又有矶头、垛、盘头之类。

按照坝轴线与水流方向的交角,可将丁坝分为上挑、下挑和正挑 3 种,见图 7-6。根据丁坝附近水流泥沙运动规律和河床冲淤特性分析,对于淹没式丁坝,以上挑形式最好;对于非淹没式丁坝,则以下挑形式为好。因此,在丁坝设计时,凡非淹没式丁坝,均设计成下挑形式;而淹没式丁坝一般都设计成上挑或正挑形式。

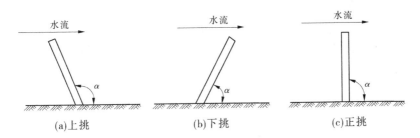

(a)上挑　　　　　　　(b)下挑　　　　　　　(c)正挑

图 7-6　交角不同的丁坝

丁坝的类型和结构型式很多。传统的有沉排丁坝、抛石丁坝、土心丁坝等。此外,近代还出现了一些轻型的丁坝,如井柱坝、网坝等。图 7-7、图 7-8 为丁坝群工程。

图7-7　黄河丁坝群

图7-8　密西西比河丁坝群

2. 顺坝

顺坝又称导流坝。它是一种纵向整治建筑物,由坝头、坝身和坝根三部分组成,如图7-9所示。顺坝坝身一般较长,与水流方向大致平行或有很小交角。其顺导水流的效能,主要取决于顺坝的位置、坝高、轴线方向与形状。较长的顺坝,在平面上多呈微曲状。

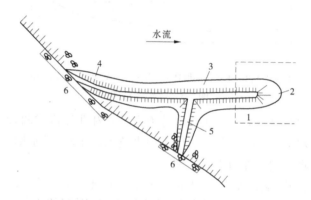

1—沉排;2—坝头;3—坝身;4—坝根;5—坝格;6—河岸防护

图7-9　顺坝

3. 矶头(垛)

矶头(垛)这类工程属于特短丁坝,它起着保护河岸免遭水流冲刷的作用。这类形式的特短丁坝,在黄河中下游干支流河道有很多。其材料可以是抛石、埽工或埽工护石。其平面形状有挑水坝、人字坝、月牙坝、雁翅坝、磨盘坝等(见图7-10)。这种坝工因坝身较短,一般无远挑主流作用,只起迎托水流、消杀水势、防止岸线崩退的作用。但是如果布置得当,且坝头能连成一平顺河湾,则整体导流作用仍很可观。同时,由于施工简便,耗费工料不多,防塌效果迅速,在稳定河湾和汛期抢险中经常采用。其中,特别是雁翅坝,其效能较大而使用最多。

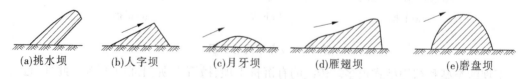

(a)挑水坝　　　(b)人字坝　　　(c)月牙坝　　　(d)雁翅坝　　　(e)磨盘坝

图7-10　黄河坝垛平面形态

7.2.2　裁弯取直工程

由于水流条件、泥沙变化、自然条件改变、河床地质等的作用,河床演变使河道形成弯曲,这是河流非常普遍的一个规律。如果河道弯曲不大,则对河水泄洪影响比较小。但如果河道弯曲很大,洪水期内水流会受到弯曲的阻碍,水面的纵坡减缓,使弯道河段上游洪水位抬高,从而对堤防工程的威胁增加,造成防汛抢险困难。特别是在河道的凌汛期,弯道处很可能有冰凌堆积,形成阻水流、阻冰凌的冰坝,很容易引起堤防的决口。

7.2.2.1　河道裁弯取直的特点

对于弯曲河段治理的方法,目前我国主要是采取裁弯取直的工程措施。但是,在河流进行裁弯取直时,将涉及很多不利的方面,所以采用河流的裁弯取直工程要充分论证,采取极其慎重的态度。河流的裁弯取直工程彻底改变了河流蜿蜒的基本形态,使河道的横断面规则化,使原来急流、缓流、弯道及浅滩相间的格局消失,水域生态系统的结构与功能也会随之发生变化。所以,在一些国家和地区,提出要把已经取直的河道恢复为原来自然的弯曲,还河流以自然的姿态。

7.2.2.2　河道裁弯取直的方法

根据多年治理河流的实践经验,河道裁弯取直的方法大体上可以分为两种:一种是自然裁弯,另一种是人工裁弯。

当河环起点和终点距离很近时,洪水漫滩时由于水流趋向于坡降最大的流线,在一定条件下,会在河漫滩上开辟出新的流路,沟通畸湾河环的两个端点,这种现象称为河流的自然裁弯。自然裁弯往往为大洪水所致,裁弯点由洪水控制,常会带来一定的洪水灾害现象。其结果可使河势发生变化,发生强烈的冲淤现象,给河流的治理带来被动,同时侵蚀农田等其他设施,在有通航要求的河道,还会严重影响航运。为了防止自然裁弯所带来的弊害,一些河流常采取人工裁弯措施。

人工裁弯取直是一项改变河道天然形状的大型工程措施,应遵循因势利导的治河原则,使裁弯新河与上、下游河道平顺衔接,形成顺乎自然的发展河势。常采用的方法是"引河法"。所谓"引河法",即在选定的河湾狭颈处,先开挖一较小断面的引河,利用水流自身的动力使引河逐渐冲刷发展,老河自行淤废,从而使新河逐步通过全部流量而成为主河道。引河的平面布置有内裁和外裁两种形式,如图 7-11 所示。

裁弯取直始于 19 世纪末期,当时一些裁弯取直工程曾把新河设计成直线,且按过水流量需要的断面全部开挖,同时为促进弯曲老河段淤死,在老河段上修筑拦河坝,一旦新河开通,让河水从新河中流过。但是,这些做法造成裁弯取直后的河滩岸变化迅速,不仅对航运不利,而且维持新河稳定所需费用较大。20 世纪初期,总结河道裁弯取直的经验和教训,改变了以上做法,对于新河线路的设计,按照上下河势成微弯的河线,先开挖小断面引河,借助水流冲至设计断面,取得较好的效果,得到广泛的应用。

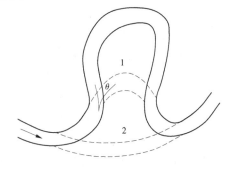

1—内裁;2—外裁

图 7-11　人工裁弯工程

　　人工裁弯工程的规划设计,主要包括引河定线、引河断面设计和引河崩岸防护三个方面。人工裁弯存在的问题,主要是新河控制工程不能及时跟上,回弯迅速;其次是对上下游河势变化难以准确预测,以致出现新的险工,有时为了防止崩塌而投入的护岸工程费用,甚至大大超过裁弯工程,并形成被动局面。因此,有必要特别强调的是,在大江大河实施人工裁弯工程须谨慎。在规划设计时,需对新河、老河、上下游、左右岸,以及近期和远期可能产生的有利因素和不利因素,予以认真研究和高度重视。

　　在进行河道裁弯取直的实践中,我们可以深刻地体会到,当将裁弯取直作为一种主要的河道整治工程措施时,应当全面进行规划,上下游通盘考虑,充分考虑上下游河势变化及其所造成的影响。盲目地遇到弯曲就裁直,将违背河流的自然规律,最终会以失败而告终。在裁弯取直工程实施过程中,还应对河势的变化进行密切观测,根据河势的变化情况,对原设计方案进行修正或调整。

7.2.2.3　裁弯工程规划设计要点

　　河流裁弯取直的效果如何,涉及各个方面,科学地进行裁弯工程的规划设计,掌握规划设计的要点是非常必要的。

　　(1)首先要明确进行河道裁弯取直的目的,目的不同所采用的裁弯线路、工程量和实施方法也不相同。

　　(2)对河道的上下游、左右岸、当前与长远、对环境和生态产生的利弊、对取得的经济效益、工程投资等方面,要进行认真分析和研究,要使裁弯取直后的河道能很好地发挥综合效益。

　　(3)引河进口、出口的位置要尽量与原河道平顺连接。进口布置在上游弯道顶点的稍下方,引河轴线与老河轴线的交角以较小为好。

　　(4)裁弯取直后的河道能与上下游河段形成比较平顺的衔接,可以避免产生剧烈河势的变化和长久不利的影响。

　　(5)人工河道裁弯取直是一项工程量巨大、投资较大、效果多样的工程,应拟订几种不同的规划设计方案进行优选确定。

　　(6)在确定规划设计方案后,需要对新挖河道的断面尺寸、护岸位置长度以及其他相关项目进行设计。

　　(7)河道裁弯取直通水后,需要对河道水位、流量、泥沙、河床冲淤变化等进行观测,为今后的河道管理提供参考。

7.2.2.4　取直河道的“复弯”工程

　　河道裁弯取直使河流的输水能力增强,也可以减少占地面积,易于施工,但是裁弯取直工程也会造成一定的不利影响。如中游河道的坡降增加或裁弯取直会导致洪水流速加快,加大中下游洪水灾害,减少本地降雨入渗量和地下水的补给量,从而改变了水循环状态,最直接的后果是地下水位下降,以及湿地面积大幅度减少、生态系统严重退化。

　　在十分必要的情况下,对于取直河道可以进行“复弯”工程。弯曲河道的恢复是比较复杂的,同样有很多工程和其他问题需要研究与分析,如原河道修复后的冲刷稳定问题,现有河道和原河道的分流比例问题,原河道的生态恢复问题等。有时还需要在分析计算或模型试验的基础上进行规划和设计。

7.2.3 拓宽河道工程

拓宽河道工程主要适用于河道过窄的或有少数突出山嘴的卡口河段。通过退堤、劈山等以拓宽河道,扩大行洪断面面积,使之与上下游河段的过水能力相适应。拓宽河道的办法有:两岸退堤建堤防或一岸退堤建堤防、切滩、劈山、改道,当卡口河段无法退堤、切滩、劈山或采取上述措施不经济时,可局部改道。河道拓宽后的堤距,要与上下游大部分河段的宽度相适应。

7.2.4 疏浚、爆破及清淤工程

疏浚工程是指利用挖泥船等设备,进行航道、港口水域的水下土石方挖除并处理的工程。航道疏浚主要限于河道通航水域范围内。实施航道疏浚工程,首先要进行规划设计。设计内容主要包括挖槽定线,挖槽断面尺寸确定,挖泥船选择和弃土处理方法等。挖槽定线须尽量选择航行便利、安全和泥沙回淤率小的挖槽轴线。挖槽断面尺寸的确定,既要满足船舶安全行驶,又要避免尺寸过大导致疏浚量过多,它包括挖槽的宽度、深度及断面形状等。挖泥船有自航式耙吸挖泥船、铰吸挖泥船、铲斗挖泥船、抓斗挖泥船等不同类型。选用时,应根据疏浚物质的性质,以及施工水域的气象、水文、地理环境等条件而定。

爆破工程需事先根据工程情况设计好实施方案,岸上可采用空压机打眼或人工挖孔等方式成孔装药进行爆破;水下按装药与爆破目标的相对位置,分为水下非接触爆破、水下接触爆破和水下岩层内部爆破三种。河道爆破工程的主要目的是爆开淤塞体、炸除河道卡口、爆除水下暗礁,扩大过水断面,降低局部壅水,提高河道泄流能力,或改善航行条件。

清淤工程是指利用挖掘机等机械设备,进行河道淤积体清除的工程。目的是疏通河道,恢复或扩大泄流。例如,山区河道因地震山崩,或因山洪泥石流,都有可能堵江断流而形成堰塞湖。堰塞湖形成之后,必须尽快清除堰塞体,而机械挖除通常是首选的方案之一。

对于山区河道,通过爆破和机械开挖,切除有害的石梁、暗礁,以治理滩险,满足行洪和航运的要求;对于平原河道,对采用挖泥船等机械疏浚,切除弯道内的不利滩地,浚深扩宽河道,以提高河道的行洪、通航能力。

7.3 典型平原河道治理措施

在天然河流中,不同类型的河段具有不同的河道形态和演变规律,因此河道治理措施也不尽相同。经过多年的治河实践,下面就平原河道常见的 4 种河型治理措施进行介绍。

7.3.1 顺直型河段治理

顺直型河段,犬牙交错的边滩不断下移,使得河道处于不稳定状态,对防洪、航运、港埠和引水都不利。那种认为顺直单一河型较稳定,并希望把天然河道治理成顺直河型的做法,其实并不符合实际,也难以实现。

顺直型河段的治理原则是,将河道边滩稳定下来,使其不向下游移动,从而达到稳定整个河段的目的。稳定边滩的工程措施,多采用淹没式丁坝群,坝顶高程均在枯水位以下,且一般为正挑式或上挑式,这样有利于坝挡落淤,促使边滩淤长。在多沙河流上,也可采取编

篱枹槎等简易措施,防冲促淤。当边滩个数较多时,施工程序应从最上游的边滩开始,然后视下游各边滩的变化情况逐步进行治理。图7-12为莱茵河一顺直型河段采用低丁坝群固定边滩的实例,工程完成后,河槽断面得到了相应调整,整个河段逐步稳定下来。

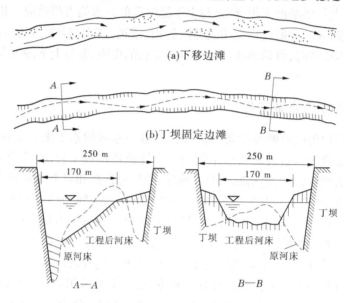

(a)下移边滩

(b)丁坝固定边滩

图7-12　莱茵河固定边滩工程

7.3.2　蜿蜒型河段治理

蜿蜒型河段形态蜿蜒曲折。由于弯道环流作用和横向输沙不平衡的影响,弯道凹岸不断冲刷崩退,凸岸则相应发生淤长,河湾在平面上不断发生位移,蜿蜒曲折的程度不断加剧,待发展至一定程度便可能发生撇湾、切滩或自然裁弯。

从河道防洪的角度,弯道水流所遇到的阻力比同样长度的顺直河段要大,这势必抬高弯道上游河段的水位,对宣泄洪水不利。此外,曲率半径过小的弯道,汛期水流很不顺畅,往往形成大溜顶冲凹岸的惊险局面,危及堤岸安全,从而增加防汛抢险的困难。

从河道航运的角度,河流过于弯曲,航程增大,运输成本必然增大。此外,蜿蜒型河段对于港埠码头、引水工程等也存在一些不利影响。为了消除这些不利影响,有必要对其进行整治。

蜿蜒型河段的治理措施,根据河段形势可分为两大类:一是稳定现状,防止其向不利的方向发展。表现为当河湾发展至适度弯曲的河段时,对弯道凹岸及时加以保护,也就是实施护岸工程,以防止弯道继续恶化,弯道的凹岸稳定后,过渡段即可随之稳定。二是改变现状,使其朝有利的方向发展,即因势利导,通过人工裁弯工程将迂回曲折的河道改变为有适度弯曲的连续河湾,将河势稳定下来。

7.3.3　分汊型河段治理

分汊型河段的整治措施主要有:汊道的固定、改善与堵塞。其中汊道的固定与改善,目的在于调整水流,维持与创造有利河势,有利于防洪;汊道的堵塞,往往是从汊道通航要求考虑,有意淤废或堵死一汊,常见的工程措施是修建锁坝。需要注意的是,从河道泄洪讲,特别是大江大河,堵塞汊道需加慎重。

7.3.3.1　汊道的固定

固定或稳定汊道的工程措施,如图7-13所示,主要是在上游节点处、汊道入口处以及江心洲首尾修建整治建筑物。节点控制导流及稳定汊道常采用的工程措施是平顺护岸。

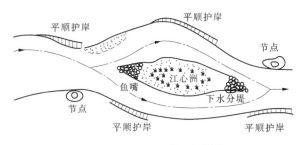

图 7-13　固定汊道工程措施

江心洲首、尾部位的工程措施,通常是分别修建上、下分水堤。其中,上分水堤又名鱼嘴,其前端窄矮、浸入水下,顶部沿流程逐渐扩宽增高,与江心洲首部平顺衔接;下分水堤的外形与上分水堤恰好相反,其平面上的宽度沿流程逐渐收缩,上游部分与江心洲尾部平顺衔接。上、下分水堤的作用,分别是保证汊道进口和出口具有良好的水流条件和河床形式,以使汊道在各级水位时能有相对稳定的分流、分沙比,从而固定江心洲和汊道河槽。

7.3.3.2　汊道的改善

改善汊道包括调整水流与调整河床两个方面。前者如修建顺坝或丁坝,后者如疏浚或爆破等。在采取整治措施前,应分析汊道的分流分沙及其演变规律,根据具体情况制订相应工程方案。例如,为了改善上游河段的情况,可在上游节点修建控导工程,以控制来水来沙条件;为了改变两汊道的分流、分沙比,可在汊道入口处修建顺坝或导流坝;为了改善江心洲尾部的水流流态,可在洲尾修建导流顺坝等。图7-14为改善汊道工程措施示意图。

图 7-14　改善汊道工程措施

7.3.3.3　汊道的堵塞

堵塞汊道主要有修建挑水坝(顺坝、丁坝)和锁坝等措施。用丁坝和顺坝堵塞汊道,常常比锁坝的效果好。因为丁坝和顺坝不但能封闭汊道进口,起到锁坝的作用,同时能起束窄通航汊道水流的作用。图7-15为利用丁坝堵塞非通航汊道(左汊),将江心洲转化为河漫滩的例子。

在一些中小河流,特别是山区河流,当两汊道流量相差不大,必须堵死一汊才能满足另一汊的通航要求时,多采取锁坝堵汊措施。但在平原河流上,特别是大江大河的双汊河段,一般不宜采取这类措施。因为锁坝堵汊会引起两汊水沙的重新分配,河道将发生剧烈变化,

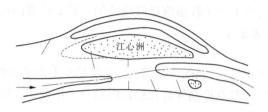

图 7-15　丁坝封闭汊道

可能会带来严重后果。但对于多股汊道的分汊河段,堵塞明显处于弱势的有害支汊,对通航和稳定河势是可行的。

7.3.4　游荡型河段治理

游荡型河段在我国以黄河下游孟津至高村河段最为典型。该河段由于河道宽浅,两岸缺乏控制工程,河床组成物质松散,洪水暴涨陡落,泥沙淤积严重,洲滩密布,汊道众多,主流摆动频繁,且摆幅较大,摆动范围平均为 3 ~ 4 km,最大达 7 km。

游荡型河段河势急剧变化,造成了如下问题:①河势突变,常出现"横河""斜河",河道主流直接顶冲堤岸,危及大堤安全;②河滩区域发生滚河,主流直冲平工堤段,若抢险不及时,就会造成大堤决口;③河势变化,造成滩地剧烈坍塌,此冲彼淤;④沿河工农业引水困难,航运事业难以发展。

游荡型河道整治工程,主要由险工和控导工程两部分组成。在经常临水的危险堤段,为防止水流淘刷堤防,依托大堤修建的丁坝、坝垛、护岸工程称为险工。为了保护滩岸,控导有利河势,稳定中水河槽,在滩岸上修建的丁坝、坝垛和护岸工程称为控导护滩工程,简称控导工程。险工和控导工程相互配合,共同起到控导河势、固定险工位置、保护堤岸的作用,见图 7-16。

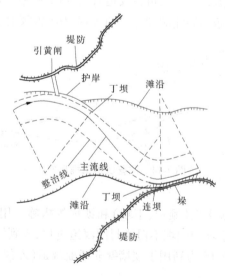

图 7-16　险工和控导工程示意图

游荡型河段,河道洪、枯流量悬殊,河床因主流摆动而形成宽滩窄槽,为了安全行洪,必须留有足够的过洪断面,所以堤距一般较大;为了控制主流的变迁,稳定主槽,则必须在滩区岸线修筑必要的控导河势工程,且不能影响正常行洪。前者可以说是洪水整治措施,而后者则属中水整治范畴。

游荡型河段的治理原则是:以防洪为主,在确保大堤安全的前提下,兼顾护滩、护村,以及引水和航运的要求;稳定中水河槽,控导主流,以利于排洪排沙入海。工程措施主要是:"以坝护湾,以湾导溜"。控导工程以短丁坝(或坝、垛、护岸)、小间距为主,护岸工程结构采用缓坡型式,建筑材料以土、石、柳枝及土工织物为主,就地取材,且便于抢险加固。

最后有必要指出的是,游荡型河段的问题症结是泥沙。根据多年治黄经验,要彻底治理好黄河下游游荡型河段,应坚持标本兼治、综合治理的方针,即采取"上拦下排,两岸分滞"控制洪水,"拦、排、放、调、挖"处理和利用泥沙。"上拦"主要靠中上游干流控制性骨干工程和水土保持工程拦截洪水和泥沙。"下排"就是通过河道整治和各类河防工程的建设,将进入下游的洪水和泥沙,利用现行河道尽可能多地输送入海。"调"是利用修建在黄河中游的水库,拦截粗沙,排泄细沙,并针对黄河水沙异源的特点,调水调沙以增大下游的输沙能力,减少河床泥沙淤积。"放""挖"主要是通过放淤和挖河措施,在下游两岸处理和利用一部分泥沙,例如引洪淤灌、淤临淤背等,不仅减少了河道的泥沙,而且促进了农业生产,加固了堤防,变害为利,使黄河下游逐步形成"相对地下河"。只有走"多管齐下、综合治理"的道路,才有望从根本上改善和治理黄河下游游荡型河段。

第8章　河道生态治理

8.1　生态河道的内涵与特征

8.1.1　生态河道的内涵

　　生态河道的构建起源于生态修复,是时下的热门话题,但生态河道目前尚无公认的、统一的界定。多数学者认为生态河道是指在保证河道安全的前提下,以满足资源、环境的可持续发展和多功能开发为目标,通过建设生态河床和生态护岸等工程技术手段,重塑一个相对自然稳定和健康开放的河流生态系统,以实现河流生态系统的可持续发展,最终构建一个人水和谐的理想环境。

　　生态河道是具有完整生态系统和较强社会服务功能的河流,包括自然生态河道和人工建设或修复的生态河道。自然生态河道指不受人类活动影响,其发展和演化的过程完全是自然的,其生态系统的平衡和结构完全不受人为影响的河道。人工建设或修复的生态河道,是指通过人工建设或修复,河道的结构类似自然河道,同时能为人类提供诸如供水、排水、航运、娱乐与旅游等诸多社会服务功能的河道。

　　由此可见,在生态河流建设中,特别强调河流的自然特性、社会特性及其生态系统完整性的恢复。生态河道是河流健康的表现,是水利建设发展到相对高级阶段的产物,是现代人渴望回归自然和与自然和谐相处的要求,是河道传统治理技术向现代综合治理技术转变的必然趋势。

8.1.2　生态河道的特征

8.1.2.1　形态结构稳定

　　生态河道往往具有供水、除涝、防洪等功能,为了保证这些功能的正常发挥,河道的形态结构必须相对稳定。在平面形态上,应避免发生摆动;在横断面形态上,应保证河滩地和堤岸的稳定;在纵断面形态上,应不发生严重的冲刷或淤积,或保证冲淤平衡。

8.1.2.2　生态系统完整

　　河道生态系统完整包括河道形态完整和生物结构完整两个方面。源头、湿地、湖泊及干支流等构成了完整的河流形态,动物、植物及各种浮游微生物构成了河流完整的生物结构。在生态河道中,这些生态要素齐全,生物相互依存、相互制约、相互作用,发挥生态系统的整体功能,使河流具备良好的自我调控能力和自我修复功能,促进生态系统的可持续发展。

8.1.2.3　河道功能多样化

　　传统的人工河道功能单一,可持续发展能力差。生态河道在具备自然功能和社会功能的同时,还具备生态功能。具体见本书第2.5节。

8.1.2.4　体现生物本地化和多样性

生态河道河岸选择栽种林草,应尽可能用本地的、土生土长的、成活率高的、便于管理的林草,甚至可以选择当地的杂树杂草。生物多样性包括基因多样性、物种多样性和生态系统多样性。生态河道生物多样性丰富,能够使河流生物有稳定的基因遗传和食物网络,维持系统的可持续发展。水利工程本身是对自然原生态的一种破坏,但是从整体上权衡利弊得失时,对于人类一般利大于弊。生态也不是一成不变的,而是动态平衡的。因此,建设生态河道时必须极大地关注恢复或重建陆域和水体的生物多样性形态,尽可能地减少那些不必要的硬质工程。

8.1.2.5　体现形态结构自然化与多样化

生态河道以蜿蜒性为平面形态基本特征,强调以曲为美,应尽量保持原河道的蜿蜒性。不宜把河道整治成河床平坦、水流极浅的单调河道,致使鱼类生息的浅滩、深潭及植物生长的河滩全部消失,这样的河道既不适于生物栖息,也无优美的景观可言。生态河道应具有天然河流的形态结构,水陆交错,蜿蜒曲折,形成主流、支流、河湾、沼泽、急流和浅滩等丰富多样的生境,为众多的河流动物、植物和微生物创造赖以生长、生活、繁衍的宝贵栖息地。

8.1.2.6　体现人与自然和谐共处

一般认为,生态河道就是亲水型的,体现以人为本的理念。这种认识并不全面,以人为本不能涵盖人与自然的关系,它主要是侧重于人类社会关系中的人文关怀,现代社会中河道治理不再是改造自然、征服自然,因此不是强调以人为本,而是提倡人与自然和谐共处。强调人与自然和谐相处,可以避免水利工程建设中的盲目性,也可以避免水利工程园林化的倾向。

8.2　河道生态治理的基本概念

河道生态治理,又称为生态治河或生态型河流建设等,它是融治河工程学、环境科学、生物学、生态学、园林学、美学等学科于一体的系统水利工程,是综合采取工程措施、植物措施、景观营造等多项技术措施而进行的多样性河道建设。经过治理后的河流,不仅具有防洪排涝等基本功能,还有良好的确保生物生长的自然环境,同时能创造出美丽的河流景观,在经历一定时间的自然修复之后,可逐渐恢复河流的自然生态特性。

河道生态治理的目标是,实现河道水清、流畅、岸绿、景美。水清是指采取截污、清淤、净化及生物治理等措施,或通过调水补水、增加流量,改善水质,达到河道水功能区划要求。流畅是指采取拓宽、筑堤、护岸、疏浚等措施,提高河道行洪排涝能力,确保河道的防洪要求。岸绿即指绿化,通过在河道岸坡、堤防及护堤地上植树种草,防止水土流失,绿化美化环境。景美是结合城区公园或现代化新农村建设,以亲水平台、文化长廊、旅游景点等形式,营建水景,挖掘文化,展现风貌,把河道建设成为人水和谐的优美环境。

8.2.1　水清

水清是指水流的清洁性,它反映了水体环境的特征,决定了河流的自净能力大小。河流的自净能力在一定程度上反映着河流的纳污能力,而河流纳污能力又受到河川径流量以及社会经济对河流废污水排放量的影响。当社会经济产生的未达标的污水、废水等污染物大量排放到河流时,一旦污水、废水的排放量超过河流的水环境容量或水环境承载能力,河流的自净能力将会减弱或丧失,导致水体受污、水质恶化,进而丧失河流的社会经济服务功能。因此,河流水环境承载能力是影响河流清洁性的主要因素。水清主要体现在水质良好和水面清洁两个方面,它描述了河流健康对水环境状况的要求。

(1)良好的水质。河流中生物的生长、发育和繁殖都依赖于良好的水环境条件,农田灌溉、工业生产等社会生产活动以及居民用水、休闲娱乐等社会生活也同样需要良好的水环境条件,河流自净能力的强弱也与水环境条件密切相关。可见,良好的水质是河流提供良好生态功能和社会功能的基本保障。健康的河流应该能够保持良好的水体环境,满足饮用水源、工农业生产、生物生存、景观用水等功能要求的水质要求。

(2)清洁的水面。水面是河流的呼吸通道,健康的河流应该保持这一通道的通畅,即保证水体与大气氧气交换通道的畅通。如果河道水面的水草、藻类大量繁殖,水葫芦、水花生等植物疯长,甚至将整个水面完全覆盖,将阻断水体与大气间的氧气交换通道,使水体富营养化进入恶性循环。因此,健康的河流应该保持清洁的水面,没有杂草丛生,也没有过敏的水花生、水葫芦、水藻等富营养化生物,更没有杂乱漂浮的生活垃圾。

8.2.2　流畅

流畅包含了流和畅双层含义。流是指水体连续的流动性,水体营养物质的输送和生物群体迁移通道的通畅,水体生态系统的物质循环、能量流动、信息传递的顺畅,水体自净能力的不断增强;畅是指水流的顺畅和结构的通畅,使河流具有足够的泄洪、排水能力,从而为人类社会活动提供一定的安全保障。由此可见,流畅反映了河流的水文条件和形态结构特征。具体地讲,就是在水文特征上体现为水量安全、流态正常和水沙动态平衡;在形态结构上体现为横向结构稳定、纵向连通顺畅以及适宜的调节工程。

(1)安全的水量。水是河流生命的最基本要素,河道内生物生存、河道自然形态的变化以及各种服务均需要河流能保持一定的水量。河流只有在维持基本水量以上水平时,才能保证河道的产流、汇流、输沙、冲淤过程的正常运转,才能维持生物正常的新陈代谢和种群演替,从而保证河道各项功能的正常发挥。另外,河道的水量也并非越大越好。在汛期,洪水对河道稳定、生物生存以及社会生产均会造成很大的危害。可见,水量的安全性要求控制在基本水量和最大水量范围之内。

(2)连续的径流。河道水流流动表征着河流生命的活力。没有流动,河流就丧失了在全球范围内进行水文循环的功能;没有流动,河床缺少冲刷,河流挟沙入海的能力就会削弱;没有流动,水体复氧能力就会下降,水体自净作用就会减缓,水质就要退化,成为一潭死水;没有流动,湿地得不到水体和营养物质补充,依赖于湿地的生物群落就丧失了家园。与此同时,河流径流应保持适度的年内和年际变化。适度的年内和年际径流变化对河流的生态系统起着重要的作用,生活在给定河流内的植物、鱼类和野生动物经过长时间的进化已经适应了该河流特有的水力条件。如洪水期的水流会刺激鱼类产卵,并提示某类昆虫进入其生命循环的下一阶段,流量较小时,此时的水流条件有利于河边植物数量的增长。

(3)顺畅的结构形态。河道结构是河水的载体和生物的栖息地,河道结构的状况会直接决定河水能否畅通无阻的流动和宣泄以及生物能否正常生存和迁徙。流畅的河道结构是保证水量安全、河水流畅和生物流畅的基础条件。河道结构流畅是指在水沙动态平衡条件下,河岸、河床相对稳定,形成良好的水流形态,从而促进河流功能的正常发挥,包括横向结构稳定、纵向形态自然流畅。河道横向结构状态是水流条件对河岸、河床的冲击和人类活动对河岸、河床改造的综合结果。健康的河流要求河岸带与河床均能保持动态的稳定性,即河岸带不会发生崩塌、严重淘刷等现象,水体的挟沙能力处于动态平衡状态,河床不发生严重淤积或冲坑,以保证水体的正常流动空间。纵向形态自然流畅是河流系统的上中下游及河口等不同区段保持通畅性,而且不同层次级别的系统间又是相互连通的。河流纵向连通顺畅是水体流畅的前提,并能保证物质循环和生物迁徙通道的顺畅,形成多样的、适宜的栖息环境,从而促进河流生物的多样发展,充分体现了河流的健康。

(4)适宜的调节工程。天然河流的发展,无法有效地为人类社会经济的发展提供服务。为了充分发挥河流的各项社会功能,通常会在河流系统上兴建一些调节工程,如闸站、堰坝、电站、水库等,各类调节工程在完成蓄水、防洪、灌溉、发电的同时,在不同程度上也对生态环境造成了一定的负面影响。因此,在河流系统中兴建跨河调节工程应在充分考虑各方面因素的基础上,保持适宜的数量和规模。

8.2.3　岸绿

岸绿是从营造良好生态系统的角度描述河流的健康特征的,这里的"绿"并不是单纯的"感官上的绿色",更重要的是"完整生态系统的营造",是一种"生态建设的理念"。这一特征既表示了健康河流系统应具有的较高的植被覆盖率,又表征了健康河流具有良好的植被配置和栖息环境。河流的绝大部分植被是生存在河岸带区域的,该区域是水域生态系统与陆地生态系统间的过渡带,它既是生物廊道和栖息地,又是河流的重要屏障和缓冲区,它对维护河流的健康具有极为重要的作用。因此,岸绿的特征主要是通过良好的河岸带生态系统来体现的。良好的河岸带生态系统应保证河岸带具有较高的植被覆盖率、良好的植被组成、适宜的河岸带宽度以及适度的硬质防护工程,这不仅能为多种生物提供良好的栖息地,增加生物多样性,提高生态系统的生产力,还可以有效地保护岸坡稳定性,吸收或拦截污染物,调节水体微气候。综上所述,岸绿既是河道结构和调节工程等结构健康内涵的体现,又是生态功能健康内涵的体现。岸绿主要体现在较高的植被覆盖率、良好的植被组成、适宜的河岸带宽度和适度的硬质防护工程 4 个方面。

(1)较高的植被覆盖率。河岸带内植被可以有效地减缓水流冲刷,减少水土流失,增强岸坡稳定性。植被的根、茎、叶可以拦截或吸收径流所挟带的污染物质,可以过滤或缓冲进入河流水体的径流,有效地减轻面源污染对河流水体的破坏,从而有效保护河流水体环境。一定量的植被可以为生物提供良好栖息地和繁育场所,一些鸟类在夜晚将栖息地选择在河边芦苇丛中,许多龟类喜欢将卵产在水边的草丛中。它还可以有效补给地下水,涵养水源。因此,保持较高的河岸带植被覆盖率是岸绿的首要要求。

(2)良好的植被组成。组成部件单一的系统其自我组织、自我调节能力也相对较差,所以良好的生态系统不仅要保证植被的数量,要求具有较高的植被覆盖率,还要保证植被的合理配置,这就要求植被组成不能过于单一,而应当具有丰富的植被种群和较高的生物多样性,以增强生态系统的自我组织能力。因此,河岸带植被应合理配置,保证良好的植被组成。良好的植被组成不仅可以使河岸保持良好绿色景观效果,更重要的是可以营造良好的生物生存环境,完善生态系统的组成,增强生态系统的复杂度,提高生态系统的初级生产力,从而提高河流的生态承载力和自我恢复能力。

（3）适宜的河岸带宽度。河岸带是河流的边缘区域,它是生物的主要廊道与栖息地,也是河流的屏障与缓冲带,其宽度大小将直接影响河流的稳定性、生物多样性、生态安全性以及水质状况。只有保持适宜的河岸带宽度,才能充分发挥河岸带的通道与栖息地功能以及屏障与缓冲功能,以保证结构稳定、维持防洪安全、保持水土、减少面源污染、保护生物多样性,从而有效地发挥河流的自然调节功能、生态功能以及社会功能。

（4）适度的硬质防护工程。河道稳定性是生物生存的首要条件。对于一些地质条件、水文条件较差的区段,稳定性要求得不到满足,这些区段应实施一定的硬质防护工程,以增强河岸的稳定性。硬质防护工程的实施有利于保护河岸或堤防的稳定,但是也造成了生物栖息地的丧失,水体与土壤间物质交换路径的阻断,水体自净能力的下降等问题的出现。因此,对一个健康河流来说,在保证河岸安全稳定的条件下,应保持适度的河岸硬质防护工程,尽量避免过度硬质化工程。

8.2.4　景美

景美是指河流的结构形态、水体特征、生物分布、建筑设施等给人以美观舒心、和谐舒适、安全便利的感受。它是人们对河流自然结构、生态结构、文化结构与调节工程的直接感官,是河流建设成效的综合体现,也是前三个特征的综合反映。结构形态、水体特征、生物分布、调节工程在前面三个特征中已阐述,以下重点说明建筑设施和文化结构。良好的建筑设施和文化结构必须具有多样性、适宜性、亲水性等特点,与周围环境相协调,成为人与自然和谐的优美生活环境的组成部分。它可以给人们带来安逸、舒适的生活环境,可以为人们提供休闲娱乐的亲水平台和休憩场所,提供学习历史、宣传环保知识的平台。它主要体现在丰富多样的自然形态、和谐的人水空间、完备的景观与便民设施、充分的文化内涵表现等方面。

（1）丰富多样的自然形态。景美的河道在纵向上应保持多样的自然弯曲形态,在横向上具有多样变化的结构。

（2）和谐的人水空间。景美的河道在滨水区,在保证安全的基础上,应保证足够的亲水空间和亲水设施,满足人亲水的天性要求。它是人们日常生活不可缺少的部分,是人们娱乐休闲和接触大自然的便利场所。

（3）完备的景观与便民设施。景美的河流具有良好的景观资源和便民的设施,健康的河流能给人们的日常生活提供便利,具有较齐全的河埠头、生活码头、休憩场所等便民与休闲设施。

（4）充分的文化内涵表现。河流凝聚着其所在区域深厚的文化底蕴,既包括历史文化,又包括现代文明。景美的河流应能充分表现历史文化与现代文明的内涵。

因此,在河道规划设计与建设中,要按照科学发展、可持续发展的要求,体现人与自然和谐的治水理念,在恢复和强化河道行洪、排涝、供水、航运等基本功能的同时,重视河道的生态、景观建设,尽量满足河道的自然性、安全性、生态性、观赏性和亲水性要求。

8.3　生态河道治理规划设计

8.3.1　生态河道治理的原则

生态河道治理是在遵循自然规律的基础上,通过人为的作用,根据技术上适当、经济上可行、社会上能够接受的原则,使受到破坏或退化的河流生态系统得到恢复,为人类社会的发展提供生态服务功能。生态河道治理的原则一般包括自然法则和社会经济技术原则。

8.3.1.1　自然法则

自然法则是生态河道治理的基本原则,只有遵循自然规律,河流生态系统才能得到真正的恢复。

1.地域性原则

由于不同区域具有不同的生态背景,如气候条件、地貌和水文条件等,这种地域差异性和特殊性要求在恢复与重建退化生态系统的时候,要因地制宜,具体问题具体分析,在定位试验或实地调查的基础上,确定优化模式。

2.生态学原则

生态学原则包括生态演替原则、保护食物链和食物网原则、生态位原则、阶段性原则、限制因子原则、功能协调原则等。这些原则要求我们根据生态系统的演替规律,分步骤、分阶段,循序渐进,不能急于求成。生态治理要从生态系统的层次开始,从系统的角度,根据生物之间、生物与环境之间的关系,利用生态学相关原则,构建生态系统,使物质循环和能量流动处于最大利用和最优状态,使恢复后的生态系统能稳定、持续地维持和发展。

3.顺应自然原则

充分利用和发挥生态系统的自净能力和自我调节能力,适当采用自然演替的自我恢复,不仅可以节约大量的投资,而且可以顺应自然和环境的发展,使生态系统能够恢复到最自然的状态。

4.本地化原则

许多外来物种与本土的对应物种竞争,影响其生存,进而影响相关物种的生存和生态系统结构功能的稳定,造成极大的损害。生态恢复应该慎用非本土物种,防止外来物种的入侵,以恢复河流生态系统原有的功能。

8.3.1.2　社会经济技术原则

社会经济技术条件和发展需求影响河流生态系统的目标,也制约着生态恢复的可能性及恢复的水平和程度。

1.可持续发展原则

实现流域的可持续发展,是河流生态治理的主要目的。河流生态治理是流域范围的生态建设活动,设计面广、影响深远,必须通过深入调查、分析和研究,制订详细而长远的恢复计划,并进行相应的影响分析和评价。

2.风险最小和效益最大原则

由于生态系统的复杂性以及某些环境要素的突变性,人们难以准确估计和把握生态治理的结果和最终的演替方向,退化生态系统的恢复具有一定的风险。同时,生态治理往往具有高投入的特点,在考虑当前经济承受能力的同时,还要考虑生态治理的经济效益和收益周期。保持最小风险并获得最大效益是生态系统恢复的重要目标之一,是实现生态效益、经济效益和社会效益完美统一的必然要求。

3.生态技术和工程技术结合原则

河流生态治理是高投入、长期性的工程,结合生态技术不仅能大大降低建设成本,还有助于生态功能的恢复,并降低维护成本。生态恢复强调"师法自然",并不追求高技术,实用技术组合常常更加有效。

4.社会可接受性原则

河流是社会、经济发展的重要资源,恢复河流的生态功能对流域具有积极的意义,但也可能影响部分居民的实际效益。河流生态治理计划应该争取当地居民的积极参与,得到公众的认可。

5.美学原则

河流常常是流域景观的重要组成部分,美学原则要求退化生态系统的恢复重建应给人以美好的享受。

8.3.2 生态河道治理规划设计的要求

在进行生态河道治理规划设计时,各地应根据当地河道的实际情况和建设目标要求,创造性地选用适于本地河情的技术方案与措施。以下阐述生态河道治理规划设计的要求。

(1)确保防洪安全,兼顾其他功能。在生态河道治理规划设计中,防洪安全应放在首位,同时须兼顾河道的其他功能,也就是要尽可能地照顾其他部门的利益。例如,不能确保了防洪安全,却影响了通航要求;或不能整治了河道,却造成了工农业生产和生活引水的困难等。

(2)增强河流活力,确保河流健康。生态功能正常是河流健康的基本要求。河流健康的关键在于水的流动。因此,规划设计时,需要明确维持河流活力的基本流量(或称生态用水流量),并采取措施确保河道流量不小于这个流量。

(3)改造传统护岸,建造生态河岸。传统的护岸工程多采用砌石、混凝土等硬质材料施工,这样的河岸,生物无法生长栖息。生态型河道建设,应尽量选用天然材料构造多孔质河岸,或对现有硬质护岸工程进行改造,如在砌石、混凝土护岸上面覆土,使之变成隐性护岸,再在其上面种草实现绿色河岸。

(4)营造亲水环境,构建河流景观。生态河流应有舒适、安全的水边环境和具有美感的河流景观,适宜人们亲水、休闲和旅游。但在营造河流水边环境及景观时,应注意与周围环境相融合、相协调。设计时,最好事先绘制效果图,并在充分征求有关部门和当地居民意见的基础上修改定案。

(5)重视生物多样性,保护生物栖息地。在生态型河流建设中,对于河流生物的栖息地,要尽可能地加以保护,或只能最小限度地改变。若河流形态过于规则单一,则可能造成生物种类减少。确保生物多样性,需要构造多样性的河道形态。例如:连续而不规则的河岸;丰富多样的断面形态;有滩有槽的河床;泥沙有的地方冲刷,有的地方淤积等。这样的河流环境,有利于不同种类生物的生存与繁衍。

8.3.3　生态河道治理规划设计的总体布局

河道生态治理要达到人水和谐的目标,要对现状自然河流网络充分利用并进行疏理,采取疏、导、引的手法,使水系网络贯通为有机的整体;水系、绿化、道路、用地相互依存,构成整个区域生态廊道的骨架。与城市总体规划、土地利用规划等规划相衔接。具体要做好保、截、引、疏、拆、景、态、用、管 9 个方面的工程布局。

8.3.3.1　保——防洪保安

防止洪水侵袭两岸保护区,保证防洪安全及人们沿河的活动安全。河道应有足够的行洪断面,满足两岸保护区行洪排涝的需要,河道护岸及堤防结构必须安全。在满足河道防洪、排涝、蓄水等功能的前提下,建立生态性护岸系统满足人们亲水的要求。采取疏浚、拓宽、筑堤、护岸等工程手段,提高河道的泄洪、排水能力,稳定河势,避免水流对堤岸及涉河建筑物的冲刷,使河道两岸保护区达到国家及行业规定的防洪排涝标准。

8.3.3.2　截——截污水、截漂流物

摸清河道两岸污染物来源,进行河道集水范围内的污染源整治,撤销无排水许可的排污口,满足最严格水资源管理的"水功能区限制纳污红线"要求。对工农业及生产生活污染源进行整治,新建、改建污水管道及兴建污水泵站和污水处理厂,提高污水处理率,通过对沿河地块的污水截污纳管,逐步改善河道水质;兴建垃圾填埋场及农村垃圾收集点,建立垃圾收集、清运、处理处置系统。

8.3.3.3　引——引水配水

对水体流动性不强,季节性降水补充不足的平原河网和城市内河的治理,需从天然水源比较充沛的河道,引入一定量的清洁水源,解决流速较小水量不充沛的问题,补充生态用水,并对河道污染起到一定的稀释作用。

8.3.3.4　疏——疏浚

对河岸进行衬砌和底泥清淤,改变水体黑臭现象。

8.3.3.5　拆——拆违

拆即集中拆除沿河两侧违章建筑,还河道原有面貌,并为河道综合治理提供必要的土地。

8.3.3.6　景——景观建设

加强对滨水建筑、水工构筑物等景观元素的设计,恢复河道生态功能,改善滨水区环境,优化滨水景观环境。河道应具有亲水性、临水性和可及性,沿岸开辟一定的绿化面积,美化河道景观,尽可能保持河道原有的自然风光和自然形态,设置亲水景点,从河道的平面、断面设计及建筑材料的运用中注重美学效果,并与周边的山峰、村落、集镇、城市相协调。

8.3.3.7　态——保护生态

建设生态河道,保护河道中生物多样性,为鱼类、鸟类、昆虫、小型哺乳动物及各种植物提供良好的生活及生长空间,改善水域生态环境。

8.3.3.8　用——开发利用

开发利用沿河的旅游资源和历史文化遗存,注重对历史文化的传承,充分挖掘河道的历史文化内涵。开发利用河道两岸的土地,从各地的河道综合整治实例看,河道整治后,河道两岸保护区原来受洪水威胁的土地得到大幅度增值,临近河道区块成为用地的黄金地带。

在河道治理规划设计中要充分开发和利用这些新增和增值的土地,通过招商引资的办法,使公益性的河道治理工程产生经济效益,走开发性治理的新路子。

8.3.3.9 管——长效管理

理顺管理体制,落实管理机构、人员、经费,划定河道管理和保护范围,明确管理职责,建立规章制度,强化监督管理。开展河道养护维修、巡查执法、保洁疏浚,巩固治理效果,发挥治理效益。

8.3.4 生态河道治理规划设计的内容

生态河道治理规划设计的内容主要包括河道的平面设计、断面设计、护岸设计、生态景观设计、施工组织设计、环境保护设计、工程管理设计、经济评价等方面,其设计应执行相关的技术标准和规范。其中和水利关系密切的为平面布置、堤(岸)线布置、堤距设计、堤防型式、断面设计、护岸设计等,以下做简单介绍。本章后续章节详细介绍部分规划设计内容。

8.3.4.1 平面布置

在平面布置上,尽量将沿岸两侧滩地纳入规划河道范围之内,并尽可能地保留河畔林。主河槽轮廓以现行河道的中水河槽为依据,河道形态应有滩有槽、宽窄相间、自然曲折。必要时,可用卵石或泥沙在河槽中央堆造江心滩,或在河槽两侧构造边滩,使河道形成类似自然河道的分汊或弯曲形态。

8.3.4.2 堤(岸)线布置

堤(岸)线的布置与拆迁量、工程量、工程实施难易、工程造价等密切相关,同时是景观和生态设计的要素,流畅和弯曲变化的防洪堤纵向布置有助于与周边景观相协调,堤线的蜿蜒曲折也是河流生态系统多样性的基础。

堤(岸)线应顺河势,尽可能地保留河道的天然形态。山区河流保持两岸陡峭的形态,顺直型及蜿蜒型河道维持其河槽边滩交错的分布,游荡型河道在采取工程措施稳定主槽的基础上,尽可能地保留其宽浅的河床。

8.3.4.3 堤距设计

在确定堤防间距时,遵循宜宽则宽的原则,尽量给洪水以出路,处理好行洪、土地开发利用与生态保护的关系。在确保河道行洪安全的前提下,兼顾生态保护、土地开发利用等要求,尽可能保持一定的浅滩宽度和植被空间,为生物的生长发育提供栖息地,发挥河流自净功能。

在不设堤防的河段,结合林地、湖泊、低洼地、滩涂、沙洲,形成湿地、河湾;在建堤的河段,可在堤后设置城市休闲广场、公共绿地等,以满足超标准洪水时洪水的淹没。

8.3.4.4 堤防型式

堤防型式很多,常见的有直立式、斜坡式、复合式,应根据河道的具体情况进行选择。选择时,除了满足工程渗透稳定和抗滑、抗倾稳定外,还应结合生态保护或恢复技术要求,应尽量采用当地材料和缓坡,为植被生长创造条件,保持河流的侧向连通性。

8.3.4.5 断面设计

断面设计包括河床纵断面与横断面设计。自然河流的纵、横断面浅滩与深潭相间,高低起伏,呈现多样性和非规则化的形态。天然河道断面滩地和深槽相间及形态尺寸多样是河流生物群落多样性的基础,因此应尽可能地维持断面原有的自然形态和断面型式。

河床纵剖面应尽可能接近自然形态,有起伏交替的浅滩和深槽,不做跌水工程,不设堰坝挡水建筑物。

横断面设计,在满足河道行洪泄洪要求前提下,尽量做到河床的非平坦化,采用非规则断面,确定断面设计的基本参数,包括主槽河底高程、滩地高程、不同设计水位对应的河宽、水深和过水断面面积等。根据其不同综合功能、设计流量、工程地形、地质情况,确定不同类型的断面形式,如选用准天然断面、不对称断面、复式断面或多层台阶式结构,尽量不用矩形断面,特别是宽浅式矩形断面。不用硬质材料护底,岸坡最好用多孔性材料衬砌,为鱼类、两栖动物、水禽和水生植物创造丰富多样的生态环境。

8.3.4.6 护岸设计

在河流治理工程中,对生态系统冲击最大的因素是水陆交错带的岸坡防护结构。水陆交错带是动物的觅食、栖息、产卵及避难所,植物繁茂发育地,也是陆生、水生动植物的生活迁移区。岸坡防护工程材料设计在满足工程安全的前提下,应尽量使用具有良好反滤和垫层结构的堆石,多孔混凝土构件和自然材质制成的柔性结构,尽可能避免使用硬质不透水材料,如混凝土、浆砌块石等,为植物生长,鱼类、两栖类动物和昆虫的栖息与繁殖创造条件。

护岸设计应有利于岸滩稳定、易于维护加固和生态保护。易冲刷地基上的护岸,应采取护底措施,护底范围应根据波浪、水流、冲刷强度和床质条件确定。护底宜采用块石、软体排和石笼等结构。河道护砌以生态护砌为主,可采用预制混凝土网格、土工格栅、草皮结构,低矮灌木结合卵石游步路,使河道具有防洪、休闲和亲水功能。

据有关资料,采用水生植物护坡,具有净化水质、为水生动物提供栖息地、固堤保土、美化环境的功能,是目前河道生态护坡的主要型式。

8.4 生态河道河槽形态与结构设计

生态河道河槽形态与结构设计应根据自然河道的形态特点,遵循河道形态多样性与流域生物群落多样性相统一的原则,在参考同流域内自然河道形态基础上,结合河道现状条件进行规划设计,做到弯、直适宜,断面形态多样,深潭、浅滩相间。

8.4.1 生态河道横断面形态及横断面形态设计

8.4.1.1 生态河道横断面形态

生态河道横断面形态的主要特点是断面比较宽浅,一般由主河槽、行洪滩地和边缘过渡带三部分组成,见图 8-1。主河槽一般常年有水流动;行洪滩地(也称洪泛区)是指在河道一侧或两侧行洪时被洪水淹没的区域;边缘过渡带指行洪滩地与河道外的过渡区域或边缘区域。

在满足河道行洪能力要求的前提下,遵循自然河道横断面的结构特点,确定断面形式,以下说明复式断面、梯形断面及矩形断面的适用条件。

1. 复式断面

复式断面适用于河滩地开阔的山溪性河道,山溪性河道洪水暴涨暴落,汛期和非汛期流量差别较大,对河道断面需求也差别较大。因此,河道断面尽量采用复式断面,主槽与滩地相结合,设置不同高程的亲水平台,充分满足人们亲水的要求,增加人与自然沟通的空间。

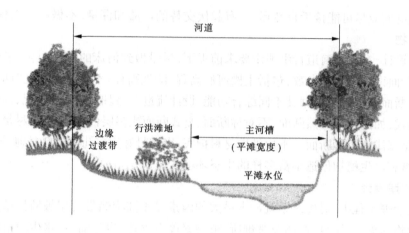

图 8-1　典型生态河道横断面图

2. 梯形断面

梯形断面相对复式断面较少,是农村中河道常用的断面形式。为防止冲刷,基础可采用混凝土或浆砌石大方脚,一般采用土坡,或常水位以下采用砌石等护坡,常水位以上以草皮护坡,有利于两栖动物的生存繁衍。

3. 矩形断面

城镇等人口密集地为节省土地或受地形所限河段常采用矩形断面。常水位以下采用砌石、块石等护坡,常水位以上以草皮护坡,以增加水生动物的生存空间,有利于堤防保护和生态环境改善。

8.4.1.2　横断面设计

对于人工调控流量的生态河道,主河槽断面尺寸(包括主河槽底宽、主河槽深和平滩宽度)宜由非汛期多年平均最大流量或生态需水流量确定,对于无人工控制的自然河道,主河槽断面宜根据非行洪期多年平均最大流量或平滩流量(相当于造床流量)来确定,行洪滩地断面应根据规定的防洪标准所对应的设计流量来确定。生态河道横断面设计与传统河道横断面设计的主要区别是在于横断面形态设计和主河槽设计方法有所不同。

1. 横断面形态设计

生态河道横断面设计要遵循如下原则:①充分考虑生态河道的形态特点,即河床较为宽浅,有季节性行洪要求时应采用复式断面;②要尽量保护原有植物群落,维持河道原有自然景观;③避免采用统一的标准断面,体现断面形态的多样性;④绘横断面图时尽可能不用规尺,尽量少绘直线,增加设计思想及施工方法的标注说明,体现出横断面自然特性。

2. 主河槽横断面设计

生态河道主河槽横断面设计往往引入河相的概念。河道在水流与河床的长期作用下,形成了某种与所在河段条件相适应的河道形态,表述这些形态的有关因素(如水深、河宽、比降、曲率半径等)与水力、泥沙条件(如流量、含沙量、泥沙粒径等)之间存在的某种稳定的函数关系,称为河相关系,包括平面、断面和纵剖面河相关系。习惯上,多把断面的河相关系称为河相关系。

河床横断面形态很复杂,如果忽略其细节而只考虑造床流量情况,可用河宽与水深的关系表示。河相关系经验公式一般表示为

$$\frac{\sqrt{B}}{h} = \xi \qquad (8-1)$$

式中:B 为主河槽平滩宽度,m;h 为平滩水位对应的主河槽水深,m;ξ 为河相系数,由整理资料而得,砾石河床取 1.4,一般沙河床取 2.75,极易冲刷的细沙河床取 5.5。

横断面设计时,可联列式(8-1)和明渠均匀流公式进行计算。

严格来说,生态河道横断面是自然的不规则断面。为了计算方便,在设计时可概化为梯形复式断面,并按明渠均匀流计算。但在具体实施时,应考虑实际情况,依据生态河道断面形态的基本特征和自然河道地貌特征,河岸边坡选用适宜的坡度和宽度,以便既能通过设计流量,又能构成横断面空间形态多样性。

8.4.2　生态河道平面形态及结构设计

8.4.2.1　生态河道平面形态

生态河道平面形态特性主要表现为蜿蜒曲折。在自然界的长期演变过程中,河道的河势也处于演变之中,使得弯曲与自然裁直两种作用交替发生。弯曲是河道的趋向形态,蜿蜒性是自然河道的重要特征。蜿蜒性河流在生态方面具有如下优点。

1. 提供更丰富的生境

河道的蜿蜒性使得河道形成主流、支流、河湾、沼泽、深潭和浅滩等丰富多样的生境,形成丰富的河滨植被和河流植物群落,为鱼类的产卵创造条件,成为鸟类、两栖动物和昆虫的栖息地和避难所。大量研究表明,河流的这些形态结构,有利于稳定消能、净化水质以及生物多样性的保护,也有利于降低洪水的灾害性和突发性。

2. 有利于补充地下水

蜿蜒性加大了河道长度,减慢了河流的流速,因而有利于地表水与地下水的交换,即有利于地下水的补给。

3. 有利于改善水质

蜿蜒性河道中水的流动路径更长,有利于净化水质。

4. 更有美感

蜿蜒性河道比顺直的河道更有美感,特别是在风景区整治河道时,更应该"以曲为美",减少人工痕迹,充分融入自然。

保持河道的蜿蜒性是保护河道形态多样性的重点之一。在河道治理工程中应尊重天然河道形态,尽量维护河道原有的蜿蜒性。

8.4.2.2　蜿蜒结构设计

河流蜿蜒不存在固定的模式,但为设计方便,可以进行适当概化。生态河道设计中蜿蜒性的构造有如下方法。

1. 复制法

这种方法认为影响河流蜿蜒模式的诸多因素(如流域状况、流量、泥沙、河床材料等)基本没有发生变化,完全采用干扰前的蜿蜒模式。这要求对河道历史状况进行认真调查,争取获得一些定量数据。除此之外,也可参考其他同类河流未受干扰河段的蜿蜒模式。在生态

河道的蜿蜒性设计中,可以把附近未受干扰河段的蜿蜒模式作为参照模式。

　　2. 经验公式法

　　蜿蜒性河道概化为类似正弦曲线的平滑曲线。作为近似,可以用一系列方向相反的圆弧和直线段来拟合这一曲线。这样河道平面形态用弯曲半径 R、中心角 φ、弯曲波长 L_m、弯曲幅度 T_m、弯曲段弧长 S、过渡段长度 L 及其满流时平均宽度 B 等几个基本特征值来表示,见图8-2。

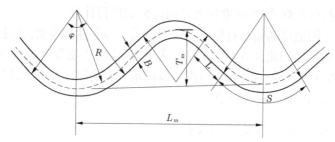

图 8-2　弯曲河道基本要素

各特征尺寸间的关系见式(8-2)~式(8-5):

$$R = K_R B \tag{8-2}$$
$$L_m = K_L B \tag{8-3}$$
$$T_m = K_T B \tag{8-4}$$
$$L = KB \tag{8-5}$$

式中: K_R、K_L、K_T、K 为各特征系数。

　　根据实验室及野外的资料分析,这些系数并不是常数,而有一个变动范围。对大多数稳定河湾而言, $K_R = 1.5 \sim 4.5$。在较多情况下,取 $K_R = 2 \sim 3$; $K_L = 12 \sim 14$; $K_T = 4 \sim 5$,可直接取4.3; $K = 1 \sim 5$。当河床边界比较抗冲、水流较平缓时,可取较大值;反之取较小值。

　　杜里(G. H. Dury)在分析世界上很多弯曲河谷以后,得到

$$L_m = 54.3 \overline{Q}_{max}^{0.50} \tag{8-6}$$

式中: $\overline{Q}_{max}$ 为年最大流量的多年平均值, m^3/s。

　　阿克和查尔顿在1970年提出的典型的弯曲波长公式为

$$L_m = 38 Q^{0.467} \tag{8-7}$$

式中: Q 为满槽流量, m^3/s。

　　在采用年平均流量 Q_a 为特征流量时,弯曲波长与流量的关系为

$$L_m = 156 Q_a^{0.46} \tag{8-8}$$

　　这些经验公式并不适用于所有的河道,比较可靠的方法是,首先对本地区的同类河道蜿蜒性进行调查,结合上述经验公式计算结果确定河道蜿蜒参数。

　　构造河道蜿蜒性时,也要尊重河道现有地貌特征,顺应原有的蜿蜒性,确保河道的连续性,这样更有利于河道的稳定,并降低工程造价。在河道治理设计时,可利用蜿蜒性增加河道长度,从而减缓河流坡降,提高河流的稳定性。

8.4.3 生态河道纵断面形态及结构设计

8.4.3.1 生态河道纵断面形态特征

生态河道纵断面的基本特征是具有浅滩和深潭交替的结构,创建浅滩—深潭序列是生态河道设计的重要内容。

浅滩、深潭交替的结构具有重要的生态功能。由于浅滩和深潭可产生急流、缓流等多种水流条件,有利于形成丰富的生物群落,河流中浅滩和深潭是不同生命周期所必需的生存环境,是形成多样性河流生态环境不可缺少的重要因素。

在浅滩地带,由于水流流速快,促进河水充氧;细粒被冲走,河床常形成浮石状态,石缝间形成多样性孔隙空间,有利于栖息水生昆虫和藻类等生物;浅滩有时露出水面,可为鱼类和多种无脊椎动物群落提供产卵栖息地;通过过滤、曝气和生物膜作用,对水质具有净化作用。

深潭地带,具有水深遮蔽性好及流速慢的特点,是鱼类良好的栖息场所。在洪水期,深潭成为水生动物重要的避难场所;在枯水期,深潭则成为维系生命的重要水域。另外,深潭具有重要的休闲娱乐价值,可进行垂钓、划船等活动。

8.4.3.2 浅滩—深潭结构设计

1. 浅滩—深潭间距

1973 年,凯勒和梅尔霍恩研究成果表明,适宜的浅滩—深潭间距在 3 ~ 10 倍河道宽度之间,或平均约 6 倍河道宽度。另外,对于陡河床浅滩出现的间距约为 4 倍河道宽度,缓河床为 8 ~ 9 倍河道宽度。

1989 年,希金森和约翰斯顿的研究成果进一步说明,对于一个具体的河段,浅滩和深潭的间距变化很大,根据爱尔兰的 70 个冲积型河流给出了如下回归公式,可供初步规划设计时参考:

$$L_r = \frac{13.601\, B^{0.2984}\, d_{50r}^{0.29}}{i^{0.2053}\, d_{50p}^{0.1367}} \tag{8-9}$$

式中:L_r 为沿河道两个浅滩之间的距离,为河段总长度与浅滩数量之比,一般情况下,近似为弯曲河段的弧长,m;B 为河道平均宽度,m;d_{50} 为在河床粒径分布曲线上,颗粒含量等于 50% 时的颗粒直径,mm,下标 r 和 p 分别表示浅滩和深潭的颗粒;i 为平均坡降。

对于蜿蜒性河道,由于浅滩常发生于过渡段上,即图 8-2 的 L 段上,因此浅滩出现的间距约为 $0.5L_m$。

2. 浅滩—深潭的布置

根据自然河流的地貌特征,以及计算得出的浅滩—深潭间距参考值,在适当位置布置浅滩和深潭。在蜿蜒性河道上,一般在河流弯道近凹岸处布置深潭,在相邻弯道间过渡段上布置浅滩,见图 3-11。

由浅滩至深潭的过渡段纵坡一般较陡,为防止冲刷,需布置一些块石。在变道凹岸处,也易于冲刷,常常需要布置块石护坡。

需要说明的是,自然河道的浅滩—深潭结构是在洪水作用下自然形成的,但自然形成需要一个较长的时间过程。人工修复河道或开挖河道,创建浅滩—深潭结构只是为了加速这种水生动物良好生境的形成。

8.5 河道内栖息地设计

8.5.1 栖息地特征

河道内栖息地是指具有鱼和其他水生生物个体生长发育所需物理特征的栖息地。栖息地物理特征包括水流条件、掩蔽物和底质等。栖息地的质量将直接影响水生生物的丰度、组成以及健康。

8.5.1.1 水流条件

河水的流动将河流生态系统与其他生态系统明显区别开来。不同河段水流参数具有很大的差异。水流的空间和时间特征,如流量、流速、水深、水温和水文周期等,都会影响河流生物的微观和宏观分布模式。很多生物对流速非常敏感,流速太低可能会限制幼鱼的繁殖,流速过高可使河床材料推移,从而扰乱某一个河段的无脊椎动物群落。浅滩和深潭可使流速条件具有多样性,从而最易于支承动物群落的多样性。

8.5.1.2 掩蔽物

河道内掩蔽物,通常为漂石或大原木残骸等,能为无脊椎动物提供栖息地、躲避洪水的避难所、躲避捕食者的隐蔽所和黏性鱼卵的附着地。因为水深和流速与某些类型的掩蔽物有非常密切的关系,理想的掩蔽物能增加水深和流速的多样性。河道内掩蔽物是大多数激流栖息地的一个重要组成部分,掩蔽物越多,鱼类栖息地条件越好。

8.5.1.3 底质

河道底质包括各类物质,诸如黏土、沙、砂砾、鹅卵石、漂石、有机物碎屑、生物残骸等。很多鱼类在没有砂砾和较大粒径底质材料的情况下不会成功繁殖。因此,砂砾和较大粒径底质材料是重要的栖息地组成成分。在由树木残骸、沙、基岩和鹅卵石底质组成的底质条件下,大型无脊椎动物群落的物种组成和丰度具有较高的指标。在有森林覆盖的流域和具有大面积岸边植被的河流,大型树木残骸也是重要的底质。碎石底质往往具有最高的生物密度和最多的物种构成。相反,沙和淤泥最不利于水生生物的生长发育,仅能支承少数的物种和个体。

8.5.2 栖息地构建

在山丘区生态河道设计中,可根据当地的自然材料情况,因地制宜,选择构建深潭—浅滩结构、小型丁坝、遮蔽物、砾石群等结构,以改善水流条件,提高栖息地的质量。深潭—浅滩结构设计在前面河道断面形态和结构设计中已做介绍,下面仅讨论生态丁坝、生态潜坝、生态堰坝、遮蔽物和砾石群的构建方法。

8.5.2.1 生态丁坝

传统的丁坝在第 7 章已做介绍,生态丁坝的特征是把植物作为有生命的建筑材料用到丁坝建筑中来,与无生命的建筑材料相结合。在植物生长发育过程中达到维持丁坝稳固,更可靠地实现传统丁坝的功能。同时,生态丁坝还致力于形成河道的深潭—浅滩结构,创造多样化的水边生物栖息环境。

生态丁坝容易建造,石笼、块石、原木等均可用作修筑生态丁坝的材料。根据修建材料的不同,丁坝的形式也不同,一般有桩式丁坝和石丁坝两种形式。下面介绍生态挑流丁坝。

　　生态挑流丁坝一般应用于纵坡降缓于 2%、河道断面相对比较宽而且水流缓慢的河段,通常沿河道两岸交叉布置,或成对布置在顺直河段的两岸,用于防止治理河段的泥沙淤积,重建边滩,或诱导主流呈弯曲形式,使河流逐渐发育成深潭和浅滩交错的蜿蜒形态。但是,因自然形成的浅滩是重要的鱼类觅食区和产卵区,需加以保护,不应在此类区域修建生态挑流丁坝。

　　生态挑流丁坝可单独采用圆木或块石,也可以采用石笼或在圆木框内填充块石的结构型式。此类结构对于防止河岸侵蚀、维持河岸稳定也具有一定的作用。但是,若丁坝位置和布局设计不合理,则有可能导致对面河岸的淘刷侵蚀,造成河岸坍塌,此时需要在对岸采取适宜的岸坡防护措施。一般来说,自然河道内相邻 2 个深潭(浅滩)的距离在 5 ~ 7 倍河道平滩宽度范围,因此上下游两个挑流丁坝的间距至少应达到 7 倍河道平滩宽度。丁坝向河道中心的伸展范围要适宜,对于小型河流或溪流,挑流丁坝顶端至河对岸的距离即缩窄后的河道宽度可为原宽度的 70% ~ 80%。

　　挑流丁坝轴线与河岸夹角应通过论证或参考类似工程经验确定,其上游面与河岸夹角一般在 30°左右,要确保水流以适宜流速流向主槽;其下游面与河岸夹角约 60°,以确保洪水期间漫过丁坝的水流流向主槽,从而避免冲刷该侧河岸。为防止出现此类问题,可在挑流丁坝的上下游端与河岸交接部位堆放一些块石,并设置反滤层,以起到侵蚀防护的作用。挑流丁坝顶面一般要高出正常水位 15 ~ 45 cm,但必须低于平滩水位或河岸顶面,以确保汛期洪水能顺利通过,且洪水中的树枝等杂物不至于被阻挡而沉积,否则很容易造成洪水位异常抬高,并导致严重的河岸淘刷侵蚀。

　　若使用圆木或与块石组合修建挑流丁坝,需要采取适宜措施固定圆木,例如采用锚筋把伸向河底的圆木端头固定在河床上,或采用绳索或不锈钢丝把伸向岸坡的圆木端头固定在附近的树上,也可采用锚筋固定在岸坡上。如果单根圆木直径小,不足以形成适宜高度的挑流丁坝,可采用双层圆木,但圆木间要铆接。若单独使用块石修建挑流丁坝,需要采取开挖措施,把块石铺填在密实度或强度相对比较高的土层上,防止底部淘刷或冲蚀。如果是岩基,则需要首先铺填一层约 30 cm 的砾石垫层,然后铺填直径较大的块石。挑流丁坝上游端或外层的块石直径要满足抗冲稳定性要求,一般可按照原河床中最大砾石直径的 1.5 倍确定。上游端大块石至少应有 2 排,选用有棱角的块石并交错码放,以保证足够的稳定性。如果当地缺少大直径块石,可采用石笼或圆木框结构修建丁坝。

8.5.2.2　生态潜坝

　　潜坝是设置在枯水水面以下,横穿河床修造的低矮挡水建筑物。根据建筑材料,可分混凝土潜坝、抛石潜坝和木栅潜坝等。传统潜坝的功能主要在于调整水面比降、限制河底冲刷、增加水流宽度等。构筑生态潜坝的一个重要目的是在下游冲刷出深潭,形成与自然的深潭—浅滩十分相似的生物栖息环境。

　　很多自然材料可以用来修建生态潜坝,例如块石、石笼、原木等,潜坝一般建在缺乏深潭—浅滩结构的河段,并且要求河道比降较小,最好是建在顺直的河段上。另外,潜坝高度不宜过高,以免阻碍鱼类通过。

　　修建潜坝可以在短期内增加鱼类的数量,很多国家运用此方式创造河溪生物栖息环境都取得了成功。在美国新墨西哥州,通过建造潜坝所形成的人工深潭的体积比自然形成的深潭体积要大 70% 左右,人工深潭中的鲑鱼数量比自然深潭中的鲑鱼数量多 50% ,生物量是自然深潭中生物量的 2 倍。

对不同类型河溪的研究结果表明,生态丁坝在防止侵蚀,改善生物栖息地环境等方面明显高于无丁坝河道,但是不能很有效地创造高、低流速区域,而在这个方面,生态潜坝通过创造河溪深潭—浅滩结构,有效地提高了栖息地的生物多样性。

8.5.2.3 生态堰坝

生态堰坝是利用圆木或块石建造的跨越河道的横式建筑物,堰坝的功能是调节水流冲刷作用,阻拦砾石,在上游形成深水区,在堰坝下游形成深潭,塑造多样性的地貌与水域环境。

堰坝作为一类主要的栖息地加强结构,其作用主要表现在:①上游的静水区和下游的深潭周边区域有利于有机质的沉淀,为无脊椎动物提供营养;②因靠近河岸区域的水位有不同程度的提高,从而增加了河岸遮蔽,堰坝下游所形成的深潭或跌水潭有助于鱼类等生物的滞留,在洪水期和枯水期为其提供了避难所;③因河道中心区强烈的下曳力和上涌力,可产生激流和缓流的过渡区,并有助于形成摄食通道;④深潭平流层是适宜的产卵栖息地。

这种小型堰坝不同于水利工程的堰坝,其高度一般不超过 30 cm,不影响鱼类洄游。根据不同的地形地质条件,堰坝可以具有不同结构形式,在平面上呈 Ⅰ 形、J 形、V 形、U 形或W 形等。

堰坝顶面使用较大尺寸块石,满足抗冲稳定性要求,下游面较大块石之间间距约 20 cm,以便形成低流速的鱼道。堰坝上游面坡度 1∶4,下游面坡度 1∶10 ~ 1∶20,以保证鱼类能够顺利通过。堰坝的最低部分应位于河槽的中心,块石要延伸到河槽顶部,以保护岸坡。

在砂质河床的河流中,不适宜采用砾石材料,可以应用大型圆木作为堰坝材料。圆木堰坝的高度以不超过 0.3 m 为宜,以便于鱼类通过。可以应用木桩或钢桩等材料来固定圆木,并用大块石压重,桩埋入沙层的深度应大于 1.5 m。如果应用圆木堰坝控制河床侵蚀,应在圆木的上游面安装土工织物作为反滤材料,以控制水流侵蚀和圆木底部的河床淘刷,土工织物在河床材料中的埋设深度应不小于 1 m。

8.5.2.4 遮蔽物

在自然状态下,河岸上洞穴、植物树冠、河道内的漂浮植物以及浮叶植物等都是非常重要的遮蔽物,鱼类利用这些遮蔽物作为避难所和遮阴场所。设置人工的遮蔽建筑物可以提供更好的栖息环境。这些建筑物包括水上平台、随意搁置在水中的枯枝、倾倒的树木和人工植物浮岛等。这些措施外观自然、原始,对水流的干扰小,很容易为河溪生物创造理想的栖息场所。

下面介绍圆木和叠木支承两种形式的遮蔽物。

1. 具有护坡和掩蔽作用的圆木

圆木具有多种栖息地加强功能,不仅可用于构建护坡、掩蔽、挑流等结构物,而且可向水中补充有机物碎屑。具有护坡功能的结构常采用较粗的圆木或树墩挡土和抵御水流冲击。一般与植物纤维垫组合应用,同时起到冲刷侵蚀防护的作用;也可以应用多根圆木,形成木框挡土墙或叠木支承,起到护坡和栖息地加强的作用。

放置于河道主槽内的圆木或树根除具有护坡、补充碳源的功能外,还具有掩蔽物的作用。在一些情况下,可以采用带树根的圆木(树墩)控导水流,保护岸坡抵御水流冲刷,并为鱼类和其他水生生物提供栖息地,为水生昆虫提供食物来源。

一般而言,树墩根部的直径为 25 ~ 60 cm,树干长度为 3 ~ 4 m。树墩主要应用于受水流顶冲比较严重的弯道凹岸坡脚防护,可以联成一排使用,也可以单独使用,用于局部防护。

一般要求树根盘正对上游水流流向,树根盘的 1/3 ~ 1/2 埋入枯水位以下。如果冲坑较深,可在树墩首端垫一根枕木,如果河岸不高(平滩高度的 1 ~ 1.5 倍),需在树墩尾端用漂石压重。如果河岸较高,并且植被茂密、根系发育,也可不使用枕木和漂石压重。

树墩的施工方法有两种:一种是插入法,使用施工机械把树干端部削尖后插入坡脚土体,为方便施工,树根盘一端可适当向上倾斜。这种方法对原土体和植被的干扰小,费用较低。另一种是开挖法,首先根据树墩尺寸和设计思路,对岸坡进行开挖,然后根据需要,进行枕木施工,枕木要与河岸平行放置,并埋入开挖沟内,沟底要位于河床之下;然后把树墩与枕木垂直安放,并用钢筋固定,要保证树根直径的 1/3 以上位于枯水位之下;树墩安装完成后,将开挖的岸坡回填至原地表高程。为保证回填土能够抵御水流侵蚀并尽快恢复植被,可应用土工布或植物纤维垫包裹土体,逐层进行施工,在相邻的包裹土层之间扦插枝条。

2.叠木支承

叠木支承是由圆木按照纵横交错的格局铰接而形成的层状框架结构,框架内填土和块石,并扦插活的植物枝条,见图 8-3。这一结构类型可布置在河岸冲刷侵蚀严重的区域,起到岸坡防护作用。尽管这种结构不能直接增强河道内栖息地功能,但通过岸坡侵蚀防护作用及后期发育形成的植被,也会有助于提高河岸带栖息地质量。经过一定时间,圆木结构可能会腐烂,但那时这种结构内活的植物枝条发育形成的根系将继续发挥岸坡防护作用。

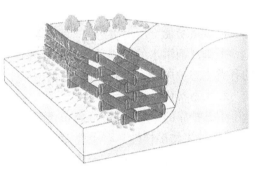

图 8-3　叠木支承结构示意图

一般来说,圆木的直径为 15 ~ 45 cm,具体尺寸和材质要求主要取决于叠木支承结构的高度及河道的水流特性,要满足抗滑、抗倾覆及沉降变形等方面的稳定性要求。

在平面布置上,要依据河道地形条件,进行合理设计。顺河向的圆木要水平布置在河道坡面,在弯道处要顺势平滑过渡。垂直于河道岸坡平面的圆木要深入岸坡内一定深度,一般在 1/2 圆木长度范围以上,使之具有一定的抗拉拔力。

8.5.2.5　砾石/砾石群

在河道内安放单块砾石和砾石群有助于创建具有多样性特征的水深、底质和流速条件,从而增加平滩河道的栖息地多样性,包括水生昆虫、鱼类、两栖动物、哺乳动物和鸟类等,同时对生物的多度、组成、水生生物群的分布也具有重大影响。砾石之间的空隙是良好的遮蔽场所,其后面的局部区域是良好的生物避难和休息场所;砾石还有助于形成相对比较大的水深、气泡、湍流和流速梯度,有助于增加河道栖息地的多样性。这种流速梯度条件对于鲑鱼等幼苗和成鱼都是十分有益的,能够使它们在不消耗很大能量的情况下,在激流中保持在某一个位置。除鱼类之外,砾石所形成的微栖息地也能为其他水生生物提供庇护所或繁殖栖息地。例如,砾石的下游面流速比较低,河流中的石蛾、飞蝼蛄、石蝇等动物均喜欢吸附在此。

砾石群一般应用于较小的局部河道区域,比较适合于顺直、稳定、坡降在 0.5% ~ 4% 的河道,在河床材料为砾石的宽浅式河道中应用效果最佳。不宜在细沙河床上应用,因为会在砾石附近产生河床淘刷,可能导致砾石失稳后沉入冲坑。在设计中可参考类似河段的资料来确定砾石的直径、间距、砾石与河岸的距离、砾石密度、砾石排列模式和方向,以及预测可能产生的效果。在平滩断面上,砾石所阻断的过流区域不应超过 1/3 或 20% ~ 30%。砾石群的间距和包含的砾石块数,取决于河道规模。砾石要尽量靠近主河槽,如深泓线两侧各 1/3 的范围,以便加强枯水期栖息地功能。

8.6 河道生态护岸技术与缓冲带设计

8.6.1 生态护岸的基本概念

8.6.1.1 生态护岸的功能

生态护岸是一种新型河道护岸技术,其主要功能如下。

1. 防洪功能

抵御江河洪水的冲刷是河岸的首要任务,因此设计时应把防洪安全放在第一位,所采取的各类生态护岸技术措施,都须满足护岸工程的结构设计要求。

2. 生态功能

生态护岸的岸坡植被,可为鱼类等水生动物和两栖类动物提供觅食、栖息和避难的场所,对保持生物多样性具有重要意义。此外,由于生态护岸主要采用天然材料,避免了混凝土中掺杂的大量添加剂(如早强剂、抗冻剂、膨胀剂等)在水中发生反应对水质、水环境带来的不利影响。

3. 景观功能

生态护岸改变了过去传统护岸"整齐划一、笔直单调"的视觉效果,满足了现代人回归自然的心理要求,为人们亲水、休闲提供了良好的场所,从而有助于提升滨河城市的文化品位与市民的生活质量。

4. 净化功能

岸坡上种植的水生植物,能从水中吸收无机盐类营养物,其庞大的根系也是大量微生物吸附的好介质,有利于水质净化;生态护岸营造的水边环境,如人造边滩、突嘴、堆放的石头等所形成的河水的紊流,可把空气中的氧带入水中,增加水体的含氧量,有利于好氧微生物、鱼类等水生生物的生长,促进水体净化,使河水变得清澈、水质得以改善。

8.6.1.2 生态护岸与传统护岸的区别

生态护岸与传统护岸都属于治河工程。区别在于:从设计理念上讲,传统护岸强调的是"兴利除害",尤其是防洪安全这一基本功能;而生态护岸,则除要满足堤岸安全要求外,还须重视人与自然和谐相处和生态环境建设,即还要考虑亲水、休闲、旅游、景观、生态及环保等其他功能。

从河道形态讲,传统护岸规划的河道,岸线平行,岸坡硬化,断面形态规则,断面尺度沿程不变;而生态护岸,岸线蜿蜒自如,岸坡接近自然,断面形态具有多样性、自然性和生态性。

从所用材料看,传统护岸工程主要采用抛石、砌石、混凝土及土工模袋等硬质材料;而生态护岸,所用材料一般为天然石、木材、植物、多孔渗透性混凝土及土工材料等柔性材料。

从设计施工看,传统护岸工程的设计施工比较规范,但工程建完后的管理维护工作不容忽视;而生态护岸,其设计施工方法因河因地各异,现阶段尚无成熟的设计施工技术规范,但相对传统护岸来说,其长期管理维护的工作相对要轻松一些。

从工程效果看,传统护岸工程建完后,生态环境往往变恶化,尤其在人口高密区,工程措施一般不能满足河流生态和自然景观的要求;而生态护岸,生态环境得以改善,与常规的抛石、混凝土等硬质护岸结构相比,外观更接近自然状态,因而更能满足生态和环境要求。

综上所述,可以认为生态护岸是传统护岸的改进,是治河工程学科发展到相对高级阶段的产物,是现代人渴求与自然和谐相处的需要。生态护岸既源于传统护岸,也有别于传统护岸。随着社会生态环保理念的日益深入,人们将不断地提高对护岸工程生态环境效益的要求,因而传统护岸必然要向着生态护岸方向发展。

在今后的河道护岸工程建设中,除了一些重要防洪岸段外,尤其是城市中小河流治理,应尽可能地考虑应用生态护岸。对于现有的硬质护岸,也可采取覆土改造等措施将其变为具有一定生态特性的护岸,这样可以做到既确保河道的防洪安全,又使其发挥出一定的生态环境效益。

8.6.1.3　生态护岸的设计要求

1.符合工程设计技术要求

生态护岸设计首先须满足结构稳定性与工程安全性要求,在此前提下,兼顾生态环境效益与社会效益,因此工程设计应符合相关工程技术规范要求。设计方案应尽量减少人为对河岸的改造,以保持天然河岸蜿蜒柔顺的岸线特点,以及拥有可渗透性的自然河岸基底,以确保河岸土体与河流水体之间的水分交换和自动调节功能。

2.满足生态环境修复需要

河流及其周边环境本是一个相对和谐的生态系统。在河流生态系统中,食物链关系相当复杂,水和泥沙是滩岸和河道内各种生物生存的基础。生态护岸把河水、河岸、河滩植被连为一体,构成一个完整的河流生态系统。生态护岸的岸坡植被,为鱼类等水生动物和两栖动物提供觅食、栖息和避难的场所。设计时,应通过水文分析确定水位变幅,选择适合当地生长的、耐淹、成活率高和易于管理的植物物种。

为了保持和恢复河流及其周边环境的生物多样性,生态护岸应尽量采用天然材料,避免含有大量添加剂的对水质、水环境有不利影响的材料,尽量减少不必要的硬质工程。此外,在岸坡上设置多孔质构造,为水生生物创造安全适宜的栖息空间。

3.体现人水和谐理念,构建滨水自然景观

生态河道应是亲水型河道,因此必须考虑市民的亲水要求。可设计修建格式多样、高低错落、水陆交融的平台、石阶、栈桥、长廊、亭榭等亲水设施,使城市河流成为人们亲近自然、享受自然的好去处。

城市生态河道建设中的滨水景观设计,要遵循城市历史文脉,并与提升城市品位和回归自然相结合。河流滩岸的景观效果,应按照自然与美学相结合的原则,进行河道形态与断面的设计,但应避免防洪工程建设的园林化倾向。

4.因地制宜,就地取材,节省投资

城市生态河道建设,通常是以防洪为主的综合治理工程,其效益不仅体现在防洪安全上,还要体现在环境效益与社会效益性上。规划建设时,要妥善协调好各有关方面的矛盾,处理好投资与利益的关系。注意因地制宜、就地取材,尽可能地利用原有和当地材料,节省土地资源,保护不可再生资源,降低工程造价,减少管理维护费用。

8.6.2 生态护岸技术措施

随着新材料、新技术的不断涌现,国内外河道生态护岸的方法很多,现择其主要几种介绍如下。

8.6.2.1 植被护坡

1.植被护坡的原理

植被护坡主要依靠坡面植物的地上茎叶及地下根系的作用护坡,其作用可概括为茎叶的水文效应和根系的力学效应两个方面。茎叶的水文效应包括降雨截留、削弱溅蚀和抑制地表径流。根系的力学效应对于草本类植物根系和木本类植物根系有所不同,草本植物根系只起加筋作用,木本植物根系主要起锚固作用。锚固作用是指植物的垂直根系穿过边坡浅层的松散风化层,锚固到深处较稳定的土层上,从而起到锚杆的作用。另外,木本植物浅层的细小根系也能起到加筋作用,粗壮的主根则对土体起到支承作用。

2.植被选择的原则

国内很多河道治理中都应用植被护坡技术。植物种类的选择,应在确保河道主导功能正常发挥的前提下,遵循生态适应性、生态功能优先、本土植物为主、抗逆性、物种多样性、经济适用性等基本原则。

1)生态适应性原则

植物的生态习性必须与立地条件相适应。植物种类不同,其生态习性必然存在着差异。因此,应根据河道的立地条件,遵循生态适应性原则,选择适宜生长的植物种类。比如,沿海区河道土壤含盐量较高,应选用耐盐性的植物种类才能生存,如木麻黄、柽柳、盐地碱蓬等,否则植物不易成活或生长不良。河道常水位附近土壤含水量较高,应选择耐水湿的植物种类,如水杉、银叶柳、蒲苇等。

2)生态功能优先原则

众所周知,植物具有生态功能、经济功能等多种功能。从生态适应性的角度看,在同一条河道内应该有多种适宜的植物。河道生态建设植物措施的应用主要是基于植物固土护坡、保持水土、缓冲过滤、净化水质、改善环境等生态功能,因此植物种类选择应把植物的生态功能作为首要考虑的因素,根据实际需要优先选择在某些生态功能方面优良的植物种类,如南川柳、狗牙根等具有良好的固土护坡效果;其次根据河道的主导功能和所处的区域不同,兼顾植物种类的经济功能等,如山区河道可以选用生态经济植物杨梅、油桐等。

3)本土植物为主原则

与外来植物相比,本土植物最能适应当地的气候环境。因此,在河道生态建设中,应用本土植物有利于提高植物的成活率,减少病虫害,降低植物管护成本。另外,本土植物能代表当地的植被文化并体现地域风情,在突出地方景观特色方面具有外来植物不可替代的作用。本土植物在河道建设中不仅具有一般植物的防护功能,而且具有很高的生态价值,有利于保护生物多样性和维持当地生态平衡。因此,选用植物应以本土植物为主。外来植物往往不能适应本地的气候环境,成活率低,抗性差,管护成本较高,不宜大量应用。外来植物中,有一些种类生态适应性和竞争力特别强,又缺少天敌,如果使用不当,可能会带来一系列生态问题,如凤眼莲、喜旱莲子草等,这类植物绝对不能引入。对于那些被实践证明不会引起生态入侵的优良外来植物种类,也是可以采用的。

4)抗逆性原则

平原区河道,雨季水位下降缓慢,植物遭受水淹的时间较长,因此应选用耐水淹的植物,如水杉、池杉等;山丘区河道雨季洪水暴涨暴落、土层薄、砾石多、土壤贫瘠、保水保肥能力差,故需要选择耐贫瘠的植物,如构树、盐肤木、马棘等;沿海区河道土壤含盐量高,尤其是新围垦区开挖的河道,应选择耐盐性强的植物,如木麻黄、海滨木槿等。另外,河道岸顶和堤防坡顶区域往往长期受干旱影响,要选择耐干旱的植物,如合欢、野桐、黑麦草等。因此,根据各地河道的具体情况,选用具有较强抗逆性的植物种类,否则植物很难生长或生长不良。采用抗病虫害能力强的植物种类,能降低管护成本。

5)物种多样性原则

稳定健康的植物群落往往具有丰富的物种多样性,因此要使河道植物群落健康、稳定,就必须提高河道的物种多样性。物种多样性能增强群落的抗性,有利于保持群落的稳定,避免外来生物的入侵。多样的植物可为更多的动物提供食物和栖息场所,有利于食物链的延伸。不同生活型的植物及其组合,为河流生态系统创造多样的异质空间,从而可容纳更多的生物。只有丰富的植物种类才能形成丰富多彩的群落景观,满足人们不同的审美要求,也只有多样性的植物种类,才能构建不同生态功能的植物群落,更好地发挥植物群落的生态作用,取得更好的景观效果。

6)经济适用性原则

采取植物措施进行河道生态建设与传统治河方法相比,不仅具有改善环境、恢复生态、有利于河流健康等优点,还具有降低工程投资、增加收益等优势。为此,应选用种子、苗木来源充足,发芽力强,容易育苗并能大量繁殖的植物种类,同时选用耐贫瘠、抗病虫害和其他恶劣环境的植物种类,以减少植物对养护的需求,达到种植初期少养护或生长期免养护的目的。对于景观上没有特别要求的河道或河段,应多选用当地常见、廉价的植物种类,这样可以降低工程建设投资和工程管理养护费用。同时在河流边坡较缓处或护岸护堤地内,尽量选择能产生经济效益的植物种类,增加工程收益。

3.河道植物种类选择要点

根据地形、地貌特征和流经地域的不同,河道可划分为山丘区河道、平原区河道和沿海区河道。根据河道的主导功能,河道可划分为行洪排涝河道、交通航运河道、灌溉供水河道、生态景观河道等。根据河流流经的区域,河道可分为城市(镇)河段、乡村河段和其他河段。根据河道水位变动情况,可将河坡划分为常水位以下、常水位至设计洪水位和设计洪水位以上等坡位。以下重点介绍不同类型、不同功能的河道和河道不同河段、不同坡位植物种类选择的要点。

1)不同类型河道的植物选择

(1)山丘区河道。

山丘区河道的主要特点是坡降大、流速快、洪水位高、水位变幅大、冲刷力强、岸坡砾石多、土壤贫瘠且保水性差。往往需要砌筑浆砌石、混凝土等硬质基础、挡墙等,以确保堤防(岸坡)的整体稳定。针对山丘区河道的上述特点,应选用耐贫瘠、抗冲刷的植物种类,如美丽胡枝子、细叶水团花、硕苞蔷薇等。应选用须根发达、主根不粗壮的植物;否则粗壮的树根过快生长或枯死都会对堤防(护岸)、挡墙的稳定与安全造成威胁。

(2)平原区河道。

平原区河道具有坡降小、汛期高水位持续时间较长、水流缓慢、水质较差、岸坡较陡等特点。通航河道,船行波淘刷作用强,河岸易坍塌。因此,平原区河道应选用耐水淹、净化水质能力强的植物种类,如池杉、芦苇、美人蕉等。

(3)沿海区河道。

沿海区河道土壤含盐量高,土壤有机质、氮、磷等营养物含量低,岸坡易受风力引起的水浪冲刷,植物生长受台风影响很大。因此,要选用耐盐碱、耐瘠薄、枝条柔软的中小型植物种类,如柽柳、夹竹桃、海滨木槿等;否则,冠幅大,承受的风压大,在植物倒伏的同时,河岸也可随之剥离坍塌。在河岸迎水坡应多选用根系发达的灌木和草本植物。

2)不同功能河道的植物选择

一般来说,河道具有行洪排涝、交通航运、灌溉供水、生态景观等多项功能。某些河道因所处的区域不同,可具有多项综合功能,但因其主导功能的差异,所采取的植物措施也应有所不同。

(1)行洪排涝河道。

在设计洪水位以下选种的植物,应以不阻碍河道泄洪、不影响水流速度、抗冲性强的中小型植物为主。由于行洪排涝河道在汛期水流较急,为防止植被阻流及植物连根拔起,引起岸坡局部失稳坍塌,选用的植物茎杆、枝条等,还应具有一定的柔韧性。例如,选用南川柳、木芙蓉、水团花等。

(2)交通航运河道。

船舶在河道中航行,由于船体附近的水体受到船体的排挤,过水断面发生变形,因而引起流速的变化而形成波浪,这种波浪称为船行波。当船行波传播到岸边时,波浪沿岸坡爬升破碎,岸坡受到很大的动水压力作用而遭到冲击。在船行波的频繁作用下,常常导致岸坡淘刷、崩裂和坍塌。在通航河道岸边常水位附近和常水位以下应选用耐水湿的树种和水生草本植物,如池杉、水松、香蒲、菖蒲等,利用植物的消浪作用削减船行波对岸坡的直接冲击,保护岸坡稳定。

(3)灌溉供水河道。

为防止土壤和农产品污染,国家对灌溉用水专门制定了《农田灌溉水质标准》(GB 5084—2005)。为保护和改善灌溉供水河道的水质,植物种类选择应避免选用释放有毒有害的植物种类,同时应注重植物的水质净化功能,选用具有去除污染物能力强的植物,如池杉、薏苡、水葱、芦竹等。利用植物的吸收、吸附、降解作用,降低水体中污染物含量,达到改善水质的目的。

(4)生态景观河道。

对于生态景观河道植物种类的选用,在强调植物固土护坡功能的前提下,应更多地考虑植物本身美化环境的景观效果。根据河道的立地条件,选择一些固土护坡能力较强的观赏植物,如乌桕、蓝果树、白杜、木槿、美人蕉等。为构建优美的水体景观,应选用一些水生观赏植物,如黄菖蒲、水烛、荇菜、睡莲等。

为保障行人安全在堤防(河岸)马道(平台)结合居民健身需要设为慢行(步行)道的区域,两边应避免选用叶片硬或带刺的植物,如刺槐、刺桐、剑麻等。

3) 不同河段的植物选择

一条河流往往流经村庄、城市(镇)等不同区域。考虑河道流经的区域和人居环境对河道建设的要求,将河道进行分段。

(1) 城市(镇)河段。

城市(镇)河段是指流经城市和城镇规划区范围内的河段。河道建设除满足行洪排涝要求外,通常还有景观休闲的要求。

良好的河道水环境是城市的形象,是城市文明的标志,代表着城市的品位,体现着城市的特色。城市河道首先要能抵御洪涝灾害,满足行洪排涝要求,使人民群众能够安居乐业,使社会和经济发展成果能得到安全保护,其次是要自然生态,人水和谐,突出景观功能,使人赏心悦目,修身养性。城市河道两岸滨水公园、绿化景观,为城市营造了休憩的空间,对提升城市的人居环境,提高市民的生活质量具有十分重要的意义和作用。因此,城市河道应多选用具有较高观赏价值的植物种类,如垂柳、紫荆、鸡爪槭、萱草等,使城市河道达到"水清可游、流畅可安、岸绿可闲、景美可赏"。

另外,节点区域的河段,如公路桥附近、经济开发区、交通要道两侧等局部河段,对景观要求较高。可根据河道的主导功能,结合景观建设需要,多选用一些观赏植物,如香港四照花、玉兰、紫薇、山茶花等。

(2) 乡村河段。

乡村河段是指流经村庄的河段,一般不宜进行大规模人工景观建设。流经村庄的乡村河段,可根据乡村的规模和经济条件,结合社会主义新农村建设,适当考虑景观和环境美化。因此,应多采用常见、价格便宜的优良水土保持植物,如苦楝、榔榆、桑树等。

(3) 其他河段。

其他河段是指流经的区域周边没有城市(镇)、村庄的山区河段,如果能够满足行洪排涝等基本要求,应维持原有的河流形态和面貌;流经田间的其他河段,主要采取疏浚整治措施达到行洪排涝、供水灌溉的要求。这类河道应按照生态适用性原则,选用当地土生土长的植物进行河道堤(岸)防护。如枫杨、朴树、美丽胡枝子、狗牙根等。

4) 河道不同坡位的植物选择

从堤顶(岸顶)到常水位,土壤含水量呈现出逐渐递增的规律性变化。因此,应根据坡面土壤含水量变化,选择相应的植物种类。从堤顶(岸顶)到设计洪水位,设计洪水位到常水位,常水位以下,土壤水分逐渐增多,直至饱和。因此,选用的植物生态类型应依次为中生植物、湿生植物、水生植物。

(1) 常水位以下。

常水位以下区域是植物发挥净化水体作用的重点区域。种植在常水位以下的植物不仅起到固岸护坡的作用,而且应充分发挥植物的水质净化作用。常水位以下土壤水分长期处于饱和状态。因此,应选用具有良好净化水体作用的水生植物和耐水湿的中生植物,如水松、菖蒲、苦草等。另外,通航河段,为了减缓船行波对岸坡的淘刷,可以选用容易形成屏障的植物,如菰、芦苇等。而对于有景观需求的河段,可以栽种观叶、观花植物,如黄菖蒲、水葱、窄叶泽泻等。

(2) 常水位至设计洪水位。

常水位至设计洪水位区域是河岸水土保持、植物措施应用的重点区域。在汛期,常水位至设计洪水位的岸坡会遭受洪水的浸泡和水流冲刷;枯水期,岸坡干旱,含水量低,山区河道尤其如此。此区域的植物应有固岸护坡和美化堤岸的作用。因此,应选择根系发达、抗冲性强的植物种类,如枫杨、细叶水团花、荻、假俭草等。对于有行洪要求的河道,设计洪水位以下应避免种植阻碍行洪的高大乔木。有挡墙的河岸,在挡墙附近区域不宜种植侧根粗壮的大乔木。

（3）设计洪水位至堤（岸）顶。

设计洪水位至堤（岸）顶区域是河道景观建设的主要区域,起到居高临下的控制作用。土壤含水量相对较低,种植在该区域的植物夏季可能会受到干旱的胁迫。因此,选用的植物应具有良好的景观效果和一定的耐旱性,如樟树、栾树、构骨冬青等。

（4）硬化堤（岸）坡的覆盖。

在河道建设中,为了满足高标准防洪要求,或是为了节约土地,或是为了追求形象的壮观,或是由于工程技术人员的知识所限,有些河段或岸坡进行了硬化处理。为了减轻硬化处理对河道景观效果带来的负面影响,可以选用一些藤本植物对硬化的区域进行覆盖或隐蔽,以增加河岸的"柔性"感觉。常用的藤本植物有云南黄馨、中华常青藤、紫藤、凌霄等。

4.河道生态建设植物种类推荐

以下列出在亚热带地区河道生态建设中可以选用的、适宜不同河道类型、不同坡位的植物种类,为各地河道生态建设植物选择提供借鉴和参考。

1）山丘区河道推荐植物

（1）设计洪水位至堤（岸）顶的植物。

乔木树种:枫香、湿地松、苦槠、构树、樟树、乌桕、女贞、黄檀、白杜、三角槭、蓝果树、鸡爪槭、油桐。

灌木树种:木芙蓉、木槿、杨梅、夹竹桃、紫穗槐、马棘、胡枝子、美丽胡枝子、牡荆、柚、柑橘、中华常青藤、凌霄、络石、孝顺竹。

草本植物:狗牙根、高羊茅、黑麦草、假俭草、结缕草、中华结缕草、沿阶草、萱草、紫萼、铁钱蕨。

（2）常水位至设计洪水位的植物。

乔木树种:枫杨、水杉、池杉、南川柳、银叶柳、构树、垂柳、乌桕、女贞、野桐、白杜、三角槭、水竹。

灌木树种:胡枝子、美丽胡枝子、水团花、细叶水团花、海州常山、小叶蚊母树、盐肤木、硕苞蔷薇、黄槐决明、山茱萸、白棠子树、木芙蓉、木槿、小蜡、野桐、马棘、牡荆、孝顺竹。

草本植物:狗牙根、假俭草、荻、芒、芦竹、斑茅、藕草、牛筋草、异型莎草、美人蕉。

（3）常水位以下的植物。

常水位以下的植物包括池杉、芦苇、芦竹、香蒲、水烛、菰、菖蒲、黄菖蒲、金鱼藻、黑藻、苦草、菹草。

山丘区河道常水位以下的岸坡常采用硬化处理,但也有一部分河道或河段采用复式断面,没有硬化处理。对于这些河道和河段常水位以下还具有种植植物的条件。

（4）边滩和沙洲的植物。

乔木树种:枫杨、水杉、池杉、南川柳、银叶柳。

灌木树种:水团花、细叶水团花、海州常山。

草本植物:芦苇、芦竹、五节芒、芒、斑茅、荻、蒲苇。

在不影响行洪或有足够的泄洪断面的前提下,为了改善河道生态环境,在边滩和沙洲可以种植一些耐水淹、抗冲刷的植物种类。

2)平原区河道推荐植物

(1)常水位至岸顶的植物。

乔木树种:水杉、池杉、垂柳、樟树、苦楝、朴树、榔榆、桑树、女贞、喜树、重阳木、合欢、棕榈、水竹、高节竹。

灌木树种:黄槐决明、构骨冬青、木芙蓉、南天竹、木槿、紫荆、紫薇、紫藤、小蜡、夹竹桃、牡荆、美丽胡枝子、中华常青藤、云南黄馨、孝顺竹。

草本植物:狗牙根、假俭草、黑麦草、芦苇、荻、斑茅、萱草、美人蕉、蒲苇、千屈菜。

(2)常水位以下的植物。

乔木树种:池杉、水松、水紫树。

草本植物:水烛、芦苇、薏苡、菰、藨草、水葱、菖蒲、黄菖蒲、野灯心草、睡莲、荇菜、金鱼藻、石龙尾、菹草、眼子菜。

3)沿海区河道推荐植物

沿海区河道形成的时间不同,其土壤含盐量也不同。刚刚围垦形成的河道土壤含盐量很高,通常在0.6%以上,有些河道甚至达到1%以上。针对河道含盐量的差异,分3个梯度水平推荐相应的植物种类。

(1)土壤含盐量在0.3%以下。

①设计洪水位以上的植物。

乔木树种:木麻黄、旱柳、中山杉、墨西哥落羽杉、邓恩桉、女贞、白榆、白哺鸡竹。

灌木树种:海滨木槿、柽柳、海桐、夹竹桃、石榴、桑树、单叶蔓荆、厚叶石斑木、紫穗槐。

草本植物:紫花苜蓿、狗牙根、五叶地锦、匍茎剪股颖。

②常水位至设计洪水位的植物。

乔木树种:木麻黄、旱柳、中山杉、墨西哥落羽杉、邓恩桉、女贞。

灌木树种:海滨木槿、柽柳、夹竹桃、桑树、单叶蔓荆、紫穗槐、美丽胡枝子。

草本植物:狗牙根、紫花苜蓿、白茅、芦苇、芦竹。

③常水位以下的植物有芦苇、芦竹、海三棱藨草等。

(2)土壤含盐量为0.3%~0.6%。

①设计洪水位以上的植物。

乔木树种:木麻黄、旱柳、弗栎、绒毛白蜡、洋白蜡。

灌木树种:柽柳、海滨木槿、南方碱蓬、夹竹桃、海桐、滨柃、蜡杨梅、秋茄、苦槛蓝。

草本植物:盐地碱蓬、狗牙根、紫花苜蓿、白茅。

②常水位至设计洪水位的植物。

乔木树种:木麻黄、旱柳、弗栎、绒毛白蜡、洋白蜡。

灌木树种:柽柳、海滨木槿、滨柃、蜡杨梅、秋茄、苦槛蓝、木芙蓉。

草本植物:盐地碱蓬、狗牙根、白茅、芦苇、芦竹。

③常水位以下的植物。

芦苇、芦竹、海三棱藨草等。

(3)土壤含盐量0.6%以上。

①设计洪水位以上的植物。

乔木树种:木麻黄、弗栎。

灌木树种:柽柳、海滨木槿、滨枸、秋茄。

草本植物:盐地碱蓬、狗牙根、白茅。

②常水位至设计洪水位的植物。

乔木树种:木麻黄、弗栎。

灌木树种:柽柳、海滨木槿、滨枸、秋茄。

草本植物:盐地碱蓬、狗牙根、白茅、芦苇、芦竹。

③常水位以下的植物。

常水位以下的植物包括芦苇、芦竹、海三棱藨草等。

5.植被种植方法

1)种草防护

种草适用于坡度较缓(一般不陡于1∶1)的边坡,且土质适宜种草。种草播种方法可采用撒播或机械喷播的方法。种草具有施工简单方便、成本低、劳动强度小、施工进度快的特点,因此在有条件的地方应尽量使用。为克服边坡种草难以成活和不能立即发挥防护作用的缺点,可以用栽草代替种草。先在苗圃育苗,然后拔草移栽在边坡上。与种草相比较,栽草可以较快地形成绿化带,较早发挥边坡防护的作用。

2)铺草皮防护

铺草皮防护是通过人工在坡面铺设草皮的一种传统的植物护坡措施。适用于边坡坡度较陡、冲刷稍严重、需要迅速得到防护或绿化的土质边坡。铺草皮时,把运来的草皮依次平铺在坡面上,草皮块与块之间应保留5 mm的间隙,以防止草皮块在运输途中失水干缩,遇水浸泡后出现边缘膨胀,块与块间的间隙填入细土。若是随起随铺的草皮块,则可紧密相接。铺好的草皮在每块草皮的四角用木桩固定,木桩长20~30 cm、粗1~2 cm。钉木桩时,使木桩与坡面垂直,露出草皮表面不超过2 cm。待铺草皮完成时,要用木锤把草皮全面拍一遍,以使草皮与坡面紧密相贴。

为节省草皮,利用草皮分蘖和匍匐茎蔓延的特点,也可采用间铺法和条铺法。

(1)间铺法。草皮块可以切成正方形或长方形,铺装时按照一定的间距排列。此法铺草皮时,要在平整好的坡面上,按照草皮的形状与厚度,在计划铺草皮的地方挖去土壤,然后镶入草皮,必须使草皮块铺下后与四周土面相平。经过一段时间后,草坪匍匐茎向四周蔓延直至完全接合,覆盖坡面。

(2)条铺法。将草皮切成6~12 cm宽的长条,两根草皮条平行铺装,其间距为20~30 cm,铺装时在平整好的坡面上,按草皮的宽度和厚度,在计划铺草皮的地方挖去土壤,然后将草皮镶入,保持与四周土面相平。经过一段时间后,草皮即可覆盖坡面。

3)种树防护

植树应在1∶1.5或更缓的边坡上,或在边坡以外河岸及河漫滩处。主要作用是加固边坡、防止和减缓水流的冲刷。植树品种选择根系发达、枝叶茂盛、生长迅速的乔木或灌木。

4)土工网植草防护

土工网植草护坡,是国外近十多年新开发的一项集坡面加固和植物防护于一体的复合型边坡防护措施。最初主要用于公路护坡,目前在河道护坡中也开始应用。该技术所用土工网是一种边坡防护新材料,是通过特殊工艺生产的三维立体网,不仅具有加固边坡的功能,在播种初期还起到防止冲刷、保持土壤以利草籽发芽、生长的作用。随着植物生长、成熟,坡面逐渐被植物覆盖,这样植物与土工网就共同对边坡起到长期防护、绿化的作用,土工网植草护坡能承受 4 m/s 以上流速的水流冲刷,在一定条件下可替代浆砌或干砌块石护坡。

8.6.2.2　生态型硬质护坡

传统的硬质护坡,如混凝土护坡和浆砌石护坡等,阻断了河流生态系统的横向联系,破坏了水生生物和湿生生物的理想生境,降低了河流的自净能力。然后对于大江大河以及一些土质特别疏松的河堤,完全采用植被护坡有时可能难以满足护坡的要求。因此,常采用生态型硬质护坡。所谓生态型硬质护坡,是指既有传统硬质护坡强度大、护坡性能好的优点,又能维持河流生态系统的新型硬质护坡。下面介绍几种较常用的生态型硬质护坡。

1. 多孔质结构护岸

多孔质结构护岸是指用自然石、框石或混凝土预制件等材料构造的孔状结构护岸,见图 8-4。其施工简单快捷,不仅能抗冲刷,还为动植物生长提供有利条件,此外还可净化水质。这种型式的护岸,可同时兼顾生态型护岸和景观型护岸的要求,因此被广泛应用。

(a) 自然石结构　　　　　　　　　　　　　(b) 框石结构

(c) 混凝土预制块结构

图 8-4　多孔质结构护岸

多孔质结构护岸的优点为:①多为预制件结构,施工简单快捷;②多孔结构符合生态设计原理,利于植物生长、小生物繁殖;③有一定的结构强度,耐冲刷;④护坡起着保护作用,防止泥土的流失;⑤对于水质污染有一定的天然净化作用。

混凝土预制件是最为常用的多孔质结构护岸工程,以下简要介绍混凝土预制件的特点、设计与施工注意问题等方面。

1) 混凝土预制件特点

混凝土块可单块放置,也可通过多种方式连接,如相互咬合(见图8-4(c))或用缆索连接等,使其充分发挥结构柔性和整体性的优点。为避免护坡结构的硬质化,可采用空心混凝土块,这不仅使护坡结构具有多孔性和透水性,而且允许植物生长发育,改善岸坡栖息地条件,增加审美效果。结构底面必须铺设反滤层和垫层,可选用土工布或碎石。这项技术适用于水流和风浪淘刷侵蚀严重、坡面相对平整的河流岸坡。

2) 混凝土预制件设计注意问题

(1) 混凝土自锁块两腰部有槽,以便自锁。水泥强度等级可选用C20,混凝土最大水灰比为0.55,坍落度3~5 cm,掺20%~30%粉煤灰和0.5%的减水剂,以降低用水量和水泥用量,进而降低成本。为了提高混凝土耐久性,宜掺用引水剂,控制新拌混凝土含气量4%~5%。预制浇筑混凝土块时宜采用钢模,并用平板振捣器捣实,以确保混凝土浇筑质量。钢模的尺寸应比设计图周边缩小2 mm,以防止制出的预制块嵌不进去。预制块的龄期至少满14 d后方可铺设。

(2) 混凝土块的预留孔中宜充填本土植物物种、腐殖土、卵石(粒径30~50 mm)和肥料等主要材料组成的混合物,也可同时扦插长度约为0.3~0.4 m、直径为10~25 mm的插条。

3) 混凝土预制件施工注意问题

施工中,应首先将边坡整平,在最下缘应建浆砌石挡墙,在坡面上铺设土工布反滤层,搭接长度不少于20 cm。要自下而上安放混凝土块,然后在预留孔中放置卵石、植物种子(多种物种混合)、原表层土或腐殖土和肥料等,或同时扦插活枝条。枝条下端应穿透反滤垫层,并进入土体至少10~20 cm。

2. 生态混凝土护坡

生态混凝土亦称绿色混凝土,其概念是由日本混凝土工学协会于1995年提出的。所谓生态混凝土,就是通过材料筛选,采用特殊工艺制造出来的具有特殊结构与表面特性、能够适应绿色植物生长、与自然相融合的具有环境保护作用的混凝土。生态混凝土的研究与开发时间还不长,它的出现标志着人类在处理混凝土材料与环境的关系过程中采取了更加积极的态度。近几年,我国在生态混凝土方面进行了大量的研究。

生态混凝土由多孔混凝土、保水材料、难溶性肥料和表层土组成,其结构如图8-5所示。

(1) 多孔混凝土由粗骨料、水泥和适量的细掺和料组成,是生态混凝土的骨架部分。一般要求混凝土的孔隙率达到18%~30%,且要求孔隙尺寸大,孔隙连通,有利于为植物的根部提供足够的生长空间,肥料等可填充在孔隙中,为植物的生长提供养分。

(2) 在多孔混凝土的孔隙内填充保水性材料和肥料,植物的根部生长深入到这些填充材料之间,

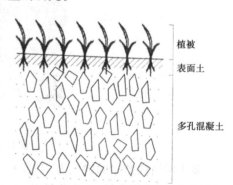

图8-5 生态混凝土结构

吸取生长所必须的养分和水分。保水性填充材料以有机质保水剂为主,并掺入无机保水剂

混合使用,由各种土壤颗粒、无机人工土壤以及吸水性的高分子材料配制而成。

(3)表层土多铺设在多孔混凝土表面,形成植被发芽空间,同时防止生态混凝土硬化体内的水分蒸发过快,以提供植被发芽初期的养分和防止草生长初期混凝土表面过热。

经验表明,很多草本都能在生态混凝土上很好生长。应用中还发现生态混凝土具有较好的抗冲刷性能,上面的覆草具有缓冲功能,由于草根的锚固作用,抗滑力增加,草生根后,草、土、混凝土形成体,更加提高了堤防边坡的稳定性。

在城市河道护岸结构中,可以利用生态混凝土预制块体进行铺设,或直接作为护坡结构,既实现了混凝土护坡,又能在坡上种植花草美化环境,使江河防洪与城市绿化完美结合。

生态混凝土护坡施工作业的主要工序如下:

(1)边坡修整。边坡修整成型应符合设计边坡的比例要求,对原地形进行开挖或者回填,回填后基础强度必须要达到设计要求,避免坡面发生过大的不均匀沉降。

(2)土工布铺设。无纺布铺设时,采用 U 形钉将无纺布与边坡固定,以免产生滑移。土工布施工应符合《水利水电工程土工合成材料应用技术规范》(SL/T 225—98)的有关条文规定(相邻搭接宽度 $b > 20$ cm)。

(3)播撒草籽。播撒草籽播种量为 $15 \sim 20$ g/m²。

(4)在绿化混凝土表面铺设 $2 \sim 3$ cm 厚的客土。在无砂混凝土表面铺设 $2 \sim 3$ cm 的松散、粉状的客土。

(5)混凝土框格梁的现浇。现场浇筑混凝土框格梁。

(6)铺盖地膜(或草帘)浇水养护。在播种完草籽的土层上覆盖湿草帘等遮光透气物,进行洒水养护。要求每天 $2 \sim 4$ 遍,连续养护 5 d 以上即可。

(7)根据护面要求,采用混凝土框格梁进行加固防护,也可结合锚杆(钉)对坡体进行支护。

3. 生态型砌石护坡

为防止河岸冲刷崩塌,于崩塌地坡脚处或河岸崩塌堆积坡脚处,用块石或砾石材料砌筑成一挡土构造物。生态型砌石护坡可分为单阶砌石、阶梯式砌石等,砌石之间的胶结方式可分为干砌和半干砌两种形式,应依护岸所在河川的区域与流速大小因地制宜地选择。

干砌石护坡采用直径在 30 cm 以上的块石砌筑而成,块石之间有缝隙,水生动物可以在石缝间栖息,植物也能在石缝间生长,这种形式适用于边坡较缓,水流冲击较弱的边坡。设计要求如下:

(1)底层砌石应埋置于河床线下,埋置深度需在 150 cm 以上,防止基础淘空。

(2)河床基础应满足承载力要求、满足结构沉降要求。

(3)建议设计护岸高度小于 3 m,砌石平均粒径 $D > 30$ cm,石缝间以小于 30 cm 的粒径石块填充。

(4)砌石背侧填料需满足强度和渗透稳定要求。

(5)护岸凹岸处应设置混凝土基础,增加护岸稳定性,其余岸趾可采用抛石,制造蜿蜒水域,增加生物栖息空间,见图8-6。

背填垫层料

图 8-6 干砌石护坡示意图

半干砌石护坡块石直径一般取 $35 \sim 50$ cm,采用水泥砂浆灌砌部分块石间隙,这样既能提高护坡的强度,又能维护生物生存条件。半干砌石护坡适用于水流冲击强度较大的边坡。城区河道也常常采用半干砌石护坡,以便构造景观。

以上两种护坡的基础均应埋置在冲刷线以下 0.5 ~ 1 m 处。当冲刷较轻时,可用墈石铺砌基础;当冲刷较重时,宜采用浆砌块石或混凝土脚墙基础。若基础的埋置深度不足,则应采取合适的防淘措施(如抛石、石笼等)。

4. 生态型抛石护坡

生态型抛石护坡是以不同粒径的块石抛置护岸,用以保护河岸,适用于中、低流速区域(4 m/s 以下),稳定高度 3 m 以下,其块石粒径应加以验算。构筑此种护岸的石材最好是角状块石,使其能适度相嵌,以提高抵抗块石移动阻力。其视觉景观亦较为自然,且施工设置容易;但设置不当时可能造成冲蚀现象。

当河道遭受大洪水时,抛石利用所具有的天然石抵抗力来防止洪水冲刷堤岸、保护河岸,损坏后抛石护岸修复快速简单。块石之间有很多间隙,可成为鱼类以及其他水生生物的栖息所及避难所,兼作小型鱼草之用,从而为河道的生态功能修复起到一定的积极意义。设计需注意以下几点要求。

(1)水下抛石的稳定坡面约为 1:1.5,护岸坡面坡度应缓于此坡比。

(2)护岸趾部应嵌入预期的冲蚀线下。

(3)抛石底层根据现状河岸的土质条件铺设过滤垫层,以防止基础土层的细粒土冲刷流失,过滤垫层可采用卵砾石、碎石级配料,也可采用土工织物滤层。

(4)表层抛石的尺寸需满足抗起动流速的要求。

(5)抛石埋深 B 由水深及预计冲刷深度确定,见图 8-7。

5. 生态型浆砌石

以卵石或块石混凝土灌砌成墙面,石材间隙以混凝土填充,增加黏结强度。砌石表面自然景观、隙缝可提供动植物栖息生长,同时兼具安全性及生态性的要求。浆砌石护岸适用于流速较快、天然石材丰富的河流。施工良好的砌石护岸可作为挡墙结构,抵挡河岸坡面后方的土压力,防止坡面局部崩塌破坏。浆砌石应错落叠置,以求石面的美观稳定,可搭配较大石块,增加景观性,见图 8-8。

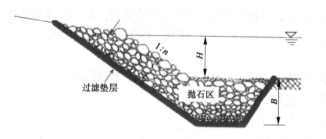
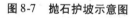
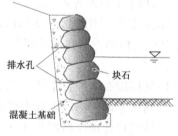

图 8-7　抛石护坡示意图　　　　　图 8-8　浆砌石护坡示意图

6. 石笼结构生态护岸

当堤岸因防护工程基础不易处理,或沿河护坡基础局部冲刷深度过大时,可采用石笼防护,见图 8-9。石笼护岸,即利用铁丝、镀锌铁丝或竹木制作成网笼,内装石块。编制石笼的铁丝直径一般为 3 ~ 4 mm,普通铁丝石笼可用 3 ~ 5 年,镀锌铁丝石笼的使用寿命可长达 8 ~ 12 年;竹木石笼耐久性差,只能用于临时性防护工程。石笼内装填的石料应选用坚硬、未风化、浸水不崩解的石块,石块粒径应大于石笼的网孔。石笼一般制成圆柱体、长方体或箱形,圆柱体石笼便于滚动就位,长方体石笼便于多层铺砌。无论何种形状的单个石笼的大小均以不被水流或波浪冲移为宜。

石笼抗冲刷力强;柔性好、挠度性大,允许护堤坡面变形;透水性好,有利于植物生长与动物的栖息;施工简单,对现场环境适应性强。但是,石笼多为应急防护措施采用,或用于局部险段的防护,作为常规的防护措施应用不多。

在生态护岸中,可以构造铁丝网与碎石复合种植基,即由铁丝石笼装碎石、肥料及种植土组成。其最大优点是,抗冲刷能力强、整体性好、适应地基变形能力强,避免了预制混凝土块体护坡的整体性差,以及现浇混凝土护坡与模袋混凝土护坡适应地基变形能力差的弱点,同时能满足生态护坡的要求,即使进行全断面护砌,生物与微生物都能生存。

石笼设计需注意以下几点:

(1)石笼单体尺寸及类型可根据护岸高度及坡度选用。

(2)石笼填充石材的粒径为网目孔径的 1.5 ~ 2.0 倍。

(3)根据岸坡的土质情况,设置过渡层,以排除孔隙水,避免细粒料流失并增加基础承载力。

(4)水位线以上的石笼表面可利用土工网植生或覆土植生。

(5)河岸区的土层有不均匀沉陷,或大量沉陷时可运用其柔性结构以抵抗变形。

(6)根据地质条件,可以结合格栅等筋材,形成加筋石笼挡墙,见图 8-10。

图 8-9　石笼护坡

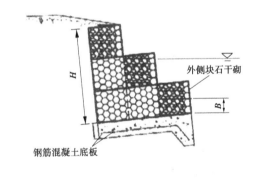

图 8-10　石笼护坡示意图

8.6.2.3　生态型柔性人工材料护坡

1. 土工材料复合种植技术

1)土工网复合植被

土工网是一种新型土工合成材料。土工网复合植被技术,也称草皮加筋技术,是近年来随着土工材料向高强度、长寿命方向研究发展的产物。

土工网复合植被的构造方法是,先在土质坡面上覆盖一层三维高强度土工塑料网,并用U形钉固定,然后种植草籽或草皮,植物生长茂盛后,土工网可使草更均匀而紧密地生长在一起,形成牢固的网、草、土整体铺盖,对坡面起到浅层加筋的作用。

土工网因其材料为黑色聚乙烯,具有吸热保温作用,能有效地减少岸坡土壤的水分蒸发和增加入渗量,因而可促进种子发芽,有利于植物生长。坡面上生成的茂密植被覆盖层,在表土层形成盘根错节的根系,不仅可有效抑制雨水对坡面的侵蚀,还可抵抗河水的冲刷。

2)土工网垫固土种植基

土工网垫固土种植基,主要由聚乙烯、聚丙烯等高分子材料制成的网垫和种植土、草籽等组成。固土网垫由多层非拉伸网和双向拉伸平面网组成,在多层网的交接点经热熔后黏接,形成稳定的空间网垫。该网垫质地疏松、柔韧,有合适的高度和空间,可充填并存储土壤和沙粒。植物的根系可以穿过网孔均衡生长,长成后的草皮可使网垫、草皮、泥土表层牢固地结合在一起。固土网垫可由人工铺设,植物种植一般采用草籽加水力喷草技术完成。这种护坡结构目前运用较多。

3)土工格栅固土种植基

土工格栅固土种植基,是利用土工格栅进行土体加固,并在边坡上植草固土。土工格栅是以聚丙烯、高密度聚乙烯为原料,经挤压、拉伸而成的,有单向、双向土工格栅之分。设置土工格栅,增加了土体摩阻力,同时土体中的孔隙水压力也迅速消散,所以增加了土体整体稳定和承载力。由于格栅的锚固作用,抗滑力矩增加,草皮生根后,草、土、格栅形成一体,更加提高了边坡的稳定性。土工格栅固土种植基结构,如图 8-11 所示。

4)土工单元固土种植基

利用聚丙烯、高密度聚乙烯等片状材料,经热熔黏接成蜂窝状的网片整体,在蜂窝状单元中填土植草(见图 8-12),实现固土护坡的作用。

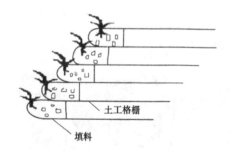

图 8-11　土工格栅固土种植基结构

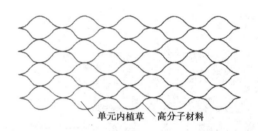

图 8-12　土工单元固土种植基结构

2. 植物纤维垫护坡

植物纤维垫一般采用椰壳纤维、黄麻、木棉、芦苇、稻草等天然植物纤维制成(也可应用土工格栅进行加筋),可结合植被一起应用于岸坡防护工程。在一般情况下,这类防护结构下层为混有草种的腐殖土,植物纤维垫可用活木桩固定,并覆盖一薄层表土;可在表土层内撒播种子,并穿过纤维垫扦插活枝条。

由于植物纤维腐烂后能促进腐殖质的形成,可增加土壤肥力。草籽发芽生长后通过纤维垫的孔眼穿出形成抗冲结构体。插条也会在适宜的气候、水力条件下繁殖生长,最终形成的植被覆盖层,可营造出多样性的栖息地环境,并增强自然美观效果。

这项技术结合了植物纤维垫防冲固土和植物根系固土的特点,因而比普通草皮护坡具有更高的抗冲蚀能力。它不仅可以有效减小土壤侵蚀,增强岸坡稳定性,而且可起到减缓流速、促进泥沙淤积的作用。

　　这种护坡技术主要适用于水流相对平缓、水位变化不太频繁、岸坡坡度缓于 1∶2 的中小型河流,设计中应注意如下几方面的问题:

　　(1)制订植被计划时应考虑到植物纤维降解和植被生长之间的关系,应保证织物降解时间大于形成植被覆盖层所需的时间。

　　(2)植物纤维垫厚度一般为 2~8 mm,撕裂强度大于 10 kN/m,经过紫外线照射后,强度下降不超过 5%,经过酸碱化学作用后强度下降不超过 15%;最大允许等效孔径(O_{95})可参考表 8-1,结合实际情况进行选取。

表 8-1　植物纤维垫设计参数取值

土壤特性	岸坡坡度	最大允许等效孔径 O_{95}		
		播种时间距发芽期时间很短	播种时间距发芽时间在 2 个月内	播种时间距发芽时间超过 2 个月
黏性土	<40°	—	—	—
	>40°	—	$4d_{85}$	$2d_{85}$
无黏性土	<35°	$8d_{85}$	$4d_{85}$	$2d_{85}$
	>35°	$4d_{85}$	$2d_{85}$	d_{85}

　　(3)草种应选择多种本土草种;扦插的活枝条长度为 0.5~0.6 m、直径为 10~25 mm;活木桩长度为 0.5~0.6 m,直径为 50~60 mm。

　　在工程施工中,首先将坡面整平,并均匀铺设 20 cm 厚的混有草种的腐殖土,轻微碾压,然后自下而上铺设植物纤维垫,使其与坡面土体保持完全接触。利用木桩固定植物纤维垫,并根据现场情况放置块石(直径 10~15 cm)压重。然后在表面覆盖一薄层土,并立即喷播草种、肥料、稳定剂和水的混合物,密切观察水位变化情况,防止冲刷侵蚀,最后扦插活植物枝条。植物纤维垫末端可使用土工合成材料和块石平缓过渡到下面的岸坡防护结构,顶端应留有余量。

8.6.2.4　土壤生物工程护坡

　　土壤生物工程是一种边坡生物防护工程技术,采用有生命力的植物根、茎(秆)或完整的植物体作为结构的主要元素,按一定的方式、方向和序列将它们扦插、种植或掩埋在边坡的不同位置,在植物生长过程中实现加固和稳定边坡、控制水土流失和生态修复。土壤生物工程不同于普通的植草种树之类的边坡生物防护工程技术,它具有生物量大、养护要求低、生境恢复快、施工简单、费用低廉、近似自然等特征,非常适用于河道险工段的生态坡护工程。下面介绍几种常见类型。

　　1.活枝扦插

　　活枝扦插是一种运用可成活的并能生长根系的植物枝干扦插技术。可生根的植物活枝被直接扦插或按压进入坡岸土壤,活枝生根后形成地下根系网络,将岸坡土壤连固在一起,同时吸收多余土壤水分,使边坡更加稳定坚固。活枝扦插可以在岸坡上灵活地安插,以控制坡岸局部的侵蚀,见图8-13。也可以成行地扦插在坡面上,控制浅层土壤的移动。活枝扦插还能用来固定其他的土壤生物工程(如活枝柴笼),以控制岸坡水土流失、降低水流流速、截留沉积物、防止侵蚀、改善岸坡生境。成本和护坡效果稍低。

2.活枝柴笼

活枝柴笼是将可生根植物(比如杞柳、山茱萸、桤木)的茎、枝用绳捆成长条形捆扎束(柴笼),并用木楔或活枝固定在斜坡的浅滩中,浅滩一般是沿着水平或等高线方向伸展。活枝柴笼是控制坡岸水土流失和改善坡岸生境的重要手段,适用于坡度较缓的边坡。最适用于高水位以上的岸坡带,通常也运用于常水位与高水位之间的激浪带,见图8-14。另外,活枝柴笼可在岸坡的拐角处安放,以便于排水。

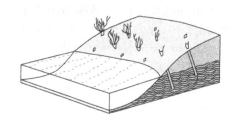
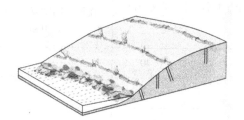

　　图8-13　活枝扦插示意图　　　　　　　图8-14　活枝柴笼示意图

3.活枝层栽

把活的有根灌木枝条按交叉或重叠的方式水平种植在土层间,枝层间的土层可以使用土工织物包起,以防在枝条成长初期垮塌、淋蚀、冲蚀。可以扦插的无根活枝条也可以采用此方式层栽。枝条顶部向外,根部水平或与坡面垂直埋入坡岸,见图8-15。活枝层栽可有效延缓坡岸径流流速,截留悬浮物质,较活枝扦插更有效地改善坡岸植被环境。该技术可应用于灌木较丰富的地区,适用于坡岸较陡,表面径流较大,容易崩塌的河道。

4.灌丛垫

将存活的灌木枝条覆盖整个灌木表面,并加以固定,灌木枝条重新生根发芽,形成新的坡岸植被系统,同时起到稳定坡体和保护坡面的作用。适用于坡度较大,水流流速较快的岸坡,通常布置在常水位以上的岸坡部分(激浪带和岸坡带),见图8-16。

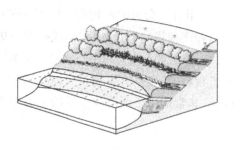
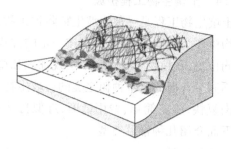

　　图8-15　活枝层栽示意图　　　　　　　图8-16　灌丛垫示意图

8.6.3　缓冲带设计

8.6.3.1　缓冲带的功能

植被缓冲带是位于河道与陆地之间的植被带。专家认为:如果要恢复和保持一条小河流的自然价值,仅改变河道而不保护河岸和缓冲带只能是徒劳的。因此,应该重视缓冲带的设计。缓冲带具有如下功能:

(1)过滤径流,防止泥沙和其他污染物进入水体。

(2)吸收养分,减轻农业源污染对水体的影响。

(3)降低径流速度,防止冲刷,从而保护河岸。

(4)通过缓冲带的拦截,使更多的雨水进入地下水,从而削减了洪水。

(5)为鸟类等野生动物提供了理想的栖息场所,林冠层遮阴,可以调节水温,在炎热的夏季为水生生物提供庇护地。

(6)具有非常显著的边缘效应,可利于保护当地物种。

(7)缓冲带上经济林草的经济效益显著,一般高于农田的经济效益。

(8)美化河流景观,改善人居环境,增强河流的休闲娱乐功能。

8.6.3.2　缓冲带的宽度

宽度设计应随各种不同功能要求,邻近的土地利用类型、植被、地形、水文以及鱼类和野生动物种类而改变,其中保护水质是宽度设计最重要的功能要求。

缓冲带减少营养物是显而易见的。虽然对减少农田营养物流失、保护河流的生态环境和保护鸟类所需求的缓冲带宽度的详细情况还需要进一步研究,但缓冲带应有几行树(而不是一行树)的宽度这一点是明确的。3~5 棵树宽的缓冲带(8~10 m)将为保护鸟类的多样性提供合适的生态环境。因此,综合考虑减少营养物质的流失和保护鸟类的栖息地,作为一个恢复目标,建议河流两岸的缓冲带宽度至少为 8~10 m。在耕地比较短缺的地区,可能不得不采用更窄的缓冲带。但即使采用 5 m 宽缓冲带,对防治农业面源污染和保护河道稳定也有积极的作用。

8.6.3.3　缓冲带植被

缓冲带植被组成应该是乔木、灌木和草地的综合体,它们应适合气候、土壤和其他条件。缓冲带的物种组成设计,可以参考当地天然的缓冲带植被组成。一个含有丰富物种的群落相对具有更大的弹性和生态系统稳定性,同时提供系统不同的功能要求,提供不同动物的栖息地,包括取食、冬季覆盖和繁殖要求。

在设计缓冲带植被组成时,还应注意一般生态河道与有景观要求的生态河道的区别,一般生态河道缓冲带宜栽植经济林草,如水杉、意杨、杞柳、果树等。具有景观要求的生态河道则应注重景观效果,可选择栽植香樟、女贞、广玉兰、紫薇、红叶楠、美人蕉、白三叶等植物。

8.6.4　生态防护稳定性分析

8.6.4.1　河岸抗侵蚀稳定性

天然河流的河床表层材料通常是黏土、草垫、粗粒料或基岩,除基岩河床面外,其余河床在水流力下往往会发生局部冲淤变化,使得河流的地貌不断演变。

河岸侵蚀破坏,其实质也是一种动态演变过程,其破坏形式主要包括侵蚀、冲刷、团粒破坏、表层挟带和冲切破坏等类型。研究河岸破坏特征,需首先鉴定破坏机制和原因,而大多数侵蚀破坏的物理过程是表面挟带作用。

堤脚侵蚀发生于河湾段或河道直线段,河岸侵蚀成因主要包括以下几点:

(1)河岸植被减少,是引起堤岸侵蚀的常见原因。滨水植物不仅能改善河流廊道的栖息地环境,而且具有显著的水土保持作用。植物地上部分可有效减少坡面外力与土壤的直接接触面积,植物根系的深根锚固和浅根加筋作用,可改善土壤结构,提高坡面稳定性。

(2)人为因素导致河床糙率降低。河道疏浚或河岸硬化等人工措施,使得木质残骸和河床粗粒单元被清理,也使得河流产生过大能量作用于河岸和河床,从而引起河岸侵蚀。

(3)河湾水流剪切应力偏大,当水流经过河湾处时,河谷深泓线游荡至河道外侧转角,河湾处的最大剪切应力可能是河床的2倍以上,高于土体剪切应力的强度而导致河岸侵蚀。

(4)当河岸沿线不连续或水流受阻时,在内障碍物周围产生的紊流,形成局部冲刷。例如,水流遇到桥墩时,水流在桥墩前下冲,形成次生环流而向障碍物侧向运动,由此导致障碍基础的流速增加和漩涡,从而会进一步加剧桥墩周围的侵蚀力,带走更多的河床沉积物,并产生冲刷坑。

传统的河道侵蚀分析方法分为两类,即起动流速和拖曳力(或临界剪应力)。前一种方法的最大优点在于流速是可以通过测量而获得的,而剪应力则无法直接测量,必须通过其他参数进行计算。但是,剪应力方法在定量描述水流对河道边界的作用力方面优于流速方法。传统的一些国际性导则,包括 ASTM 标准,都采用剪应力方法评价在不同防护措施下河道岸坡的抗侵蚀稳定性。因此,以下阐述该方法。

剪应力方法,即判断作用于河床颗粒的平均剪切应力与临界剪切应力的关系。其中,平均剪切应力是水流作用对河床表面形成的拖曳力或冲刷力,可表示为

$$\tau_0 = \gamma RS \tag{8-10}$$

式中:γ 为水的容重;R 为水力半径(为过水断面面积 A 和湿周 χ 的比值);S 为河床坡降。

平均剪切应力还可以表示为流速、水力半径、糙率的函数关系:

$$\tau_0 = \frac{\rho v^2}{\left(\frac{1}{\kappa}\ln\frac{R}{k_s}\right) + 6.25} \tag{8-11}$$

式中:ρ 为水的密度;v 为深度方向的平均流速;κ 为冯·卡门常数(通常取 0.4);k_s 为粗糙高度。

临界剪切应力 τ_c 是河床泥沙对水流拖曳力的抵抗力,可用下式表示:

$$\tau_c = \tau^*(\gamma_s - \gamma_w)D \tag{8-12}$$

式中:τ^* 为 Shields 系数;γ_s 为泥沙容重;γ_w 为水容重;D 为泥沙颗粒。

河道侵蚀的稳定评价是一个迭代过程,因为衬砌材料和结构将影响阻力系数,一般可按下列步骤进行分析。

(1)估算平均水力条件。河道水流流速会受流量、水力梯度、河道几何尺寸和糙率等因素的影响,可采用常规的水力学方法进行计算。对于非规则的河道断面,可能需采用计算机软件进行分析。在此基础上,计算每一个断面的流速和平均剪应力。

(2)估算局部或瞬时水流状态。应根据局部和瞬时条件变化对剪应力的计算值进行调整。Chang(1988)提出了比较实用的简化方法。

对顺直河道,局部最大剪应力计算公式为

$$\tau_{\max} = 1.5\tau_0 \tag{8-13}$$

对蜿蜒河道,最大剪应力是平面形态的函数,计算公式为

$$\tau_{\max} = 2.65\tau_0 \left(\frac{R_c}{W}\right)^{-0.5} \tag{8-14}$$

式中:R_c 为河湾曲率半径;W 为弯曲段河道横断面顶宽度。

公式对剪应力的空间分布进行了调整,但湍流时的瞬时最大值可能还要高于该值 10% ~ 20%,因此应进行适当调整,可在上述公式的基础上乘以 1.15 的系数。

(3)分析当前条件下的稳定性。综合考虑下部土层和土/植被条件,并把上述计算获得的局部和瞬时流速及剪应力与经验值进行比较,如果认为当前状态是稳定的,评价工作基本完成,否则要进行下面几方面的工作。

①选择河道衬砌材料。如果当前状态不稳定,或要实现其他工程目标,应选用侵蚀极限值高于上述计算值的其他材料。

②重新进行水力计算。水力计算中的阻力值应根据所选择的材料进行相应调整,重新进行水力计算,并对河段和断面的平均状态进行局部和瞬时条件调整。

③验证衬砌的稳定性。根据重新计算的水力条件和衬砌材料的侵蚀极限值,对河道抗侵蚀稳定性进行评价。如果所选择的各种河道衬砌材料均不满足抗侵蚀稳定要求,则应寻求其他方法,比如在非通航河道上引入低水头跌水结构或其他消能设施,或者在流域范围内采取减小河道径流等措施。

8.6.4.2　河岸抗滑稳定性

植物对河岸边坡抗滑稳定性影响包括水文效应和力学效应两个方面,这些效应对河岸边坡稳定既有正面作用,也有负面影响,但总体上前者大于后者。通过吸收和蒸腾作用,调节土体内水分,降低土体的孔隙水压力,从而提高了土体的抗剪强度。但当土体水分过度蒸发时,土体会产生张力裂缝,降雨时反而增加入渗水量,不利于河岸边坡的稳定。

木本植物较其他类型植物对河岸边坡的稳定作用最为有利,原因在于木本植物的根系强度及密度较高、主根锚固深度较深并且具有拱效应等,因此对于抵抗河岸边坡的浅层滑动非常有效。某些树种具有非常长的主根,如水杉,它对于抵御河岸边坡的深层滑动也非常有利。

河岸边坡稳定性,需根据河岸结构类型分别考虑。对于缓坡型河岸(包括采用了抛石护岸、生态混凝土护岸、植被等防护措施的河岸),工程设计需考虑河岸边坡的整体抗滑稳定性;对于直立型河岸(包括采用了砌石、石笼、土工材料等挡墙式防护措施的河岸),工程设计时不仅需考虑河岸的整体稳定性,还需考虑挡墙结构的自身抗滑、抗倾稳定性。

边坡的整体稳定性与上述侵蚀类似,可以以滑动力与阻滑力的比值,即安全系数加以核算

$$K = \frac{\sum F_{阻滑力}}{\sum F_{滑动力}} \tag{8-15}$$

式中:$\sum F_{阻滑力}$ 为边坡土体的抗剪强度及加筋作用形成的阻滑作用合力,其中土体抗剪强度可由摩尔 - 库仑强度公式表示;$\sum F_{滑动力}$ 为边坡土体承受的剪切作用力的合力。

当安全系数 $K < 1$ 时,边坡不稳定而塌滑破坏;当 $K = 1$ 时,表示边坡处于临界状态;当 $K > 1$ 时,边坡稳定。

8.7 河道特殊河段的治理方法

水是一种运动的物质,时刻发生着变化。由于水流条件和河床边界条件的不同,不同河流或者同一河流的不同河段,河道的特性是不相同的。水流条件及河道状况的千差万别,必然决定在特殊河段需要进行特殊治理。

对于冲积河流的河床,每时每刻都可能发生冲淤变化,河流与河道中构造物相互作用明显。冲淤河段、与道路交叉河段都需要采用适应自然条件并与社会需求相和谐的治理方案。对于具有河心滩、分汊、弯曲、汇流、感潮、崩岸等复杂形态的河段,治理工作则要求必须十分慎重。因此,逐渐达到最终目标的治理方法常常被优先采用。

8.7.1 冲淤河段的治理方法

当河道发生弯曲时,由于水的流向和流速均发生较大变化,所以天然河流的含沙量条件与河床形态也要发生改变。河道外侧的流量流速变大,水流挟带泥沙能力以及对河岸的冲刷增强,形成冲刷区;而在河道内侧的流速减缓,泥沙在此处产生沉积形成淤积区。为保护堤防工程安全和冲淤河段特有的生态系统特征,可以采用修建低水护岸,实施散布石工程等对其进行治理。

8.7.1.1 冲淤河段的治理措施

1.低水护岸的施工

低水护岸就是在河道转弯处的外侧,为确保被冲刷的河岸安全和稳定,选用较大的石块,采用干砌的方法,把河道岸边保护起来,以抵抗转弯水流的冲击,保证河床不发生大的变化,同时减少河道内侧泥沙的淤积。从安全角度出发,低水护岸所用的石块宜选用 2 t 左右的巨石,但施工中搬运较为困难,因此石材最好是施工地点附近生产的,否则采石及运输费用非常大。低水护岸施工完成后,等到植物移植期,在巨石的缝隙间插植本地植物,可以起到绿化、防淘的作用。

最近几年,日本、韩国为解决河道的冲淤和防洪问题,采取了多种多样的技术措施和生态措施。其中,以块石、卵石和其他材料建造的低水护岸,营造亲水空间,对沿河生态环境采用覆土护岸和种植水生植物等措施,恢复河岸的自然属性与生态景观,并根据河流两岸动植物生存状况,构建最佳护岸,为水生生物和陆生生物提供交流的廊道等方面,取得了显著的社会效益、经济效益和生态环境效益。

2.散布石的施工

在河底及其河床的低水路之间,把巨石排成纵列状,以提高河床的抗冲能力和改变水流的方向,这种工程称为散布石工程。在散布石工程的顶端设置了高程较低的开口,以便使冲刷河段的水位随着主流低水路的流量变化而变动,这样可以有效地防止水流对河底的冲刷。

8.7.1.2 确保水循环和湿润状态的方法

在布置散布石的河床附近,为了维持不同河岸的水循环,应当根据实际需要设置木笼栅栏和透水管等设施。设置这些设施是为了在水位较低或产生堆积砂子的情况下,尽可能地维持群落交错区的湿润状态,改善河道的环境湿度,防止因天气干燥而出现河道扬尘现象。此外,考虑到群落交错区内的幼鱼、小虾和螃蟹等栖息环境及外敌防御,群落交错区内平时最深的水位应确保在 1 m 左右。

8.7.1.3　草本植物生长地的整治

草本植物在保护河滩和堤岸方面有着重要的作用,所以尽可能地利用各种条件对草本植物生长地进行整治。在低水护岸的上部利用河道施工开挖的土壤,提供草本植物生长的条件;对于河道的堤岸,依据布置在那里的散布石,构成适应于草本植物生长的地形;在散布石工程施工刚结束时,石块露出滩地面很不美观,但等草本植物生长繁茂后,这些散布石则逐渐被隐蔽起来。但是,对于高水河滩上的巨石设置,应考虑与河道景观吻合问题,在采用草本植物时要慎重对待。

8.7.2　与道路交叉河段的治理方法

与道路交叉的河流,由于桥梁中的引堤、桥墩和桥台等建筑物对水流的束狭和阻碍干扰作用,河道中的水流状况发生很大变化,从而促使河床的形态也发生相应的调整。这种水流与河床的重新调整作用,在许多情况下不仅涉及桥梁的安全运行问题,而且对沿河水利设施以及桥梁的上游、下游河段的河床演变产生新的影响。因此,在进行跨河桥梁设计时,必须事先对上述问题作出正确的预测,以确保工程安全并预防河道可能出现的问题。

在与道路交叉河段的整治过程中,不仅要考虑设施的安全问题,还要考虑与环境生态的密切结合。对于安全问题的处理,一般是采用修建导流坝、对桥墩进行防护等措施,同时结合周边区域进行综合治理,确保工程安全、环境优美。

8.7.2.1　修建导流坝

平原河流上桥梁的引堤隔断洪水的漫滩水流,使水流沿着堤坝横向流动,然后急转方向进入桥孔收缩口,形成一股流速较大的集中水流斜冲河道主槽,从而使桥孔的有效长度减少、水流处于紊乱状态。无导流坝时桥孔水流情况如图 8-17 所示。

为了解决这一问题,常采用修建导流坝的方法。导流坝是引导桥孔以外河滩的水流平顺进入桥孔的主要导流建筑物。导流的坝体一般依据河道设计洪水位确定,要求有足够的高度和超高,避免出现洪水漫顶而破坏桥梁。如果导流坝的线型设计不当,水流不能平顺地进入桥孔,桥的边孔将不能完全发挥其泄洪能力,甚至在桥梁下游两侧产生漩涡,危及两岸的河岸安全。导流坝线型不好时桥孔水流情况如图 8-18 所示。

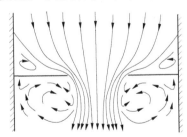

图 8-17　无导流坝时桥孔水流情况

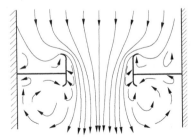

图 8-18　导流坝线型不好时桥孔水流情况

导流坝的平面布置应符合以下要求:

(1)在河流上游区段转变为中游区段的过渡型河段,洪水从上游河床输移来大量泥沙,河床上多余的泥沙沉积形成许多各式各样的边滩地状和岛状沙滩。当桥位河段比较顺直时,导流坝体可采用非封闭式曲线导流坝,必要时在上游岸边加设丁坝或种植防水林,并对桥头引道路堤进行加固,如图8-19所示。

（2）流经坡度平缓的平原地区的河段,一般洪水涨落比较缓慢。这类河段的河槽一般都比较窄,河滩比较宽阔。被阻断的河滩水流将在桥台处转一个急弯而进入桥孔。这样,桥下河滩部分的流量非常集中,并易在桥台处产生漩涡,使桥下冲刷集中在桥台周围,严重威胁桥台的安全。

是否需要设置导流坝,主要应根据河滩流量占总流量的比例而定。通常认为,单侧河滩阻断河滩流量占总流量的15%以上,双侧河滩阻断河滩流量占总流量的25%以上时,应当设置导流坝;当小于上述数值时,可设置梨形导流坝,见图8-20。当小于5%时,加固桥头锥形护坡即可;当河滩水深小于1 m或桥下一般冲刷前平均流速小于1 m/s时,一般不需要设置导流坝。

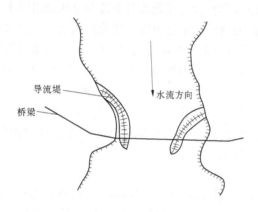

图8-19　过渡性河段导流坝示意

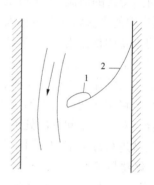

1—梨形坝;2—丁坝

图8-20　梨形导流坝布置

8.7.2.2　桥墩的防护

在多数河流环境中,冲刷孔围绕桥墩基础形成。由于桥墩导致的强大漩涡运动冲走了桥墩基础周围的河床沉积物,桥梁浅基础的防护问题成为桥梁设计和施工中的重要课题。根据近年来科研和生产实践的经验,可把桥梁浅基础防护工程分成以下几种类型。

1.桥墩的生物防护

桥墩的生物防护与加固,即指根据河水的流速及河水深度,采取不同形式的生物防护与加固措施。

（1）如果河水流速较高,可采取"抛石挂柳"的形式对桥墩进行防护。这样,抛石能阻止洪水淘刷桥墩基础,挂柳（柳枝）可降低墩身附近的水流流速,有利于减缓冲刷及墩身外围泥沙沉积。

（2）如果河水流速较低,可于枯水期在桥墩冲刷严重部位分层填埋（或栽植）亲水性强的树木。这样,桥墩局部冲刷坑内填埋的树枝被洪水淤积后会与泥沙紧密结合,形成加固的土体结构,有利于阻止洪水冲刷;若填埋的树枝成活生长,其防护效果会不断增强。

2.抛石防护技术措施

最常用的抗侵蚀作用技术是采用给河床装置"铠甲",如抛石防护,即以适量的抛石充当自然屏障,来承受水流的冲蚀力,达到防护桥墩的目的。

3.桥梁整孔防护措施

桥梁整孔防护工程的主要类型有浆砌片石护底、混凝土护底、拦沙坝等。

4.桥梁局部防护措施

桥梁局部防护工程:平面防护时有浆砌片石护基、混凝土护基、混凝土块排、混凝土包裹护基等;立面防护时有钻孔桩加承台、桩围堰内填片石等。

1)浆砌片石(混凝土)防护工程

例如,某桥墩混凝土块锥体防护如图8-21所示。

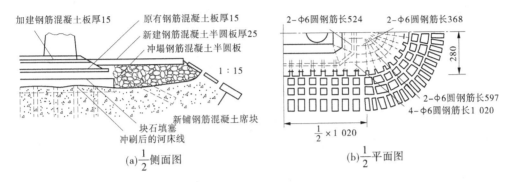

图 8-21 某桥墩混凝土块锥体防护(单位:cm)

2)挑坎式防护工程

为了保证桥涵和路基工程的安全,常对桥涵下游出口河床的一定长度范围进行铺砌加固以防冲刷。挑坎式防护工程改变桥涵出口下游河床的水流条件,使紧靠桥涵出口铺砌加固段的末端变冲刷为淤积,见图8-22。

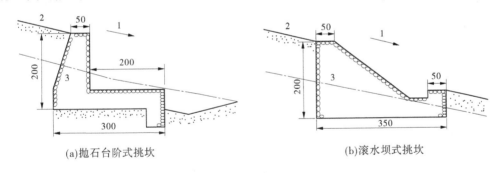

(a)抛石台阶式挑坎   (b)滚水坝式挑坎

1—流向;2—回淤河床面;3—原河床面
图 8-22 挑坎式防护工程示意图(单位:cm)

8.7.2.3 交叉口治理的要求

对桥梁道路和河流的交叉口区域的治理,不但要满足交通方面的要求,还要满足河流防洪泄洪的要求,同时要注意与周围环境的协调,以及考虑生态的保护与恢复。根据桥墩、堤防、道路三者之间的关系,桥和堤防的连接有多种类型,见图8-23。

8.7.3 汊道浅滩河段的治理方法

治理汊道浅滩河段时应当慎重选择汊道,采取工程措施调整分流比和改善通航汊道的通航条件。

8.7.3.1 汊道浅滩的状况

在河道分汊的进出口或汊道内,由于水流所具有的特点常常形成浅滩。在汊道入口处,

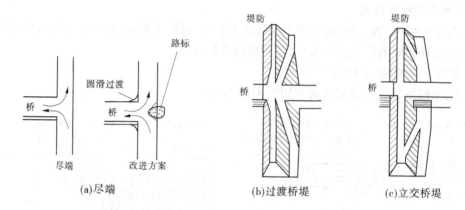

图 8-23 桥堤交叉连接类型

由于河心洲的壅水作用和两个汊道间阻力的差异,以及分汊时水流发生的弯曲,形成水面横比降及环流,泥沙往往在汊道口沉积,致使枯水期航道水深不足。

有一些河心洲在遇到中等洪水时,洲头及其两侧受到水流冲刷,冲下的泥沙在环流的作用下,一部分输送到两岸边滩的末端,形成口门下部的浅区,有时大部分泥沙被水流带到汊道内部和河心洲的尾部。当汊道内河床宽度不一样时,泥沙常在较宽的区域沉积,从而形成汊道内浅滩。

输送到河心洲尾部的泥沙,由于河心洲尾部两股水流相汇,互相撞击消耗能量,流速减小,也很容易形成洲尾下部浅滩。汊道浅滩的淤积部位,因来沙量、水量及当地河床形态和地质条件不同而异。

分汊河段各汊道的分流比及分沙比随着水位的不同而变化,汊道的河床冲淤也因此而发生变化。汊道演变的一般趋势是:一分汊向有利于通行方向发展;另一分汊则逐渐淤塞而衰退。

8.7.3.2 汊道浅滩的整治措施

1.通航和泄洪汊道的选择

在选择通航和泄洪汊道时,应当根据下列各因素综合分析比较:①汊道的稳定性与发展趋势;②分流比和分沙比;③输沙能力和河床的粒径;④通航条件;⑤与城镇工业、交通、水利布局的关系;⑥施工条件;⑦工程投资。

2.通航和泄洪汊道的判断

通航和泄洪汊道必须选择在发展的汊道上,判断汊道的发展与衰退时,应注意以下几个方面:①一般有冲刷或河床质较粗的汊道为发展的汊道,淤积、河床质较细的汊道为衰退的汊道;②底部沙量分配较少的一汊为发展的汊道;③汊道内分流比大于分沙比时,多为发展的汊道。

3.用整治建筑物稳定优良的汊道

有些汊道虽然可以满足航道水深要求,但在河势发生变化时,可能会引起航道处河水深度的减小,这就需要采取稳定汊道的措施。例如,保护节点及附近的河床,稳定汊道进口段的边界;用洲头分流堤坝控制河心洲的洲头,用岛尾部堤坝控制周围方向,使其有利于船舶的航行。汊道浅滩整治建筑物布置如图 8-24 所示。

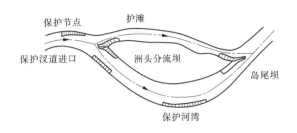

图 8-24　汊道浅滩整治建筑物布置

4.改善通航汊道的通航条件

当选定的通航汊道的分流量已能满足要求时,一般应稳定现有的分流比,否则应在非通航汊道建锁坝或采取其他工程措施,以满足通航汊道所需流量。

当汊道进口有浅滩,不能完全满足航行要求时,一般可采用洲头分流坝,改变分流点的位置,从而人为调整流势,使水流集中,冲刷进口浅滩。当汊道的中部有浅滩时,可采用丁坝等建筑物调整水流,冲刷航槽,见图 8-25。

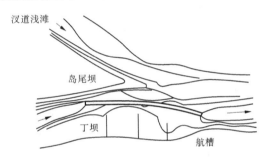

图 8-25　汊道浅滩整治工程布置

如果汊道流量不足,可用洲头分流的堤坝来调节进口的流量,从而加大汊道的冲刷能力。当河心洲尾部有浅滩存在时,通常在周围建岛尾坝,以减小两股水流交汇的角度,集中水流冲刷浅区。

5.根据实际情况堵塞支汊

当河道中的流量较小时,分汊后两汊的流量会更小,使在枯水期通航汊道内的水深不能满足通航要求。此时可采用丁坝或锁坝,将不通航的支汊堵塞,集中部分或全部水流于通航汊道内,从而增加航道的水深。

8.7.4　崩岸河段的治理方法

我国平原地区的河流两岸有许多泥沙淤积形成的滩地,这种滩地抗冲性能较差,大部分堤防工程经过多年维修加高而筑成。随着人类活动的加剧和自然因素的破坏,这些滩地和堤防都存在着多种隐患,每年都有许多崩岸险情的发生。崩岸有多种不同类型的大体积坍塌事故,包括延深破裂面的滑坡、浅层滑动以及大块塌陷。在洪水期和枯水季节都有可能发生崩岸事故,同样在水位上升期或水位下降期也会出现崩塌。比如,1998 年大洪水期间,长江中下游就发生崩岸险情达 327 处。在枯水季节发生崩岸的例子,如江西省彭泽县长江马湖段 1996 年 1 月 3 日与 8 日连续发生崩岸,毁坏防洪大堤 1.2 km、电排灌站 1 座、耕地 272 亩、民房 92 间、死亡 24 人,直接经济损失 5 000 多万元。同样,在水位上升期或水位下降期也常出现崩塌,如湖北省咸宁大堤北门口在 1994 年 6 月 11 日,近 100 km 堤段后退 400 m,最大崩塌速率为 55 m/h,1998 年 10 月 14 日再次发生 3 h 内崩塌 100 m 的险情。

由于崩岸险工给江岸堤防工程、两岸工农业生产及人民生命财产带来严重的威胁,因此开展对河道崩岸治理问题的研究,具有重要的现实与长远意义。

8.7.4.1　河流崩岸的形式与成因

崩岸是指由土石组成的河岸、湖岸因受水流冲刷,在重力作用下土石失去稳定,沿河岸、湖岸的岸坡产生崩落、崩塌和滑坡等现象。一般的崩岸分为条形倒崩、弧形坐崩和阶梯状崩塌等类型。崩岸的发展可使河床产生横向变形。

河流崩岸是堤防临水面滩岸土体产生崩落的重要险情,是河床演变过程中水流对河岸的冲刷、侵蚀作用产生累积后的突发性事件。这一险情具有发生突然、不可预测、发展迅速、后果严重等特点。崩岸从破坏形式上可分为滑落式和倾倒式两种。滑落式崩岸的破坏过程是以剪切力破坏为主,分为主流顶冲产生的弧形坐崩(窝崩)和高水位状态下水位快速下降过程中产生的溜崩。倾倒式崩岸的破坏过程主要是拉裂破坏,可分为主流顺着河岸水流造成的条崩和表面流入渗产生的洗崩。一般坐崩强度最大,一些重要崩岸段大多数都属于弧形坐崩,主要分布于弯道顶部和下部;条形倒崩(条崩)多位于深泓近岸,且平行于岸线,水流不直接顶冲的河段。

出现崩岸的原因是复杂的,有时是各种因素造成的后果。崩岸险情发生的主要原因是:水流冲淘刷深堤岸的坡脚,造成坡岸悬空失稳而崩塌。在河流的弯道处,主流逼近凹岸,深泓紧逼堤防。在水流侵袭、冲刷和弯道环流的作用下,堤外滩地或堤防基础逐渐被淘刷,岸坡变陡,上层土体失稳而最终崩塌,危及堤防工程。同时,根据崩岸险工实际工程观察可知,地质条件差、土质疏松是崩岸的内在基本因素,而水流条件(主流顶冲、弯道环流、高低水位突变等)则是造成崩岸的重要外在原因。另外,土壤中孔隙水压力增大,会使土壤抗剪强度降低甚至丧失,当承受瞬时冲击荷载时,土壤即发生液化,这是土力学因素;还有人为因素(河道非法采砂、河岸顶部超载、堤边取土成塘、船行波浪等)加剧了崩岸的强度和频率。

8.7.4.2　国内外崩岸治理工程概况

国内外实践经验证明,治理崩岸险工首先要确保堤防工程安全和防洪安全;其次是稳定现有河势,为今后河道综合治理创造条件;同时要兼顾国民经济各部门的要求,满足沿河地区社会经济发展的需要。

由于崩岸险工的机制比较复杂,对不同的河段,应根据崩岸成因、现场施工条件、堤防运行要求及综合经济效益等因素综合考虑,选择最优的治理措施。崩岸险情的抢护措施,应根据近岸水流的状态、崩岸后的水下地形情况以及施工条件等因素,酌情选用。首先要稳定坡脚,固基防冲;待崩岸险情稳定后,再酌情处理岸坡。

目前,崩岸治理的方法和形式很多,如采用抛石护坡、各种沉排护底等平顺式护坡或采用木桩、钢板桩等垂直护岸方法,在河床宽阔、水流较缓的地方还可以修建丁坝、顺坝等间断性护岸方法。近年来,随着土工合成材料在堤防除险加固工程中的应用,各种复合式护岸方法不断被采用和推广。通常堤防护岸工程包括水上护坡和水下护脚两部分。水上与水下之分均指枯水施工期而言。

河流水上护坡工程是堤防或河岸坡面的防护工程,它与护脚工程是一个完整的防护体系。护坡工程的型式很多,具体参考第 8.6 节内容。

河流水下护脚工程位于水下,经常受水流的冲击和淘刷,需要适应水下岸坡和河床的变化,所以需采用具有柔性结构的防护型式,常采用的有抛石护坡、石笼护脚、沉枕护脚、铰链混凝土板沉排、铰链混凝土板聚酯纤维布沉排、铰链式模袋混凝土沉排、各种土工织物软体的沉排等。抛石护脚是平顺式护岸下部固基的主要方法,也是处理崩岸险情的一种常见的、优先选用的措施。抛石护脚具有就地取材、施工简单、造价较低、可以分期实施的特点。平顺坡式护岸方式较均匀地增加了河岸对水流的抗冲能力,对河床边界条件改变较小。所以,在水深、流速较大以及迎主流顶冲部位的护岸,通常宜采用抛石护脚的方式。抛石护脚如图 8-26 所示。

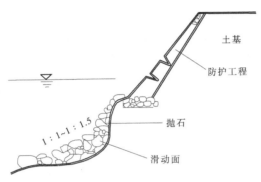

图 8-26　抛石护脚示意图

此外,为了减缓崩岸险情的发展,必须采取措施(如抢修短丁坝等)防止急流顶冲的破坏作用。

8.7.5　感潮河段的治理方法

8.7.5.1　感潮河段的基本知识

感潮指海水受引潮力作用而产生的海洋水体的长周期波动现象。它在铅直方向表现为潮位升降,在水平方向表现潮流涨落。在一般情况下每昼夜有两次涨落,一次在白天、一次在晚上。通常把白天的叫作潮,晚上的叫作汐,合称潮汐。

月球和太阳相对于地球的运动都有周期性,故潮汐也有周期性。从潮汐过程来看,当潮位上升到最高点时,称为高潮或满潮;在此刻前后的一段时间,潮位不升也不降,称此阶段为平潮;接着潮位开始降落,当它降到最低点时,称为低潮或干潮;在此刻前后的一段时间,潮位又不升不降,称此阶段为停潮。从低潮至高潮的过程,称为涨潮;从高潮至低潮的过程,称为落潮。涨潮阶段的潮差为涨潮差,时间间隔为涨潮时;落潮阶段的潮差为落潮差,时间间隔为落潮时。

潮汐长波进入河口后,不但受水深渐减及两岸收束的影响,且因河水下泄使潮波的推进受到阻碍,因此河口的潮汐现象也较一般复杂。在河口段潮波向前推进时,一方面受河床上升和阻力的影响;另一方面又受河水下注的阻碍,潮流能力逐渐消耗,流速渐减。当潮波推进相当距离、河门外落潮时,河门内的潮水便又流回海中,潮水位继续降落,自潮波后坡落潮的水量也就增多。所以,不但潮流上溯的流速因河流的阻力而削弱,就是水量也因落潮而减少。等到潮波上溯到某一地点,潮流流速正好和河水下泄速度相抵消,潮水停止倒灌,此处称为潮流界。在潮流界以上,潮波仍继续上溯,这是由于河水受壅积的结果,但潮波的波高急剧降低,至潮差等于 0 处为止,所谓潮区界。河口至潮区界的河段即为感潮河段。

河口是河流与集水区之间的连接段,即为河流进入海洋、湖泊和水库的地段及支流汇入干流处。河口中以入海的潮汐河口的问题最为复杂,入海河口往往又是人口稠密、城市集中、工农业生产特别发达的地区,是对外经济贸易交往的口岸。因此,研究河口的治理问题,重点应是入海的潮汐河口。

8.7.5.2 河口区潮汐涨落过程

在一般情况下,河口区潮汐涨落过程可以分为以下四个阶段。

第一阶段:海洋中的涨潮,海水流向河口与河水相遇,因海水和河水存在密度差,于是密度大的海水潜入河底并向上游推进。此时河口水位上升,水面壅高,坡度变小,但仍向下游倾斜,河水流速仍大于潮水流速,所以表层水仍流向下游,如图 8-27 所示。在径流较强的某些情况下,底层也可能不出现方向相反的水流,称其为涨潮落潮流。

第二阶段:随着海水的不断上涨,河口水面继续壅高,涨潮流速逐渐增大,以至于大于河水流速,水面坡降也转为向上游倾斜。此时整个断面上的水流都转向上游推进,如图 8-28 所示,称其为涨潮涨潮流。

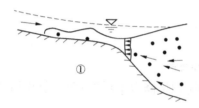

图 8-27　第一阶段:涨潮落潮流

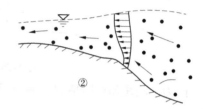

图 8-28　第二阶段:涨潮涨潮流

第三阶段:当潮波向上游推进相当距离后,海洋中的水已开始落潮,河口的水面也随之下降,潮水流速逐渐减弱,但潮水仍大于河水的流速。此时水流仍流向上游,水面的坡降仍倾向上游,但逐渐趋于平缓,如图 8-29 所示,称其为落潮涨潮流。

第四阶段:由于海水落潮的关系,河口的水位继续下降,潮水流速进一步减弱,水流终于由流向上游而转为流向河口,水面坡降也转为向下游倾斜,如图 8-30 所示,称其为落潮落潮流。

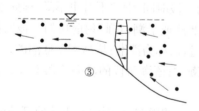

图 8-29　第三阶段:落潮涨潮流

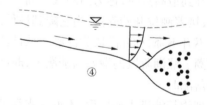

图 8-30　第四阶段:落潮落潮流

8.7.5.3 潮汐河口的河床演变

潮汐河口是径流与潮流互相影响、互相消长的地区。但是不同河段,这两种力量对河床演变的作用是不同的,我们可以根据径流和潮流两种力量的消长情况及其对河床演变的影响,将河口分为河流段、潮流段与过渡段;除了上述分段外,以前还习惯把河口分为河流进口段、河流河口段及口外海滨段。

在一定边界条件下,来水来沙条件是决定河床演变的主导因素。潮汐河口的来水来沙大都是双向的,因此分析潮汐河口的河床演变,不仅要考虑上游来水来沙或海域来水来沙各自的变化规律,而且要善于分析它们之间互相消长的关系。此外,有些河口还要考虑咸水与淡水混合的影响。

8.7.5.4　感潮河段的治理措施

1.河口的航道整治

河口的航道整治,应本着从实际出发、区别对待的原则,对河口航道的整治主要从扩大进潮水量和限制进潮水量两方面考虑,解决这一问题主要从以下两个方面着手。

(1)清除妨碍潮流进出的障碍物,以减小河床的局部阻力,提高涨潮或落潮的流速。为此,可采取裁弯取直、堵塞河汊、调整束窄段或放宽段等整治措施。

(2)河道必须设计成具有合适的平面和断面形式,以保证在给定河口潮位过程线和河水流量条件下,河床达到冲淤平衡,变幅不大;同时保证在低水位时有一定的航深。为此,河口平面应设计成喇叭形,横断面应设计成具有低水河槽的复式断面。

2.修筑挡潮闸,控制淤积现象

修筑挡潮闸是中小河口防洪排涝、挡住咸水蓄积淡水的重要措施。但是,在修筑挡潮闸后,闸的上下游常发生严重淤积,降低河流的泄洪排涝功能,甚至影响河道通航。究其原因是在修筑挡潮闸后,潮波发生了变形。目前,防止和减轻淤积的办法是适时闭启闸门,利用上游来水或潮流冲淤,在闸下游修建一系列挑射流式的潜丁坝。

3.感潮河段河口的防洪

河口防洪的主要措施是修建海堤和护岸工程。海堤的规划和设计与一般河堤相比,存在一定的差异,应当合理地选择消波效果好的断面形式,合理确定堤顶的高程;护岸常见的有直立式或斜坡岸边墙的纵向护岸工程、丁坝工程及潜堤工程,应根据工程实际情况进行选用。

第9章　河道生态治理工程实例

9.1　国内河道生态治理工程实例

9.1.1　凉水河生态治理工程

9.1.1.1　治理前情况

凉水河古称桑乾水、莲花河,曾经是辽金两代京城最重要的供水河道和皇城水体景观的中心。但在 1990 年后,它成为流经北京城区的主要排污大河,水质严重污染,成为北京市最臭的河。臭河之所以给人们留下深刻印象,是因为凉水河是条明河,污水完全暴露,对环境的影响显著。更重要的原因是,凉水河流经多个居民区,严重影响了居民的正常生活。据统计,在北京市经济技术开发区上游,凉水河干流、支流共有排水口 1 031 个,年排放污水量 2.38 亿 t。

凉水河干流综合整治工程范围从北京西客站东侧莲花河暗涵出口至旧宫桥下游北京经济技术开发区 1 号橡胶坝,总长 19.31 km。工程总投资约 4.3 亿元。工程治理目标是还清河道水质,提高河道防洪排水能力,恢复河道生态,绿化、美化环境。凉水河生态治理是北京市第一个河道生态治理工程,在治理中体现了诸多新的理念和方法。

9.1.1.2　河道纵向设计

传统的水利工程多是将河道尽可能地拉直,河底及边坡铺设硬质衬砌。这种结构,特别有利于河床稳定。然而,这种做法对生态环境有很大的负面影响。传统的封闭式硬质护坡,妨碍了水生植物的扎根与生长;同时,因为缺乏水生植物和岸边植物,不能为水生动物提供适宜的栖息地,因而使河道丧失了自净能力。

在该工程治理中,河道的纵向设计具有如下三个特点。

(1)河道在一定范围内尽可能拓宽。拓宽水面具有如下作用:减轻了汛期行洪对于河道本身的压力;通过绿化和河道扩大化,给了生物更多的空间。另外,拓宽河道在补给地下水、抑制洪水径流、净化大气和给城市以润泽舒适方面,将起到各种的作用。

(2)河岸线弯直适宜。治理前的凉水河如水渠一样,岸线顺直,断面单一,水的流动形态缺乏变化,形成不稳定的生态系统。让河岸线忽宽忽窄,岸坡或陡峭或舒缓,便会创造出富有多样性的环境条件,有利于形成丰富稳定的生态系统,其储水能力和滞水能力也能得到加强。

(3)河底水泥板衬砌全部拆除,模拟浅滩和河心洲,建造跌坎和橡胶坝。有水泥板衬砌的河道,切断了与自然环境的联系,失去了原有的自然净化作用。而拆除水泥板衬砌、修复浅滩和跌水,可使曝气、多种凹凸面的接触氧化和吸附、深潭等处的沉淀、动植物及微生物的摄取和消化分解等河流的自净作用大大增强。

9.1.1.3　河道生态护岸设计

考虑到提高河道自净能力、防洪及景观等要求,凉水河生态治理工程采用了仿木桩护岸、山石护岸、石笼护岸、块石护岸、生态砖护岸等生态护坡类型。

(1)仿木桩护岸是在护脚处用钢筋混凝土浇筑基础和柱状结构,对主体结构面拉毛处理后,涂刷界面剂。再用彩色水泥进行装饰处理,做出树皮、树节、年轮、裂缝、脱落等仿真效果。在仿木桩和坡面回填土之间填充卵石和土工布作为反滤层。当水流通过时,能在卵石缝隙中间长出水生植物。

(2)山石护岸是在护脚处浇筑浆砌石基础,在其上进行景石的堆砌和码放。石与石的缝隙之间不砌死,而是巧妙地用碎石填充,使这种小空间成为水生动物和植物的乐园,并使土体与水体互相交换和循环。

(3)石笼护岸是由格栅石笼或铅丝石笼根据边坡高度按一定角度堆放,在堆放的同时进行植物的扦插,过水后一段时间植物生长,通过植物根系将几层石笼紧紧连接,起到加固堤岸的作用。同时,卵石良好的透水性,可以补枯、调节水位;而土工布的运用可以有效地防止水土流失。

(4)块石护岸运用在水位较低的部位。在护脚处先铺设土工布,再在上面随意堆放大量的块石,堆放的边缘弯曲而自然。之后在上面撒一层种植土,使之填充石与石之间的缝隙。过水之后,很容易长出大量的水生植物。

(5)生态砖护岸是一种新的尝试。它包括数层鱼巢砖和数层多孔植物生长砖,砖与砖之间插筋连接,见图9-1。鱼巢砖是一种V字形的砖,开口朝向河内,使得鱼类有栖息的场所。而植物生长砖中间的空隙由植物种子、天然土壤、肥料等配合而成的填充剂填充。植物根系可顺利地通过砖体表面扎到背面土中,加强了护岸的稳定性。

图9-1　生态砖护坡

9.1.1.4　植物材料在凉水河生态治理中的应用

在凉水河生态治理过程中,植物材料起了十分重要的作用。将植物措施与工程措施相结合,坡脚进行护砌后,利用扦插植物进行固定护坡,起到美化环境的作用。此外,选用了大量的水生植物,努力营造自然生态的环境。植物的选择考虑了以下因素:

(1)根系发达,固土护坡能力强。

(2)生长快速,地表覆盖度大,对污染物的过滤效果好,可以在短时间内达到绿化与河岸边坡稳定效果。

（3）耐水浸泡，短期内浸泡于洪水中不致受到伤害或死亡。

（4）耐寒、耐旱、耐贫瘠、少病虫害、适应性强、树型洁净，便于粗放管理，降低养护成本。

（5）在植物种类可以选择的条件下，尽可能地使用饵食与蜜源植物，以增加小动物食源与栖息场所。

（6）建植完成后，能达到四季景观自然美的效果。

该工程使用了植物河堤护坡草地、河堤护坡点缀观赏型草种、石质堤防植物、河堤坡底木桩型枝条、水生植物。

对凉水河进行生态治理的根本目的，是要对河流的整个生态系统进行构思，以回归自然，建设一条"近自然河"为目标。治理后的凉水河柳岸成荫，漫坡芳草，清波激滟，飞鸟翔集，城市与水景相映生辉，充满了诗情画意。凉水河已成了一道集行洪、蓄水、绿化、观光、休闲娱乐于一体的绿色长廊。

9.1.2　重庆市苦溪河生态治理工程

9.1.2.1　概况

苦溪河发源于重庆市巴南区，全长 25.2 km，流域面积 83.4 km^2，由南向北贯穿茶园新区流入长江。有跳蹬河、拦马河（鸡公嘴河）、梨子园河等支流汇入。流域内现有雷家桥水库、百步梯水库、木耳厂水库、踏水桥水库等水利设施，竣工于 20 世纪七八十年代，主要为农业灌溉和城乡供水，茶园新区水系见图 9-2。

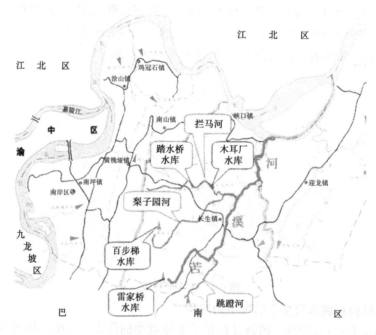

图 9-2　茶园新区水系图

苦溪河具有山区性河流的典型径流特征：一是径流年内、年际变化较大。苦溪河干流峡口断面汛期 6 月平均流量为 2.86 m^3/s，枯水期 2 月平均流量为 0.25 m^3/s，年内丰枯比为 11.6。二是洪水暴涨暴落，汇流时间短。苦溪河流域汇流时间约 10 h，河床平均比降 0.485%。沿河高程在 161~265 m（雷家桥—入江口）间变化，近东西向分布多条冲沟。河床由砂卵石层与冲积粉质黏土组成,两岸坡由残坡积粉质黏土或残坡积粉质黏土加新近人工填土构成,天然岸坡一般较平缓,稳定性较好,人工堆积岸坡较陡,稳定性较差,暴雨洪水期岸坡崩滑严重。

茶园新区是重庆市都市区东部片区,是新规划的开发区,将成为主城区的 6 个副中心之一。茶园新区规划面积 70 余 km²,人口 50 余万。进行生态治理的茶园新区河段从雷家桥水库(高程 265 m)至入江口(高程 161 m)长约 21 km,高差 100 多 m,分上、中、下游三段,治理前状况如图 9-3 所示。上游段(雷家桥—河嘴)长约 7 km,通过新开发厂区河段,建有防洪混凝土挡墙,局部河段被平场弃渣侵占,使原本狭窄的河道更加窄深,防洪存在隐患。该段下部保存着自然状态的湍流瀑布,自然植被茂密。中游段(河嘴—下河嘴)长约 8 km,穿过市镇区域水体受轻微污染。下游段(下河嘴—入江口)长约 6 km。

(a)上游段的自然湍流瀑布

(b)上游段河道现状

(c)上游段的长生桥镇

图 9-3　苦溪河治理前状况

9.1.2.2　工程理念

重庆市苦溪河生态治理工程的总体定位为人水和谐、生态健康。目标是运用生态水工学的相关理念,通过合理的规划设计,在防洪保安的前提下恢复河流生态系统的结构与功能,提高河流生境及生物群落的多样性,确保流域内完善的水循环系统,建设一条生态健康的河流。同时,河流景观设计应注意保留河流天然的美学价值,更多地从建设一个健全的生态系统着眼,营造一个取悦于生物群落的环境。

生物群落与生境的统一性是生态系统的基本特征,在流域生态系统的各种生境因素中,河流形态多样性是流域生态系统最重要的生态因子之一。在苦溪河生态治理工程中,通过各种增加河流形态多样性的措施来改善河流生境多样性,从而进一步改善河流生物群落的多样性状况。在河道纵向形态方面,遵循河流的自然地貌特征,尽力保持河流的自然蜿蜒形态,并避免传统的直线化设计,通过一系列工程措施提高河流的空间异质性。在河道断面的选择上,采用多样化的复合式河道断面形式。在护岸设计方面,尽量采用有利于植物生长的多孔、透水的护岸材料。在景观美学方面,充分保留原有的湍流瀑布等自然景观,并修缮保留现存古桥,构筑具有亲水理念的景观河道,为市民提供良好的亲水休闲空间和优美的人居环境。

9.1.2.3　工程总体布置

1.岸线布置

根据工程的总体理念,确定如下岸线布置原则:①尽可能地保持壅水后天然河道的蜿蜒性;②与城市规划和新城区已批用地灰线相协调;③保证行洪通畅,建堰及护岸工程实施后,50年一遇洪水不淹没两岸建筑物;④在保证河道行洪安全和不影响生态环境的前提下,对河道过宽部位做局部调整以增加建设用地,兼顾环境效益和土地开发利用的经济效益。

基于上述原则,根据以下步骤确定推荐岸线方案:第一步,确定基本岸线方案,沿建堰壅水后的两岸水边线布置一级马道,一级马道靠河侧边缘即为岸线控制坐标;第二步,通过逐段分析,对筛选出的一些河段采取一定的工程措施,寻求防洪安全、生态修复与经济建设用地的平衡点,以综合效益最大化为判别标准,确定局部河段的最佳岸线方案;第三步,将基本岸线方案与局部河段的最佳岸线方案组合,形成推荐岸线方案。

由以上步骤确定的推荐岸线方案具有以下特点:①基本保留了河流的自然形态,避免了河流形态的直线化、规则化问题,使其蜿蜒性得以延续;②河流两岸岸坡距离宽窄相间,由整治前的10~30 m变为40~300 m;③为湿地、河湾、急流和浅滩的保留和建造创造了条件。

2.沿河建(构)筑物布置

在沿河建(构)筑物布置中,对壅水堰、亲水平台、卵石带、河滨湿地、河心湿地、湖滨湿地、湖心岛等进行了总体布置,以满足河流的生态、景观需求,增加河流内栖息地的多样性,发挥河流生态系统的自我修复功能。

考虑到苦溪河多年平均流量较小、纵坡较陡的特点,通过壅水堰的设置将窄深式河道变得宽阔,增加水景面积,并可形成急流与浅滩相间的河流地貌特征、跌水与瀑布相映的景观,同时增加曝气作用以加大水体中的含氧量。根据地形地质条件,在桩号3+115、3+925、4+180、5+740处,布置了踏水桥、胜利桥、陡坎、汪家石塔四级壅水堰,踏水桥堰后坡为多级跌水,胜利桥堰后坡为1∶5缓坡,陡坎堰下接天然陡槽,汪家石塔堰后坡设观景廊道,如图9-4~图9-6所示。

人们主要通过视觉、听觉、触觉等方面感受水的魅力,根据地形条件,沿河布置了总面积为9 540 m²的3处亲水平台,为人们提供能直接欣赏水景、聆听水声、接近水面的位置,并满足人们水边散步等方面的要求。在壅水堰下设置了总面积为3 300 m²的卵石带,以卵石为载体,在其表面可形成一种特殊的生物膜,生物膜表面积大,从而为微生物提供了较大的附着表面,有利于加强对河水污染物的降解作用,并能增加枯水期景观效果。根据河流地貌特征,沿河布置了总面积为27 940 m²的河滨湿地、河心湿地及湖滨湿地,在湿地内种植睡莲、马蹄莲、香蒲等水生植物,从而可利用自然生态系统中物理、化学和生物的三重共同作用来实现对河流污水的净化,并能紧密结合自然景观建设。根据景观生态学中缀块—廊道—基底的空间景观模式,为了增加河流景观空间异质性,应有足够数量大小相间的缀块,把大缀块与小缀块合理搭配是提高空间异质性的重要途径。在河流生态修复中,可引入新的景观

图 9-4 踏水桥堰透视图

图 9-5 胜利桥堰、陡坎堰透视图

图 9-6 汪家石塔堰透视图

缀块,建立基础性缀块,运用不同尺度缀块的互补效应来实现景观格局异质性的提高,同时考虑到旅游资源的开发,特在汪家石塔堰壅水形成的水域中建设了总面积为 26 490 m² 的一大一小两个湖心岛。

苦溪河生态治理工程的总体布置如图 9-7 所示。

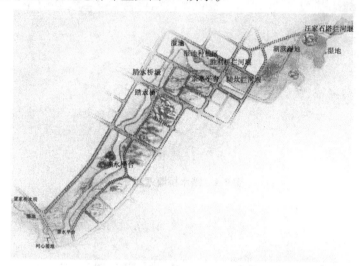

图 9-7 苦溪河生态治理工程总体布置示意图

9.1.2.4 河道纵横断面设计

河道断面的多样性和河流连通性是河道纵横断面设计研究的重点内容,尽可能地保持自然状态和少用生硬的工程措施是实现连通性和多样性的关键。

1.纵断面

蜿蜒性是自然河流的重要特征。河流的蜿蜒性使得河流形成主流、支流、河湾、沼泽、急流和浅滩等丰富多样的生境。由于流速不同,在急流和缓流的不同生境条件下,形成丰富多样的生物群落,即急流生物群落和缓流生物群落。在苦溪河整治段的纵断面设计中,在满足土地利用要求及河流岸坡冲刷安全的前提下,尽力保持了河流的自然蜿蜒性,并完全保留了建堰壅水后深潭与浅滩相间的自然状态,既避免了河流形态的直线化,又减小了水利工程对河流生态系统的胁迫,增加了自然美感,也节约了工程投资。

2.横断面

在苦溪河整治段的横断面设计中,采用多样性较好的复合断面型式,并根据过洪能力、岸坡稳定、现场条件等因素进行局部调整,典型断面见图 9-8。在这种断面形式中会出现深潭与浅滩交错的布局。在浅滩的生境中,光热条件优越,适于形成湿地,供鸟类、两栖动物和昆虫栖息。在积水洼地中,鱼类和各类软体动物丰富,它们是肉食性候鸟的食物来源,鸟粪和鱼类粪土又促进水生植物生长,水生植物又是植食鸟类的食物,形成了有利于珍禽生长的食物链。在深潭的生境中,太阳光辐射作用随水深加大而减弱。红外线在水体表面几厘米即被吸收,紫外线穿透能力也仅在几米范围。水温随深度变化,深水层水温变化迟缓,与表层变化相比存在滞后现象。由于水温、阳光辐射、食物和含氧量沿水深变化,在深潭中存在着生物群落的分层现象。

在马道设计方面,根据河流亲水性、路面渗透性、栖息地完整性等方面的需求在水边设

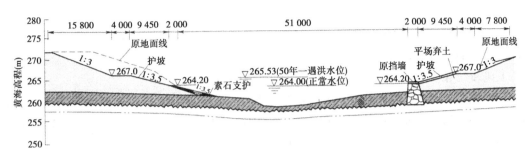

图 9-8　桩号 2+890 横剖面(单位:m)

置了一级马道或二级马道。经试验,满足游人触水要求的临水边与常水位的高差宜在 0.1 ~ 0.25 m 的范围内,所以将一级马道沿各级壅水堰正常水位以上 0.2 m 布置,为宽 2 m 的休闲小道。为减少退水时河流漂浮物在马道上沉积,在垂直水流方向宜有一定坡度,同时考虑到人们行走的舒适度,沿垂直水流方向设 5% 的坡度。为保持马道路面的垂向渗透性,一级马道路面面层采用带孔预制块,用黏土替代水泥砂浆砌筑,砌块间预留 30 mm 的间距,用壤土充填压实并撒播草种。二级马道按 50 年一遇洪水位加安全超高布置,为宽 4 m 的河滨人行道。为避免岸坡生物栖息地的割裂和破碎化,在适宜的地方将马道断开,使一级、二级马道间的岸坡与河道保持连通。

在堤体填筑方面,尽可能不采用混凝土和浆砌石等刚性材料,如果局部地段因堤体稳定需要而必须采用刚性材料(或利用原建挡墙),将其高程控制在一级马道以下。

在岸坡坡比选择方面,应尽可能地利用河流的自然岸坡,以保持岸坡的生境多样性。在苦溪河整治段的设计中,人工边坡采用缓坡设计,结合边坡稳定、土地利用以及亲水性等方面的要求来确定坡比,土质和平场弃渣堆积边坡取为 1∶3.5,岩质边坡视岩性及风化程度取为 1∶1.5 ~ 1∶2.0,当自然坡比大于上述坡比时保持自然坡比。

3.岸坡防护设计

岸坡防护设计中尽量采用有利于植物生长的多孔透水材料,特别注意采用当地天然材料,以保证水、土、气之间的相互联系,保持河流的横向连通性,并减小发生生物入侵现象的可能性。综合考虑抗冲性能与工程造价等因素,5 年一遇洪水位与一级马道间采用 0.3 m 厚的石笼护岸,石笼内充填块石,为利于植物生长,在石笼块石中间扦插植物枝条,充填土壤,并在表层覆以耕作土,同时撒播狗牙根草籽。5 年一遇洪水位与二级马道间采用混凝土框格植草护岸,混凝土框格采用 C25 预制,断面宽 0.2 m、高 0.25 m,框格间距 2.5 m,呈正方形 45°布置,框格内进行植草,草种配置为麦冬、紫鸭草以及金心兰;一级马道以下保持自然状态或素石支护;二级马道以上为 1∶3 坡度的城市景观带,马道靠河侧植垂柳,间距为 5 m,马道外侧植一排小灌木,灌木窝距 0.25 m。

9.1.2.5　总结

在重庆市苦溪河的生态治理中,从岸线布置、沿河建(构)筑物布置、河流纵横断面设计、岸坡防护设计等方面解决了防洪安全、河流纵向形态多样性、断面形态多样性以及河流内栖息地多样性等问题,初步实现了提高河流生境及生物群落多样性,促进人水和谐的工程目标。河流生态治理的综合性非常强,需要科研、设计、施工等多方面因素的共同参与,并根据工程实际情况建立适应性管理机制,对工程实施过程进行及时调整。

9.1.3　巨野县城市水系连通生态治理工程

9.1.3.1　巨野县基本情况

1.地理位置

巨野县是山东省菏泽市下辖县,位于鲁西南,北纬 35°05′~35°30′,东经 115°47′~116°13′。东邻嘉祥、金乡县境,西与牡丹区、定陶区接壤,南与成武县相邻,北与嘉祥县毗连。东西长 45 km,南北宽 42 km,总面积 1 308 km²。巨野县地理位置详见图 9-9。

图 9-9　巨野县地理位置

2.社会经济概况

巨野县辖 15 个镇、2 个街道办事处、1 个省级经济技术开发区,耕地面积 114.9 万亩,是国家命名的中国麒麟之乡、中国农民绘画之乡、中国杂技之乡、武术之乡和戏曲之乡。巨野县资源富饶,是正在开发建设的大型煤电化工基地,其煤田地质储量 55.7 亿 t,是华东地区目前储量最多、煤质最好的大型整装煤田;同时,巨野县还是全国优质棉生产基地、全国粮食生产基地和全国首批平原绿化达标先进县。

3.河流水系

巨野县水系属淮河流域的南四湖水系,主要骨干行洪排涝河道源头一般在黄河右岸,其流向为自西向东,大致与地势情况相一致。目前,巨野县境内形成了南部万福河、北部洙赵新河两大防洪除涝体系。一条是万福河,也是菏泽市排水干流之一,在巨野县境内流经柳林、万丰、营里、谢集等镇,主要支流有彭河、吴河、友谊河、丰收河、柳林河等,支流总长度 110.1 km。另一条是洙赵新河,是 1966 年对原洙水河、赵王河两大河道截源并流而成的,源于东明县穆庄,流经菏泽、郓城、巨野、嘉祥,在济宁市的刘官屯北入南阳湖,为菏泽市主要排水河道之一。在巨野县境内流经田桥、独山、麒麟等镇以及巨野经济技术开发区,长度 20.9

km,流域面积 824 km²。巨野县境内主要支流有洙水河、郓巨河、巨龙河、邱公岔等,支流总长度 181.9 km。巨野县主要河流基本情况详见表 9-1。

表 9-1　巨野县主要河流基本情况

水系	主要河流	发源地	河流长度		流域面积	
			河流长度 (km)	境内长度 (km)	流域总面积 (km²)	境内面积 (km²)
洙赵新 河水系	洙赵新河	东明县	145.05	28.43	4 206	842
	洙水河	定陶区	115	45.1	1 205	124
	郓巨河	郓县	47.9	19.6	986	161
	巨龙河	柳林镇	26.5	26.5	232	232
	邱公岔	章缝镇	22.3	22.3	205	205
万福河 水系	万福河	定陶区	77.3	22.15	1 283	430
	彭河	万丰镇	26.3	24.4	223	94
	友谊河	章缝镇	34.2	31.6	262	94
	丰收河	万丰镇	16	16	203	102
	柳林河	柳林镇	27	8.6	105	53

4.巨野县总体规划概况

结合《巨野县现代水网建设规划(2012 年)》和城市发展规划,通过对西部田城河、南部洙水河、北部老洙水河和反帝河疏浚开挖,以及现状东部郓巨河、中部杨庙水沟、北干沟、南干沟,使田城河—洙水河—郓巨河—老洙水河—反帝河形成水环的同时连通了杨庙水沟、北干沟、南干沟;并改建宿沙寺提水站、杨河口提排站、庞河口提排站以及远期新建国庄泵站;打造一条循环流动的城市生态水环。

9.1.3.2　项目建设的背景及必要性

1.项目建设背景

随着巨野县经济社会的发展,生活需水量不断增加,地下水超采严重,水位大幅下降,水质下降,存在饮水不安全和地下水资源供需矛盾等突出问题。严重的供水问题已经成为巨野县城市发展的瓶颈。在城市发展的过程中,需要通过水系的合理规划和利用,修复、保护和改善城市生态系统,提高城市应对自然灾害的能力,为城市经济发展提供支撑。在此背景下,实施巨野县城市水系连通生态治理工程。

2.工程现状及存在问题

1)自然灾害情况

(1)历史洪涝灾害情况。

巨野县古系沼泽之地,素有大野泽、巨野泽之称,区内洪涝灾害发生频繁。受流域气候的影响,巨野县境内洪涝发生的时间相对集中,主要在一年的夏秋两季,两季降水量占全年降水总量的 70%~80%,夏季易出现在 7 月,秋季易出现在 9 月,危及秋季作物的生长,使作物减产或绝收。

据 1957～2008 年的统计资料分析,轻度内涝基本上年年都有不同程度的发生。受灾面积达到 40%以上的重灾年份平均 4 年发生一次,特大洪涝灾害发生了 4 次,分别为 1957 年、1964 年、1993 年、2003 年,平均十多年发生一次。特别是 1993 年,巨野县遭受了百年不遇的洪涝灾害,降水量达 1 229 mm,流域内 100%的耕地面积受灾,农田大部分减产甚至绝产;流域内的水利设施也受到很大程度的毁坏,农民的房屋、树木、财产、交通、通信、供电设施损害严重,冲断多数交通道路等,直接经济损失达到 39 854.7 万元,给人民生命财产、国家财富造成无法挽回、不可估量的损失。

(2)灾害成因分析。

巨野县境内河道均为万福河与洙赵新河两大水系的主要支流,是当地的主要防洪排涝河道,自 20 世纪 70 年代治理以来,经 40 多年的运行,淤积严重,部分河道淤积深度达 2.5 m,除涝能力仅为 5 年一遇设计标准的 30%左右;同时,雨水冲刷造成的水土流失和当地百姓人为破坏,堤防防洪能力大大降低,每到汛期大雨到来时,就会造成农田积水进而发生洪涝灾害,给当地群众财产造成较大损失。

河流上的桥、涵、闸等建筑物均建于 20 世纪七八十年代,建设标准低,且年久失修,负重运行,现已损毁严重,一方面大大降低了工程排涝能力,另一方面给两岸群众交通生活带来了极大的不便。

2)河道工程现状

巨野县境内中型河道有万福河、洙水河、郓巨河、巨龙河、友谊河、彭河、邱公岔、丰收河等 8 条;小型河道有毕垓河、洙水河中段、老洙水河、尚村沟、柳林河、跃进河、邬官屯水沟等 24 条。本次规划治理 4 条,为田城河、洙水河、老洙水河、反帝河。这些河道经过几十年的运行,河槽淤积严重,远远达不到设计的防洪排涝标准,亟待治理。巨野县城市水系连通生态治理工程现状情况见表 9-2。

表 9-2 巨野县城市水系连通生态治理工程现状情况

序号	河流名称	位置		长度（km）	流域面积（km²）	除涝标准	河槽现状	堤防现状	建筑物（座）		
		流经乡镇	流入干流						交通桥	橡胶坝	泵站
1	田城河	凤凰街办、永丰街办	洙水河	6.3	14.2	1/3	平均淤积 2.5 m	无	6	0	0
2	洙水河	麒麟镇、永丰街办	郓巨河	9.8	39	1/3	平均淤积 2.5 m	损毁约 85%	12	0	1
3	老洙水河	麒麟镇	郓巨河	11.5	74	1/3	平均淤积 2.7 m	损毁约 90%	0	2	1
4	反帝河	凤凰办事处	郓巨河	10.4	26.06	1/3	平均淤积 2.5 m	无	2	0	0

3.项目建设的必要性

以我国水生态文明建设为契机,结合巨野县城市发展规划,深刻认识基本县情水情,切实解决水利面临的突出矛盾和问题,以田城河、洙水河、老洙水河、反帝河景观带等生态河道建设为主题,将巨野老城区与新城区环绕连接起来,打造环境优美的旅游休闲生活区,进而构建城市水网体系,这是十分必要的。

1)巨野城乡水系综合改造是保障经济社会发展的客观要求

当前时期是巨野县经济发展转型期,将全面实施新型城镇化、新型工业化,加快推进"民生工程"建设。全面建设小康社会,保持经济社会平稳较快发展,迫切要求加快水利基础设施建设,全面提升水利保障能力。

2)巨野城乡水系综合改造是统筹解决巨野县三大水问题的迫切需要

(1)水资源短缺问题日益突出。

巨野县水资源总量严重不足,且降雨时空分布不均,人均水资源占有量不足 300 m^3,属严重缺水地区。随着城镇建设和当地工农业的发展,用水量逐步增加,水资源短缺已成为影响当地实现新时期发展目标的重要因素。

(2)水灾害威胁依然存在。

田城河、洙水河、老洙水河、反帝河等主要水利工程大多修建于 20 世纪六七十年代,按 3 年一遇除涝标准设计。目前,大多数河道淤积严重、堤身单薄、堤防残缺不全,配套建筑物年久失修,防洪除涝标准低。

(3)水生态建设亟待加强。

由于资金有限,目前仅在友谊河上游段、老洙水河中段城区段进行水系生态综合治理,项目建成后,将使城区段水生态、水环境得到较大改善。

9.1.3.3　工程总体布局

1.工程布局原则

1)统筹兼顾,突出重点

统筹处理好河道治理与城镇发展、河流生态保护的关系,统筹衔接好河道治理与洪涝灾害防治的关系、河道治理与水工建筑物工程的关系,统筹兼顾工程治理与工程管理、工程措施与非工程措施、防洪与排涝、近期与长远的关系,做好与巨野县城总体规划、现代水网规划、水生态文明城市创建的衔接,注重项目区域内自然、人文、社会、经济发展的协调性和一致性。

2)以人为本,人水和谐

以提高城乡居民生活水平、改善民生水利条件为出发点,加快推进水利建设、生态建设和河流综合治理,把河道治理与改善居民生产生活条件结合起来,在恢复河道基本功能的同时,注重水环境恶化治理措施,实现人水和谐统一。

3)因地制宜,注重生态

根据项目区背景、河道特点、功能要求,结合项目区现状及突出问题,因地制宜,就地取材,合理确定综合治理工程规模和措施。

4)注重实效,节省投资

注重解决巨野县内河道水环境恶化等突出问题,注重发挥河流在现代水系、水网的基础作用,注重改善生态环境和推动民生水利新发展的实际治理效果。在实现防洪安全、生态环保的前提下,力求综合整治方案实用、美观、经济。

2.工程总体布置

根据巨野县城水资源条件、河流水系分布和工程布局特点,规划清淤治理田城河、洙水河、老洙水河、反帝河等主要河流,构建以四纵(田城河、杨庙水沟、南干沟、北干沟)、三横

（反帝河、老洙水河、洙水河）为特征的区域水网,逐步实现县域范围内调水目标。在城区分期实施不同水体之间的连通工程,形成布局合理、相互贯通的城市水网。

工程总体布置方案为:通过老洙水河自流、改建宿沙寺泵站以及远期新建国庄泵站等水源措施,使水进入城市水系,从根本上解决城市水少的问题。通过对田城河、洙水河、老洙水河、反帝河的疏浚治理,解决城市水系连通的问题。通过对新建宗庄、吴庄、徐唐等7座液压坝,以及维修加固杨河口、庞河口提排站等建筑物,既起到调蓄分水的作用,又能形成梯级水位,增加景观效果。通过景观设计,将巨野环城生态水系打造成为自然、生态、优美、活力、休闲的滨水景观带。巨野县城市水系连通生态治理工程总体规划见图9-10。

图9-10 巨野县城市水系连通生态治理工程总体规划

本工程项目近期、远期河道整治及主要建筑物布置见表9-3、表9-4。

9.1.3.4 详细生态治理工程

巨野县城市水系连通生态治理工程由城市水系连通工程、河道治理工程、水源工程、河道拦蓄分水工程、河道景观设计等组成。建筑物主要包括河道工程、液压坝工程、泵站工程、桥梁工程等内容。

1.城市水系连通工程

通过对西部田城河、南部洙水河、北部老洙水河和反帝河疏浚开挖,以及现状东部郓巨河、中部杨庙水沟、北干沟、南干沟,使田城河—洙水河—郓巨河—老洙水河—反帝河形成水环,同时连通了杨庙水沟、北干沟、南干沟;并改建宿沙寺提水站、杨河口提排站、庞河口提排站以及远期新建国庄泵站;打造一条循环流动的城市生态水环。

表 9-3　巨野县河道整治工程及主要建筑物布置（近期）

序号	河流名称		治理长度（km）	除涝（m）（10年一遇）	河底宽度（m）	比降	边坡	河底高程（m）	河道清淤（万 m³）	桥梁数量（座）	液压坝数量（座）	泵站数量（座）
1	田城河		6.3	40.11~40.40	5	0	1:3	35.50	56.31	4	0	0
2	洙水河		9.8	39.20~40.23	15~20	0	1:3	35.50	52.55	5	3	1
3	老洙水河	上段	9.0	40.40~40.93	5~10	0	1:3	35.50	48.26	0	1	1
		下段	2.5	39.03~40.40	50~80	0	1:3	35.50	46.41	0	1	1
4	反帝河		10.4	38.72~38.33	5~10	0	1:3	35.50	98.67	0	2	0

表 9-4　巨野县河道整治工程及主要建筑物布置（远期）

序号	河流名称		治理长度（km）	除涝（m）（10年一遇）	河底宽度（m）	比降	边坡	河底高程（m）	河道清淤（万 m³）	桥梁数量（座）	液压坝数量（座）	泵站数量（座）
1	田城河		6.3	40.11~40.40	5	0	1:3	35.50	56.31	6	0	0
2	洙水河		9.8	39.20~40.23	15~20	0	1:3	35.50	52.55	12	3	2
3	老洙水河	上段	9.0	40.40~40.93	5~10	0	1:3	35.50	48.26	0	1	1
		下段	2.5	39.03~40.40	50~80	0	1:3	35.50	46.41	2	1	1
4	反帝河		10.4	38.72~38.33	5~10	0	1:3	35.50	98.67	2	2	0

2.河道治理工程

根据巨野县河道现状情况,此次共治理老洙水河、洙水河、田城河、反帝河等 4 条河道,河道总清淤长度 38 km;近期改建、新建桥梁 9 座,改建、新建泵站 3 座,新建液压坝 7 座;远期改建、新建桥梁 22 座,新建提水泵站 1 座。

3.水源工程

为提高城市水系供水保证率,解决现状城市水系水少的问题,本次水源从洙赵新河提水,整个水源工程共有以下 3 种形式。

1)老洙水河上游段自流

在满足防洪除涝的前提下,通过对老洙水河上游段疏浚开挖,使洙赵新河河水通过王楼涵洞自流到老洙水河,从而进入巨野城市水系。本次老洙水河上游引水段长 3.8 km、设计河底高程 35.5 m、河底底宽 5 m,河道断面为梯形断面,河道边坡 1∶3。

2)改建宿沙寺提水泵站

宿沙寺提水泵站共有 2 台轴流泵,提水能力 2 m³/s,现状运行良好。本次对宿沙寺输水渠道疏浚开挖,治理长度 3.3 km,利用宿沙寺泵站从洙赵新河提水,通过输水渠道进入老洙水河。

3)新建国庄提水泵站(远期)

考虑远期供水率有可能不足,为进一步增加供水保证率,拟远期在洙赵新河和洙水河交叉处新建国庄提水泵站,新增 2 台 28ZLB-70 轴流泵,设计供水能力 2 m³/s,通过国庄提水泵站提水进入洙水河。

4.河道拦蓄分水工程

根据项目区整体地势高程,项目区整体西高东低,南北高差不明显,根据高程点将整个项目区域划分为 3 个高程区域,分别为西侧 40.0～41.0 m 高程区域、中部 39.0～40.0 m 高程区域及东部 38.5～39.0 m 高程区域,见图 9-11。

为充分合理拦蓄河道雨洪水资源,形成分级蓄水,本次在高程分区交界处建设拦蓄建筑物,并根据地面高程确定建筑物拦蓄水位,同时结合景观效果,建议将液压坝设置在河道桥梁上游以通过桥梁看到跌水景观效果。本次新建老洙水河上游段吴庄液压坝,老洙水河下游新华路液压坝,反帝河徐唐液压坝、姚庄液压坝,洙水河宗庄液压坝、马庄液压坝,南干沟青年路液压坝等共 7 座液压坝,液压坝详细参数见表 9-5,并通过维修加固杨河口提排站、庞河口提排站提高城市排涝能力。项目区拦蓄建筑物分布见图 9-12。

5.河道景观设计

结合海绵城市设计理念,在满足城市排水需求的条件下,根据河道两侧用地性质,丰富河道生态景观功能,打造一条连接城市生态与城市活力的纽带。强调"绿化"与环境的协调性、景观的功能实用性和景观自身的可观赏性。水体景观设计目标:以"人文、人性、自然和生态"为原则,以江南水乡格调为特色,水生植物为主,盆花植物为辅,力图创造一个自然的、生态的、和谐的独具水乡风格的人性化生态景观。在生态景观建设过程中,注重水质维护,确保水生动、植物的生长稳定。通过水生动、植物定向培养,建立起稳定的人工生态体系,实现人工生态体系向自然生态体系的演替,恢复水体生物多样性,并充分利用自然系统的循环再生、自我修复等特点,实现水生态系统的良性循环。

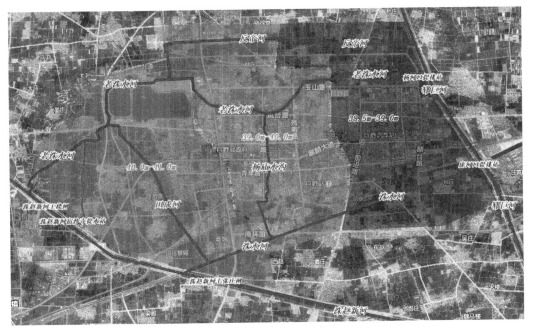

图 9-11　项目区高程分区

表 9-5　巨野县城市水系连通生态拦蓄分水工程液压坝详细参数

序号	工程名称	所在河道	项目类别	结构形式	净跨（m）	蓄水深（m）	底板高程（m）	坝顶高程（m）
1	吴庄液压坝	老洙水河上游	新建	钢筋混凝土结构	40	4.0	35.5	39.5
2	新华路液压坝	老洙水河下游	新建	钢筋混凝土结构	30	3.5	35.5	39.0
3	徐唐液压坝	反帝河	新建	钢筋混凝土结构	30	4.0	35.5	39.5
4	姚庄液压坝	反帝河	新建	钢筋混凝土结构	30	3.5	35.5	39.0
5	宗庄液压坝	洙水河	新建	钢筋混凝土结构	40	4.0	35.5	39.5
6	马庄液压坝	洙水河	新建	钢筋混凝土结构	40	3.5	35.5	39.0
7	青年路液压坝	南干沟	新建	钢筋混凝土结构	20	3.5	35.5	39.0

　　结合现有实际情况，田城河、洙水河以及老洙水河（上游引水段外）左右两侧各 15 m 为景观带，沿河两侧各建宽 3.5 m 的慢行步道；老洙水河上游引水段考虑其主要作用为引水，其景观设计稍做处理；反帝河北侧根据巨野县城市规划要建设一条交通路，因此反帝河景观设计只做南侧，景观带宽度为 15 m，慢行步道 3.5 m。

9.1.3.5　主要工程典型设计

　　下面以洙水河为例进行典型设计。

1.工程规模及工程内容

　　本次共治理老洙水河长 9.8 km，治理起止点为入洙赵新河处至入郓巨河处，总流域面积 39 km²，共流经永丰街道办事处和麒麟镇两个街道办事处。根据水利水电工程分等指标，本

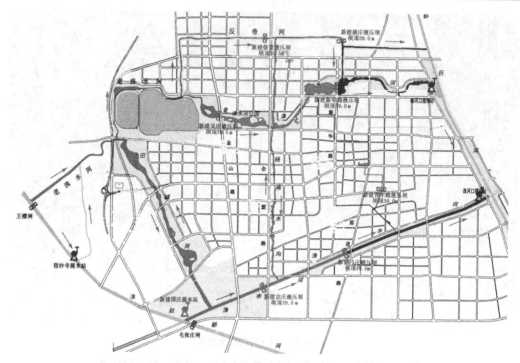

图 9-12　项目区拦蓄建筑物分布

工程等别为Ⅳ等,工程规模为小(1)型。

工程治理内容:清淤河槽 9.8 km。近期改建生产桥 5 座,维修加固泵站 1 座,新建液压坝 2 座,远期新建泵站 1 座,改建交通桥 7 座。

2.治理标准

(1)河槽疏浚按 10 年一遇除涝标准治理。

(2)涵洞、液压坝改建、加固按 10 年一遇标准设计。

(3)生产桥设计荷载标准按公路Ⅱ级进行折减。

3.河道排涝疏浚设计

1)水文计算

洙水河为季节性河流,大气降水量是河流的主要来源,其次为地下水补给。因此,大气降水量的变化特征在一定程度上反映河道径流的数量和特征。受降雨时空分布不均匀影响,径流年内不均,降雨集中在夏季,暴雨多发生在 7~9 月,常产生短历时局地性暴雨,往往形成洪水从而造成洪水灾害。

根据《山东省巨野县水利规划》(山东省水利勘测设计院,1996 年),洙水河水文计算采用 1970 年 2 月北京水文成果(万北地区)。

计算过程简述如下:

多年平均最大 24 h 降水,万北地区为 $H_{24} = 110$ mm,$C_v = 0.58$,$C_s = 3.5\ C_v$,3 d 系数 $K = 1.25$。

(1)点面关系。

点面关系换算见表 9-6。

表9-6 点面关系换算表

流域面积(km²)	1~100	100	200	300	400	500	600	700	800
点面折减系数	1.00	0.99	0.98	0.96	0.95	0.93	0.92	0.91	0.90

(2)3 d 暴雨计算。

3 d 暴雨计算成果见表9-7。

表9-7 3 d 暴雨计算成果 （单位:mm）

面积 F (km²)	频率	
	20%	5%
0~100	176	262
300	169	252
500	162	241
1 000	162	241

(3)降水径流关系。

降水径流关系见表9-8。

表9-8 降水径流关系 （单位:mm）

$P+P_a$	50	75	100	125	150	175	200	225	250
万北 R_3	3	6	11.5	21	34	49	66	84.5	104

注:250 mm 以上按45°控制,前期影响雨量 P_a 取 35 mm。

(4)排水模数计算。

排水模数按下式计算。

$$M = 0.03R_3F^{-0.25}$$

式中: R_3 为 3 d 降水径流深,mm; F 为流域面积,km²。

万北地区排水模数成果见表9-9。

表9-9 万北地区排水模数成果表

频率	面积 F(km²)							
	30	40	50	100	300	500	700	800
20%	0.921	0.921	0.840	0.638	0.470	0.412	0.380	0.368
10%	1.405	1.405	1.329	1.118	0.797	0.669	0.591	0.560

根据流域机构对《山东省淮河流域重点平原洼地南四湖片治理工程可行性研究报告》(山东省淮河流域水利管理局规划设计院,2014)的审查意见,对湖西平原区河道 10 年一遇、20 年一遇设计洪水成果分别采用计算值的 90%、85% 成果。

(5)排水流量计算。

根据公式: $$Q = M \cdot F$$

式中：Q 为流量，m^3/s；M 为排水模数，$m^3/(s \cdot km^2)$；F 为流域面积，km^2。

经计算，求得洙水河各断面设计流量见表 9-10。

表 9-10　洙水河各断面设计流量

	桩号	断面	流域面积（km^2）	设计流量（m^3/s）
洙水河	0+000	入洙赵新河口	39	49.14
	0+920	田城河	39	49.14
	1+000	葛涵闸	39	49.14
	3+120	杨庙水沟	39	49.14
	4+600	朱庄闸	39	49.14
	7+300	杨堂闸	39	49.14
	8+100	南干沟	39	49.14
	8+700	魏海闸	39	49.14
	9+800	郓巨河	39	49.14

2）糙率的选取

影响糙率的因素很多，如河道形态、河床面的粗糙程度、植被生长状况、河道弯曲情况及高低等因素，都对糙率值有不同的影响。洙水河属湖西流域，根据湖西地区河道主槽、边滩的特点和以往工程经验，主槽糙率 $n_主$ 采用 0.025，边槽糙率 $n_边$ 采用 0.03。

3）水面线推算

洙水河的防洪除涝水位，根据入洙赵新河处的干流防洪除涝水位依次往上游推算。

（1）除涝水位。

洙水河入洙赵新河处 10 年一遇除涝水位为 40.23 m，河底坡降为平底，水面线推求按照地面高程坡降，由此推算出洙水河除涝水位，详见表 9-11。

表 9-11　洙水河水力要素

起止地点	起止桩号	流域面积（km^2）	流量（m^3/s） 5年一遇	20年一遇	水位（m） 除涝	河底高程（m）	比降	边坡	糙率	底宽（m）
入洙赵新河口	0+000	39	48	90	40.23	35.5	平底	1:3.0	0.025	15~20
田城河	0+920	39	48	90	40.15	35.5	平底	1:3.0	0.025	15~20
杨庙水沟	3+120				39.90	35.5				
南干沟	8+100	39	20	35	39.45	35.5	平底	1:3.0	0.025	15~20
郓巨河	9+800	39	20	35	39.20	35.5	平底	1:3.0	0.025	15~20

（2）防洪水位。

河道防洪水位按天然河道恒定均匀流基本方程式计算：

$$z_1 + \frac{v_1^2}{2g} = z_2 + \frac{v_2^2}{2g} + \Delta h_w$$

$$\Delta h_w = \Delta h_f + \Delta h_j$$

式中：z_1、z_2 分别为上、下断面水位，m；v_1、v_2 分别为上、下断面流速，m/s；Δh_w 为水头损失，m；Δh_f 为沿程水头损失，m；Δh_j 为局部水头损失，m。

4.河道纵、横断面

本工程处于黄河中下游冲积平原，地势平坦、开阔，地面高程为 43.50~42.0 m，地面坡降为 1/7 000~1/8 000。

1）河道布置

因该河原河槽设计除涝标准为 10 年一遇，达到其流域内除涝需求，本次治理只是清淤河道，故河道布置仍按原河轴线布置。

2）河道纵、横断面

洙水河原河槽按 10 年一遇除涝设计，符合本次除涝治理要求，因此本次治理按原除涝标准。洙水河纵、横断面设计如下所述。

（1）河道比降。

为使巨野城市水系连通并循环流动，且形成景观效果，本次河底设计采用平底。

（2）河道糙率。

根据湖西地区河道主槽、边滩的特点和以往工程经验，主槽糙率 $n_主$ 采用 0.025、边槽糙率 $n_边$ 采用 0.03。

（3）河底高程。

本次河底设计采用平底，河底高程均为 35.5 m。根据拟定的河道比降，向上游依次推出洙水河各桩号河底高程，详见表 9-11。

（4）除涝水位。

洙水河入洙赵新河处 10 年一遇除涝水位为 40.23 m，河底坡降为平底，除涝水面线一般按低于地面以下 0.2~0.5 m 确定，水面线推求按照地面高程坡降，由此推算出洙水河除涝水位，详见表 9-11。

（5）河槽边坡。

洙水河河槽开挖范围内的土质以全新统冲积堆积的饱和、松散状的壤土为主，河槽稳定，因此初拟河槽边坡值 1：3.0。

5.河槽边坡稳定性计算

洙水河河槽开挖范围内的土质类别属 Ⅰ、Ⅱ 类土。

开挖边坡抗滑稳定计算采用瑞典圆弧滑动计算法，总应力公式如下：

$$K = \frac{\sum (C_u b \sec\beta + W\cos\beta \operatorname{th}\varphi_u)}{\sum W\sin\beta}$$

式中：b 为条块宽度，m；W 为条块重力，kN；β 为条块重力线与通过此条块底面中点的半径之间的夹角，(°)；C_u 为黏聚力，kPa；φ_u 为内摩擦角，(°)。

当开挖边坡为 1：3.0 时，经计算，其抗滑稳定安全系数：$K_c = 1.72 > [K_c] = 1.15$。

因此，设计河道开挖边坡满足抗滑稳定要求。

河道的现状图、规划图，以及田城河、洙水河、老洙水河、反帝河 4 条河道的河道现状图见图 9-13，河道规划图见图 9-14，横断面示意如图 9-15 所示。

图 9-13　河道现状图

图 9-14　河道规划图

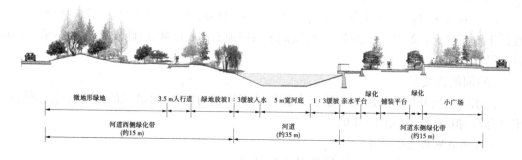

(a)田成河

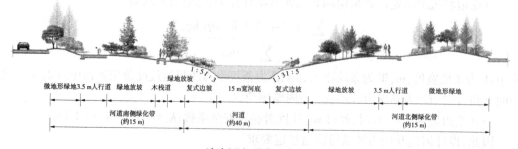

(b)洙水河光明路以东段

图 9-15　横断面示意图

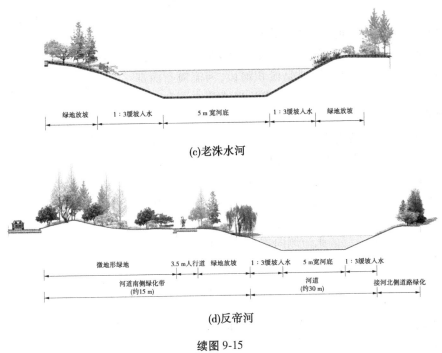

(c)老洙水河

(d)反帝河

续图 9-15

9.2　国外河道生态治理工程实例

9.2.1　基西米河的生态修复工程

　　位于美国佛罗里达州的基西米河(Kissimmee River),出于防洪的需要在 1962~1971 年进行了渠化,将蜿蜒的自然河道改造成了几段近似直线的人工运河,达到了尽快宣泄洪水的目的。然而渠化后的河道及其两岸的生态环境遭到严重破坏,从 20 世纪 70 年代后半期开始,美国相关部门组织了一系列基西米河生态修复试验,并于 1998 年开展了大规模的生态修复工程,包括改变上游水库的运用方式、修建拦河坝、回填被渠化的河道等,以便恢复河道原有的自然水文水力条件,进而修复其生态环境系统。

　　基西米河的生态恢复工程是美国迄今为止规模最大的河流恢复工程,它也是按照生态系统整体恢复理念设计的工程。基西米河生态修复工程的经验表明,按照传统的水利工程设计方法造成河流渠化,会对河流生态系统造成负面影响,为减轻对于河流生态系统的压力采取的河流恢复工程措施,需要付出高额代价。我国正处在水利水电建设高峰期,为了避免走弯路,基西米河的经验教训值得我们思考与借鉴。

9.2.1.1　改造前基西米河的自然状况

1.基本自然状况

　　基西米河位于美国佛罗里达州中部,由基西米湖流出,向南注入美国第二大淡水湖——奥基乔比湖,全长 166 km,流域面积 7 800 km²,见图 9-16。流域内包括 26 个湖泊;河流洪泛区长 90 km、宽 1.5~3 km,还有 20 个支流沼泽,流域内湿地面积 18 000 hm²。

2.历史上基西米河地貌形态的多样性

历史上的基西米河地貌形态是多样的。从纵向看,河流的纵坡降为 0.000 07,是一条"辫子"状的蜿蜒型河流。从横断面形状看,无论是冲刷河段或是淤积河段,河流横断面都具有不同的形状。在蜿蜒段内侧形成沙洲或死水潭和泥沼等,这些水潭和泥沼内的大量有机淤积物成为生物良好的生境条件。原有自然河流提供的湿地生境,其能力可支持 300 多种鱼类和野生动物种群栖息。这些生物资源的多样性都是由流域水文条件和河流地貌多样性提供的。

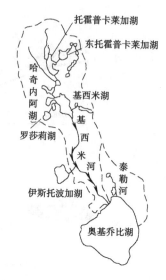

图 9-16　基西米河流域

在 20 世纪 50 年代建设堤防以前,由于平原地貌特征以及没有沿河的天然河滩阶地,河道与洪泛区(包括泥沼、死水潭和湿地)之间具有良好的水流侧向连通性。洪泛区是鱼类和无脊椎动物良好的栖息地,是产卵、觅食和幼鱼成长的场所。在汛期干流洪水漫溢到洪泛区,干流与河汊、水潭和泥沼相互连通,小鱼游到洪泛区避难。小鱼、无脊椎动物在退水时又从洪泛区进入干流。另外,原有河道植被茂盛,植被的遮阴对于溶解氧的温度效应起缓冲作用。

3.水文条件

在对河流进行人工改造之前,河流的水文条件基本上是自然状态。年内的水量丰枯变化形成了脉冲式的生境条件。据水文资料统计,平均流量从上游的 33 m^3/s 到河口的 54 m^3/s。历史记录最大洪水为 487 m^3/s,平均流速为 0.42 m/s。在流量达到 40~57 m^3/s 河流溢流漫滩时,流速不超过 0.6 m/s。

在人工改造前,洪水通过茂密的湿地植被时流速变缓,又由于纵坡缓加之蜿蜒型河道等因素,导致行洪缓慢。退水时水流归槽的时间也相应延长。在历史记录中有 76% 的年份中,有 77% 面积的洪泛区被淹没。退水时水位下降速率较慢,小于 0.03 m/d。每年的洪水期,各种淡水生物有足够的时间和机会进行物质交换和能量传递。洪水漫溢后,各种有机物随着泥沙沉淀在洪泛区里,为生物留下了丰富的养分。

河流地貌形态的多样性和近于自然的水文条件,为河流生物群落多样性提供了基本条件。

9.2.1.2　水利工程对生态系统的胁迫

1.水利工程建设概况

为促进佛罗里达州农业的发展,1962~1971 年在基西米河流上兴建了一批水利工程。其目的:一是通过兴建泄洪新河及构筑堤防提高流域的防洪能力;二是通过排水工程开发耕地。工程包括挖掘了一条 90 km 长的 C-38 号泄洪运河以代替天然河流。运河为直线形,横断面为梯形,尺寸为深 9 m、宽 64~105 m,设计过流能力为 672 m^3/s。另外,建设了 6 座水闸以控制水流。同时,大约 2/3 的洪泛区湿地经排水改造。这样,直线形的人工运河取代了原来 109 km 具有蜿蜒性的自然河道,连续的基西米河就被分割为若干非连续的阶梯水库,同时农田面积的扩大造成湿地面积的缩小。修建水利工程后的基西米河流域见图 9-17。

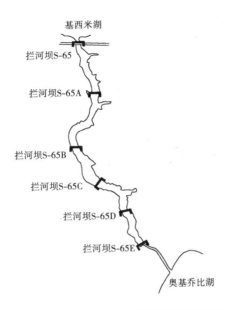

图 9-17　修建水利工程后的基西米河流域

2.水利工程对生态系统的胁迫

1976~1983 年,进行了历时 7 年的研究。在此基础上针对水利工程对基西米河生态系统的影响进行了重新评估。评估结果认为水利工程对生物栖息地造成了严重破坏。这种对于生态系统的干扰在生态学中称为"胁迫",主要表现在以下几个方面。

(1)自然河流的渠道化使生境单调化。直线形的人工运河取代了原来具有蜿蜒性的自然河道,人工运河的横断面为简单的梯形断面。自然河流原来为深潭与沙洲相间、急流与缓流交错的多样格局,可以支持多样化的生物群落。渠道化以后河流的生境变得单调,生物群落种类明显减少。新开挖的人工运河把河流变成了相对静止的具有稳定水位的水库,水库的水深加大,出现温度分层现象,深层水的光合作用微弱,生物生产力下降。

(2)水流侧向连通性受到阻隔。建设了人工运河后,堤防又把水流完全限定在运河以内,洪水已经没有可能漫溢到滩区。运河的兴建切断了河流与洪泛区的侧向水流连通性,隔断了干流与河汊、滩区和死水潭的联系,使得河流附近水流旁路湿地的营养物质过滤和吸收过程受到阻碍。这主要表现为:一是鱼类和无脊椎动物失去了产卵、觅食和避难的环境;二是干流挟带的有机物质无法淤积在洪泛区,而这些物质正是淡水生物所不可缺少的养分。新建的运河行洪能力强,减少了行洪时间,平均从 11.4 d 减少到 1.1 d。这不仅使淡水食物网中能量传递和物质交换的机会减少,而且急剧的退水速率会造成大量鱼类因水中溶解氧缺乏而死亡。

(3)溶解氧模式变化造成生物退化。由于运河为宽深式渠道,其表面积与体积之比要小,曝气率低。运河水深加大,出现分层现象,水深大于 1 m 处溶解氧明显降低。原有河道植被茂密具有遮阴功能,对于溶解氧的温度效应起缓冲作用。而人工运河完全暴露在阳光下,水中溶解氧含量低。另外,人工运河为直线形,水流平顺,对水流的丁扰和掺混作用能力弱。这些因素都使运河的溶解氧含量下降。溶解氧含量低的水体会使水生生物"窒息而死"。

(4)通过水闸人工调节,使流量均一化,改变了原来脉冲式的自然水文周期变化。自然状态的水文条件随年周期循环变化,河流廊道湿地也呈周期变化。在洪水季节水生植物种群占优势。水位下降后,水生植物让位给湿生植物种群,是一种脉冲式的生物群落化模式,显示出一种多样性的特点。而流量均一化使生境条件单调。

(5)原有河道的退化。渠化显著地改变了水位和水流特点,使得 2 100 hm² 的洪泛区湿地消失,严重影响了鱼类和野生群落。原来自然河道虽然被保存下来,但是由于主流转入人工运河,使得原有河道流量大幅度减少,引起河床退化。大量水生的植物如睡莲、莴苣、水葫芦等阻塞了这些自然河段。

以上这些综合的结果是生境质量的大幅度降低。据统计,保存下来的天然河道的鱼类和野生动物栖息地数量减少了40%。人工开挖的 C-38 运河,其栖息地数量比历史自然河道减少了67%。其结果是生物群落多样性大幅度下降。据调查,导致减少了92%的过冬水鸟,鱼类种群数量也大幅度下降。

9.2.1.3　河流恢复工程

1.河流恢复工程概况

20 世纪 70 年代初期开始,基西米河流域由河道渠化引起的河流生态系统退化现象引起了社会的普遍关注。1976 年,佛罗里达州议会通过了《基西米河生态修复法案》,从而确立了对基西米河生态系统修复的尝试。由美国陆军工程兵团(U.S.Army Corps of Engineers)负责,于 1975~1985 年研究了基西米河防洪工程的影响。最初的目标主要是修复沼泽湿地和改善基西米河的水质,这使得后续的工作相对狭小地集中在如何恢复湿地植被和如何改善水质上,特别是富营养化问题。提出的比选方案包括维持现状计划、部分回填计划、整合湿地计划,以及示范工程计划等 7 个方案。由于当时对方案的评估仍然是以获得最大经济效益为目的,没有把恢复生态环境作为最主要的目标,结果认为联邦政府不必介入基西米河防洪工程的改建。

在联邦政府第一次可行性研究的基础上,南佛罗里达水资源管理局在 1984~1989 年开展了基西米河示范工程。1988 年 10 月南佛罗里达水资源管理局在奥兰多市召开了基西米河生态修复研讨会。会议基于示范工程得到的成果和发现,确定了基西米河生态系统修复的环境目标,即重建基西米河生态系统的生态完整性;同时,提出了用于描述河流生态系统完整性和健康性的 5 类参数,见表9-12,形成了一套有价值的生态修复理论。

表 9-12　描述流域生态系统完整性的 5 类参数

编号	参数类别	参数描述
1	能量	系统中能量循环的数量、能量种类的来源和有效能量的季节性特点
2	水质	水质参数,包括混浊度、pH、溶解氧水平、营养物质的输入以及水中的化学物质、重金属含量
3	栖息地质量	生物栖息地的水深、流速以及所有生物需要的适应环境
4	水文水力学	水文水力条件、水体容量及其空间分布和流量分布
5	生物间作用	生物间的交互作用,如种群间的竞争、捕食等自然状态

上述 5 类参数不是独立的,虽然都能适用于流域生态系统,但在具体情况下还是具备主次关系的。对于渠化前的基西米河流域,水文水力条件起到的是主要作用,最终水质的恶化、生物栖息地的损失和系统能量循环的破坏等都是由于以往的水文水力环境不再得以维持而造成的。研究的结论认为,由于特定的水文水力过程维持了基西米河原有的生态系统平衡,所以通过重新控制并形成原有的自然水文水力状态,就可以最大限度地达到修复工程的目的;或者说,自然的水文水力过程可以修复复杂的生态系统,并维持其环境特性。这一概念得到了示范工程的证明。依据这一指导原则,研究组最后得出结论,修复工程的基本目标就是尽可能地重建渠化前的水文水力特性,并针对基西米河生态修复工程制定了表 9-13 的水文水力标准。

表 9-13　基西米河生态恢复工程水文水力标准

编号	参数要求	参数效果
1	形成与渠化前可比的水流状态,包括持续时间和变幅。7～10 月维持水流持续流动,最大流量应出现在 9～10 月,最小流量应出现在 3～5 月	提供水体更新,在夏秋两季维持适宜的溶解氧水平;在春季鱼类的繁殖期保证水流连续,恢复流域内生物栖息地的时空完整性
2	当水流通过河道时,平均流速介于 0.3～0.6 m/s	保护河流生态区免受过度冲刷,维护对生物有重要意义的食物来源和繁殖条件
3	当流量大于 40～56 m³/s 时,水位流量关系应该能保证水位高于滩岸而淹没两岸大部分的滩地	重建河道与两岸滩地之间的物理、化学及生物交换功能
4	水位的回落速度一般不超过每月 0.3 m 的量级	维护河水与滩地间相互交换,维持一定水质,特别是对于区域内的水禽有重要作用。较为缓慢的排水速度保证了水中的鱼虾数量,给处于繁殖孵化期的水禽提供足够的食物来源
5	无论在各季节内或长时期内,河滩沼泽被淹没的频率都要与渠化前的频率可比	能够维持适宜的季节性干湿水文特性循环,从而在时间、空间上维持原有水文特性,不至于长期处于缺水状态

在工程的预备阶段,于 1984～1989 年开展了科研工作,重点是研究回填人工运河的稳定性以及对于满足地方水资源的需求问题,采用一维及二维数学模型分析和模型试验相结合的研究方法。模型试验采用的模型尺寸为 0.6 m 和 3.7 m 宽的水槽,垂直比尺为 1∶40,水平比尺为 1∶60,为定床试验。模拟范围为人工运河、原有保留河道和洪泛平原。模型试验结果与现场河道控制泄流试验(最大流量为 280 m³/s)的实测数据相对照。

2.河流恢复主要工程项目

1)示范工程

1984～1989 年开展的试验工程位于河段 B(位于图 9-17 的拦河坝 S-65A 与 S-65B 之间),为一条长 19.5 km 渠道化运河。重点工程是在人工运河中建设一座钢板桩堰,将运河拦腰截断,迫使水流重新流入原自然河道。示范工程还包括重建水流季节性波动变化,以及重建洪泛平原的排水系统。同时布置了生物监测系统,评估恢复工程对生物资源的影响。

对于钢板桩堰运行情况进行了观测。观测资料表明,一方面水流重新流入原来自然河道达 9 km,导致了河流地貌发生了一定程度的有利变化。但是,钢板桩堰建成后,在附近的河道水力梯度比历史记录值高 5 倍,在大流量泄流期间,测量的流速为 0.9 m/s,这样的高能量水流对河床具有较强的冲蚀能力。另一方面,在示范工程区域内,退水时水位下降速率超过 0.2 m/d,淹没的洪泛区排水时间为 2~7 d。地表水和地下水急剧回流,水中的溶解氧水平很低,导致大量鱼类缺氧死亡。为此又进行了模型试验研究,最后的结论是:仅仅用钢板桩堰拦断人工运河还是不够的,需要连续长距离回填人工运河。最终方案是连续回填 C-38 号运河共 38 km,拆除 2 座水闸,重新开挖 14 km 原有河道。回填材料用原来疏浚的材料,运河回填高度为恢复到运河建设前的地面高程。同时重新连接 24 km 原有河流,恢复 35 000 hm² 原有洪泛区,实施新的水源放水制度,恢复季节性水流波动和重建类似自然河流的水文条件。

2) 第一期工程

从 1998 年开始第一期主体工程,包括连续回填 C-38 号运河共 38 km。重建类似于历史的水文条件,扩大蓄滞洪区,减轻洪水灾害。至 2001 年 2 月由地方管区和美国陆军工程师团已经完成了第一阶段的重建工程。在运河回填后,开挖了新的河道以重新联结原有自然河道。这些新开挖的河道完全复制原有河道的形态,包括长度、断面面积、断面形状、纵坡降、河湾数目、河湾半径、自然坡度控制以及河岸形状。建设中又加强了干流与洪泛区的连通性,为鱼类和野生动物提供了丰富的栖息地。2001 年 6 月恢复了河流的连通性,随着自然河流的恢复,水流在干旱季节流入弯曲的主河道,在多雨季节则溢流进入洪泛区。恢复的河流将季节性地淹没洪泛区,恢复了基西米河湿地。这些措施已引起河道洪泛区栖息地物理、化学和生物的重大变化,提高了溶解氧水平,改善了鱼类生存条件。重建宽叶林沼泽栖息地,使涉水禽类可以充分利用洪泛区湿地。图 9-18 表示了人工运河回填前后河流含氧量和鱼类生存区域。

3) 第二期工程

计划在 21 世纪前 10 年进行更大规模的生态工程,重新开挖 14.4 km 的河道和恢复 300 多种野生生物的栖息地。恢复 10 360 hm² 的洪泛区和沼泽地,过滤营养物质,为奥基乔比湖和下游河口及沼泽地生态系统提供优良水质。

4) 河流走廊生态恢复监测与评估

在工程的预备阶段,就布置了完整的生物监测系统。在收集大量监测资料的基础上,对生态恢复工程的成效进行评估,目的是判断达到期望目标的程度。该项工程制定了评估的定量标准。以 60 分为期望值,各个因子分别为:栖息地特性(含地貌、水文和水质)占 12 分,湿地植物占 10 分,基础食物(含浮游植物、水生附着物和无脊椎动物等)占 13 分,鱼类和野生动物占 25 分。

随着自然河流的恢复,水流在干旱季节流入弯曲的主河道,在多雨季节水流漫溢进入洪泛区。恢复的河流将季节性地淹没洪泛区,恢复了基西米河湿地,许多鱼类、鸟类和两栖动物重新回到原来居住的家园。近年来的监测结果表明,原有自然河道中过度繁殖的植物得到控制,新沙洲有所发展,创造了多样的栖息地。水中溶解氧水平得到提高,恢复了洪泛区阔叶林沼泽地,扩大了死水区。许多已经匿迹的鸟类又重新返回基西米河。科学家已证实该地区鸟类数量增长了 3 倍,水质得到了明显改善。

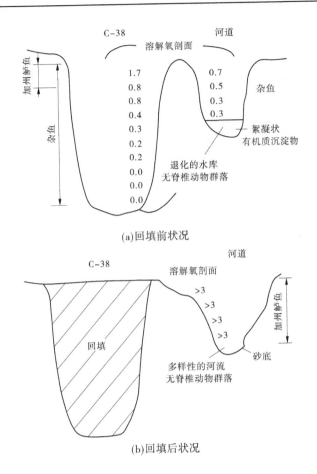

图 9-18　人工运河回填前后河流含氧量(mg/L)和鱼类生存区域

9.2.2　泰晤士河的治理

　　由于工业的发展,19 世纪中叶至 20 世纪中叶英国的泰晤士河受到了严重污染。1850～1949 年,英国政府开始第一次进行泰晤士河治理,主要是建设城市污水排放系统和河坝筑堤。1950 年至 21 世纪初进行了第二次污染治理,建设大型城市污水处理厂、加强工业污染治理、采取对河流直接充氧等措施治理水污染。全流域建设污水处理厂 470 余座,日处理能力为 360 万 t,几乎与给水量相等。经过 100 多年的综合治理,特别是 20 世纪六七十年代的高强度治理,泰晤士河已成为国际上治理效果最显著的河流。

　　总结泰晤士河治理的经验,其成功不仅因为采取了先进的治理技术,更重要的在于建立和制定了完善的体制和制度。1974 年,英国全国范围内按流域划分成立 10 个水务管理局,泰晤士河水务管理局独揽泰晤士河流域的所有业务,对泰晤士河流域统一进行规划与管理,即将全流域 200 多个管水单位合并,建成一个新的水务管理局——泰晤士河水务管理局,统一管理水处理、水产养殖、灌溉、畜牧、航运、防洪等各种业务。这项举措被国际上称为“水工业管理的一次大革命”,对泰晤士河的治理发挥了巨大的作用。1989 年,英国通过新版的《水资源法》,实施水务私有化。1990 年,泰晤士河水务管理局等 10 家水务管理局改制成私营公司,把供水、污水处理业务留给企业,水质检测、污水监管、检举起诉等权力则统一收归全国层面的国家河流管理局。在私营公司和政府监督的合力下,这条英国最知名的河流变得更加洁净。

9.2.3　莱茵河的治理

莱茵河发源于瑞士南部,全长 1 300 余 km,有近一半流淌在德国,是德国境内最长的河流。德国境内的莱茵河流域面积达到德国国土面积的近 1/3,同时流经德国最重要的工业区鲁尔区,不仅要为近千万人提供饮用水源,而且担负着繁重的内河运输、发电、灌溉任务。第二次世界大战结束后,德国开始了大规模的重建工作,蕴涵着德国煤矿资源 78% 的鲁尔区成为德国重建的"动力工厂"。大批能源、化工、冶炼企业一起向莱茵河索取工业用水,同时将大量废水再排放进莱茵河。一时间,莱茵河承受了"生命中不能承受之重",不仅河水水质急剧恶化,而且周边生态也遭到几乎是毁灭性的打击。

莱茵河沿岸各国在早期的河流管理过程中,采用了大量如筑坝、河道疏浚,以及裁弯取直、截断小支流等工程措施。尽管这些工程措施在一段时期内促进了生产的发展,但却使河流丧失了应有的水文活动。沿河密集的工业基地也使莱茵河受到了严重污染。从 20 世纪 50 年代末起,莱茵河的水质逐步恶化。

为了重现莱茵河的生机,恢复重建莱茵河流域的生态系统,1950 年 7 月,莱茵河防治污染国际委员会(ICPR)在巴塞尔成立,成员国包括瑞士、法国、德国、卢森堡和荷兰。ICPR 的成立,对莱茵河的治理工作起到了极其重要的作用,该委员会专门下设了若干工作组,分别负责如对水质进行监督评测、恢复重建莱茵河流域的生态系统以及监控污染源头等工作。ICPR 自成立以来,先后签署了一系列莱茵河环境保护协议:签订防止化学污染公约,要求各成员国建立监测系统,制订监测计划,建立水系预警系统,规定了某些化学物质的排放标准,建立不同工业部门的协调工作方式,采用先进的工业生产技术和城市污水处理技术减少水体和悬浮物的污染;签订防治氯化物污染公约,减少德国与荷兰边界水体盐的含量;签订防治热污染公约,强调莱茵河沿岸的电站和工厂必须修建冷却塔,确保排放水温低于规定值。1988 年,各国部长们公开宣布莱茵河必须防止热污染。

在多方共同努力下,以前为了贪图一时之利而为航行、灌溉及防洪建造的各类不合理工程被拆除,两岸因水土流失严重而被迫修建的水泥护坡被重新以草木替代;部分曾被裁弯取直的人工河道也重新恢复了其自然形态。与此同时,全面控制工业、农业、交通、城市生活等产生的污染物排入莱茵河,坚持对工业生产中危及水质的有害物质进行处理,以及减少莱茵河淤泥污染等大量措施同时并举。经过多年的治理,莱茵河水质得到了很大改善。

参 考 文 献

[1] 蔡其华. 维护健康长江, 促进人水和谐[J]. 人民长江, 2005, 36(3): 1-3.

[2] 蔡守华. 水生态工程[M]. 北京: 中国水利水电出版社, 2010.

[3] 曹宸, 李叙勇. 区县尺度下的河流生态系统健康评价——以北京房山区为例[J]. 生态学报, 2018, 38 (12): 4296-4306.

[4] 曹凑贵. 生态学概论[M]. 2版. 北京: 高等教育出版社, 2006.

[5] 曹亮, 张鹗, 臧春鑫, 等. 通过红色名录评估研究中国内陆鱼类受威胁现状及其成因[J]. 生物多样性, 2016, 24(5): 598-609.

[6] 岑栋浩, 邵东国, 肖淳, 等. 河流水量分配系统的研发与应用[J]. 南水北调与水利科技, 2011, 9(4): 102-104.

[7] 陈东, 曹文洪, 胡春宏. 河床枯萎的临界阈研究[J]. 水利学报, 2002(2): 22-29.

[8] 陈东, 张启舜. 河床枯萎初论[J]. 泥沙研究, 1997(4): 14-22.

[9] 陈婷. 平原河网地区城市河流生境评价研究——以上海为实例[D]. 上海: 华东师范大学, 2007.

[10] 邓晓军, 许有鹏, 翟禄新, 等. 城市河流健康评价指标体系的构建及应用[J]. 生态学报, 2014, 34 (4): 993-1001.

[11] 董哲仁. 河流形态多样性与生物群落多样性[J]. 水利学报, 2003(11): 1-6.

[12] 董哲仁. 美国基西米河生态恢复工程的启示[J]. 水利水电技术, 2004, 35(9): 8-12.

[13] 董哲仁. 河流健康评估的原则和方法[J]. 中国水利, 2005(10): 17-19.

[14] 董哲仁. 河流健康的内涵[J]. 中国水利, 2005(4): 15-18.

[15] 董哲仁. 国外河流健康评价技术[J]. 水利水电技术, 2005, 36(11): 15-19.

[16] 董哲仁. 生态水工学探索[M]. 北京: 中国水利水电出版社, 2007.

[17] 董哲仁. 生态水利工程原理与技术[M]. 北京: 中国水利水电出版社, 2007.

[18] 董哲仁. 河流健康的诠释[J]. 水利水电快报, 2007, 28(11): 17-19.

[19] 董哲仁. 河流生态修复[M]. 北京: 中国水利水电出版社, 2013.

[20] 杜运领, 芮建良, 盛晟. 典型城区河道生态综合整治规划与工程设计[M]. 北京: 科学出版社, 2015.

[21] 范世香, 刁艳芳, 刘冀. 水文学原理[M]. 北京: 中国水利水电出版社, 2014.

[22] 方萍, 曹凑贵, 赵建夫. 生态学基础(双语教材)[M]. 上海: 同济大学出版社, 2008.

[23] 高凡. 高强度人类活动区河流健康评价与调控研究: 以渭河关中段河流系统为例[D]. 西安: 西安理工大学, 2012.

[24] 高凡, 黄强, 孙晓懿. 河流系统健康评价与调控研究[M]. 郑州: 黄河水利出版社, 2017.

[25] 高晓琴, 姜姜, 张金池. 生态河道研究进展及发展趋势[J]. 南京林业大学学报(自然科学版), 2008, 32(1): 103-106.

[26] 高晓薇, 秦大庸. 河流生态系统综合分类理论、方法与应用[M]. 北京: 科学出版社, 2014.

[27] 高永胜, 王浩, 王芳, 等. 河流健康生命评价指标体系的构建[J]. 水科学进展, 2007, 18(2): 252-257.

[28] 耿雷华, 刘恒, 钟华平, 等. 健康河流的评价指标和评价标准[J]. 水利学报, 2006, 37(3): 253-258.

[29] 海河流域水环境监测中心. 海河流域河湖健康评估与实践[R]. 天津: 海河流域水环境监测中心, 2015.

[30] 韩黎. 生态河道治理模式及其评价方法研究[D]. 大连：大连理工大学，2010.

[31] 韩玉玲，夏继红，陈永明，等. 河道生态建设——河流健康诊断技术[M]. 北京：中国水利水电出版社，2012.

[32] 韩玉玲，岳春雷，叶碎高，等. 河道生态建设——植物措施应用技术[M]. 北京：中国水利水电出版社，2009.

[33] 洪松，陈静生. 中国河流水生生物群落结构特征探讨[J]. 水生生物学报，2002，26(3)：295-305.

[34] 黄保强，李荣彷，曹文洪. 河流生态系统健康评价及对我国河流健康保护的启示[J]. 安徽农业科学，2011，39(8)：4600-4602.

[35] 惠秀娟，杨涛，李法云，等. 辽宁省辽河水生态系统健康评价[J]. 应用生态学报，2011，22(1)：181-188.

[36] 贾乃谦. 明代名臣刘天和的"植柳六法"[J]. 北京林业大学学报(社会科学版)，2002(3)：76-79.

[37] 姜秋香，付强，王子龙，等. 三江平原水土资源空间匹配格局[J]. 自然资源学报，2011，26(2)：270-277.

[38] 蒋屏，董福平. 河道生态治理工程——人与自然和谐相处的实践[M]. 北京：中国水利水电出版社，2003.

[39] 金鑫，郝彩莲，严登华，等. 河流健康及其综合评价研究——以承德市武烈河为例[J]. 水利水电技术，2012，43(1)：38-43.

[40] 雷静，张琳，黄站峰. 长江流域水资源开发利用率初步研究[J]. 人民长江，2010，41(3)：11-14.

[41] 李朝霞，岳彩云. 西藏河流健康评价体系与标准[J]. 兰州大学学报(自然科学版)，2012(6)：26-31.

[42] 李鸿源，胡通哲，施上粟. 水域生态工程[M]. 北京：中国水利水电出版社，2012.

[43] 李继业，李树枫，胡化坤. 河流与河道工程维护及管理[M]. 北京：化学工业出版社，2013.

[44] 李继业，王春堂. 河道工程施工·管理·维护[M]. 北京：化学工业出版社，2011.

[45] 李文君，邱林，陈晓楠，等. 基于集对分析与可变模糊集的河流生态健康评价模型[J]. 水利学报，2011，42(7)：775-782.

[46] 李艳利，李艳粉，赵丽，等. 基于不同生物类群的河流健康评价研究[J]. 水利学报，2016，47(8)：1025-1034.

[47] 林木隆，李向阳，杨明海. 珠江流域河流健康评价指标体系初探[J]. 人民珠江，2006(4)：1-3.

[48] 刘晓燕. 河流健康若干理论问题探讨[EB/OL]. http://www.h2o-china.com/news/57190.html，2019-06-07.

[49] 刘晓燕. 黄河健康生命理论体系框架[J]. 人民黄河，2005，27(11)：59.

[50] 刘晓燕，张建中，张原锋. 黄河健康生命的指标体系[J]. 地理学报，2006，61(5)：451-460.

[51] 卢升高. 环境生态学[M]. 浙江：浙江大学出版社，2010.

[52] 吕爽，齐青青，张泽中，等. 基于突变理论的城市河流生态健康评价研究[J]. 人民黄河，2017，39(4)：78-81.

[53] 倪晋仁，刘元元. 河流健康诊断与生态修复[J]. 水利学报，2006，37(9)：1029-1037.

[54] 倪晋仁，马蔼乃. 河流动力地貌学[M]. 北京：北京大学出版社，1998.

[55] 彭静，李翀，徐天宝. 论河流保护与修复的生态目标[J]. 长江流域资源与环境，2007，16(1)：66-71.

[56] 彭文启. 河湖健康评估指标、标准与方法研究[J]. 中国水利水电科学研究院学报，2018，16(5)：394-404.

[57] 钱正英，陈家琦，冯杰. 人与河流和谐发展[J]. 中国水利，2006(2)：7-10.

[58] 生态环境部. 2018中国生态环境状况公报[EB/OL]. http://www.mee.gov.cn/home/jrtt_1/201905/t20190529_704841.shtml，2019-05-29.

[59] 石瑞花，许士国. 河流生物栖息地调查及评估方法[J]. 应用生态学报，2008，19(9)：2081-2086.

[60] 世界自然基金会. 自由流淌的河流——经济上的奢侈还是生态上的必需？[M]. 北京：中国水利水电出版社，2009.

[61] 宋兰兰，陆桂华，刘凌. 水文指数法确定河流生态需水[J]. 水利学报，2006，37(11)：1336-1341.

[62] 孙雪岚，胡春宏. 关于河流健康内涵与评价方法的综合评述[J]. 泥沙研究，2007，10(5)：74-81.

[63] 谈广鸣，李奔. 河流管理学[M]. 北京：中国水利水电出版社，2008.

[64] 唐涛，蔡庆华，刘建康. 河流生态系统健康及其评价[J]. 应用生态学报，2002，13(9)：1191-1194.

[65] 王超，王沛芳. 城市水生态系统建设与管理[M]. 北京：科学出版社，2004.

[66] 王丽萍，郑江涛，周婷，等. 山区河流系统健康评价方法研究[J]. Journal of Resources and Ecology，2010，1(3)：216-220.

[67] 王勤花，尉永平，张志强，等. 干旱半干旱地区河流健康评价指标体系研究[J]. 生态科学，2015，36(4)：56-63.

[68] 王笑宇，王国玖，李娜，等. 贝叶斯公式与模糊识别耦合方法在河流健康评价中的应用[J]. 水电能源科学，2017，35(1)：54-58.

[69] 魏晓迪. 生态危机与对策——人与自然的永久话题[M]. 济南：济南出版社，2003.

[70] 吴阿娜. 河流健康评价：理论、方法与实践[D]. 上海：华东师范大学，2008.

[71] 吴保生，陈红刚，马吉明. 美国基西米河生态修复工程的经验[J]. 水利学报，2005，36(4)：473-477.

[72] 吴计生，梁团豪，霍堂斌，等. 嫩江下游尼尔基—三岔河口段河流健康评价[J]. 水资源保护，2015，31(1)：86-90.

[73] 谢鉴衡. 河床演变及整治[M]. 武汉：武汉大学出版社，2013.

[74] 谢悦波. 水信息技术[M]. 北京：中国水利水电出版社，2009.

[75] 熊治平. 河流概论[M]. 北京：中国水利水电出版社，2011.

[76] 徐宗学，李艳丽. 河流健康评价指标体系构建及其应用[J]. 南水北调与水利科技，2016，14(1)：1-9.

[77] 许士国，高永敏，刘盈斐. 现代河道规划设计与治理——建设人与自然相和谐的水边环境[M]. 北京：中国水利水电出版社，2006.

[78] 闫正龙，高凡，黄强. 基于PSR模型和粗糙集的平原地区河流系统健康评价指标体系研究[J]. 西北农林科技大学学报(自然科学版)，2013，41(12)：200-208.

[79] 杨爱民，张璐，甘泓，等. 南水北调东线一期工程受水区生态环境效益评估[J]. 水利学报，2011，42(5)：563-571.

[80] 杨持. 生态学[M]. 3版. 北京：高等教育出版社，2014.

[81] 杨文和，许文宗. 以人为本 回归自然 实践生态治河新理念[J]. 水利规划与设计，2006(1)：23-25.

[82] 杨芸. 论多自然河流治理法对河流生态环境的影响[J]. 四川环境，1999，18(1)：19-24.

[83] 于琪洋. 略论治水实践中人与自然和谐相处[J]. 中国水利，2004(2)：26-28.

[84] 余文畴，卢金友. 长江河道演变与治理[M]. 北京：中国水利水电出版社，2005.

[85] 翟晶，徐国宾，郭书英，等. 基于协调发展度的河流健康评价方法研究[J]. 水利学报，2016，47(11)：1465-1471.

[86] 张凤玲，刘静玲，杨志峰. 城市河湖生态系统健康评价——以北京市"六海"为例[J]. 生态学报，2005，25(11)：3019-3027.

[87] 张楠，孟伟，张远，等. 辽河流域河流生态系统健康的多指标评价方法[J]. 环境科学研究，2009，22(2)：162-170.

[88] 赵进勇，廖伦国，董哲仁，等. 重庆市苦溪河生态治理的实践[J]. 水利水电技术，2007，38(3)：9-13.

[89] 赵彦伟，杨志峰. 城市河流生态系统健康评价初探[J]. 水科学进展，2005，16(3)：349-355.

[90] 赵银军，丁爱中，李原园. 河流分类及功能管理[M]. 北京：科学出版社，2016.

[91] 郑月芳. 河道管理[M]. 北京：中国水利水电出版社，2007.

[92] 朱卫红,曹光兰,李莹,等. 图们江流域河流生态系统健康评价[J]. 生态学报,2014, 34(14):3969-3977.

[93] 左其亭,陈豪,张永勇. 淮河中上游水生态健康影响因子及其健康评价[J]. 水利学报, 2015, 46(9): 1019-1027.

[94] Acreman M C, Dumber M J. Defining environmental river flow requirements-a review[J]. Hydrology and Earth System Sciences, 2004, 8(5): 861-875.

[95] Allan J D, Abell R, Hogan Z E B, et al. Overfishing of Inland Waters[J]. Bioscience, 2005, 55(12): 1041-1051.

[96] Anderson J R. Development and validation of methodology[R]. Brisbane: State of the Rivers Project, 1993.

[97] Benke A C, Chaubey I, Ward G M, et al. Flood pulse dynamics of an unregulated river floodplain in the southeastern U.S. coastal plain[J]. Ecology, 2000, 81(10): 2730-2741.

[98] Boulton A J. An overview of river health assessment: philosophies, practice, problems and prognosis[J]. Fresh Water Biology, 1999(45): 469-479.

[99] Clausen J C, Guillard K, Sigmund C M. Water quality changes from riparian buffer restoration in Connecti-cut[J]. Journal Environ mental Quality, 2000,29(6): 1751-1761.

[100] Dyson M,等. 环境流量—河流的生命[M].张国芳等译. 郑州: 黄河水利出版社, 2006.

[101] Fairweather P G. State of environmental indicators of river health: exploring the metaphor[J]. Freshwater Biology, 1999,41(2): 220-221.

[102] Geoffrey Petts, Peter Calow. River Resotration[M]. Blackwell Science Ltd, 1996.

[103] J David Allan, María M Castillo. 河流生态学 [M].黄钰铃,纪道斌,惠二青等,译. 北京: 中国水利水电出版社, 2017.

[104] Hughes R M, Paulsens S G, Stoddard J L. EMAP-surface water: a multiassemblage probability surveys of ecological integrity in the USA[J]. Hydrobiologia, 2000(4): 429-443.

[105] Jaana Uusi-Kamppa, Bent Braskerud. Buffer zones and constructed wetlands as filters for agricultural phos-phorus[J]. Journal Environmental Quality, 2000, 29(1): 151-158.

[106] Karr J R. Defining and measuring river health[J]. Freshwater Biology, 1999, 41(2): 221-234.

[107] Keulegan G H. Laws of turbulent flow in open channels[J]. Journal of Research Nation Bureau of Stand-ards, 1938, 21(6): 707-741.

[108] Ladson A R, White L J, Doolan J A, et al. Development and testing of an index of stream condition of wa-ter way management in Australia[J]. Freshwater Biology, 1999,41(2): 453-468.

[109] Meyer J L. Stream health: incorporating the human dimension to advance stream ecology[J]. Journal of the North American Ethological Society, 1997,16(2): 439-447.

[110] Mitchell P. The environmental condition of VICTORIA streams department of water resources[R]. Mel-bourne, Australia: Offices of the Commissioner for the Environ, 1990.

[111] Mitsch T, Horne A J, Nairn R W. Nitrogen and phosphorus retention in wetland-ecological approaches to solving excess nutrient problems[J]. Ecological Engineering, 2000, 14(1): 1-7.

[112] Moddock I. The importance of physical habitat assessment for evaluating river health[J]. Freshwater Biolo-gy, 1999,41(2): 373-391.

[113] Muhar S, Jungwirth M. Habitat integrity of running waters-assessment criteria and their biological relevance [J]. Hydrobiologia, 1998, 386(1-3): 195-202.

[114] NRC. Restoration of Aquatic Ecosystems[M]. Washington D C: Nat Acad Press, 1992.

[115] Odum E P. Fundamentals of Ecology[M].3 ed. Philadelphia: PA: W.B. Saunders Company, 1971.

[116] Offices of the Commissioner for the Environ. Mental State of the environment report[R]. Victoria: Offices

of the Commissioner for the environ, 1988.

[117] Phillips J. Nonpiont source pollution control effectiveness of riparian forests along a coastal plain river[J]. Journal of Hydrology, 1989,110(3-4): 221-237.

[118] Raven P J, Holmesnt H, Naura M, et al. Using river habitat survey for environmental assessment and catchment planning in the U K[J]. Hydrobiologia, 2000(422):359-367.

[119] Robert C, Petersen J R. The RCE: a riparian, ethanol, and environmental in venture for small stream sin the agricultural land serape[J]. Freshwater Biology, 1992,27(2):295-306.

[120] Rogers K, Biggs H. Integrating indicators, endpoints and value systems in strategic management of the river of the Kruger National Park[J]. Freshwater Biology, 1999,41(2): 254-263.

[121] Schofield N J, Davies P E. Measuring the health of on rivers[J]. Water, 1996, 5(6): 39-43.

[122] Schuster U. Ueberlegungen zum naturnahen Ausbau von Wasseerlaeufen[J]. Landschaftund Stadt, 1971, 9 (2): 72-83.

[123] Seifert A. Naturnaeherer Wasserbau[J]. Deutsche Wasser wixtschaft, 1983, 33(12): 361-366.

[124] Shepherd B, Harper D, Millington. Modeling catchment-scale nutrient transport to watercourses in The U K.Hydrobiologia[J]. Hydrobiologia, 1999, 395-396: 227-237.

[125] Simpson J, Norris R, Barmuta L, et al. Austria's national river health program[R]. Victoria: State of the Rivers Project, 1999.

[126] Strayer D L. Challenges for freshwater invertebrate conservation[J]. Journal of the North American Benthological Society, 2006, 25(2): 271-287.

[127] Vannote R L, Minshall G W, Cummins K W. The River Continuum Concept[J]. Canadian Journal of Fisheries and Aquatic Science, 1980,37(2): 130-137.

[128] Vinther F P, Eiland F, Lind A M, et al. Microbial biomass and numbers of denitrifies related tomacropore channels in agricultural and forest soils[J]. Soil Biology & Biochemistry, 1999,31(4): 603-611.

[129] Ward J V. The Four-Dimensional Nature of Lotic Ecosystems[J]. Journal of the North American Benthological Society, 1989, 8(1): 2-8.

[130] Welcomme R L, Halls A. Some consideration of the effects of differences in flood patterns on fish population[J]. Ecohydrology and Hydrobiology, 2001(13): 313-321.